应用型大学计算机专业系列教材

U0228280

# 操作系统

邵晶波　刘晓晓　主　编
武　静　赵立群　副主编

清华大学出版社
北　京

## 内 容 简 介

操作系统是计算机专业的核心基础课程,也是计算机相关专业常设的一门课程。本书根据操作系统的教学要求,具体介绍操作系统原理、进程管理、存储管理、设备管理、文件管理的方法以及计算机安全等知识,并通过指导学生实训,加强应用技能的培养。

本书具有知识系统、概念清晰、注重实用性和操作性的特点,既可作为应用型大学本科和高职高专院校计算机应用、网络管理、电子商务等专业的教材,也可以作为从事操作系统管理和计算机从业人员进行软件开发的参考用书。

**图书在版编目(CIP)数据**

操作系统/邵晶波,刘晓晓主编.—北京:清华大学出版社,2017(2024.12重印)
(应用型大学计算机专业系列教材)
ISBN 978-7-302-45337-6

Ⅰ.①操…　Ⅱ.①邵…②刘…　Ⅲ.①操作系统—高等学校—教材　Ⅳ.①TP316

中国版本图书馆 CIP 数据核字(2016)第 260896 号

责任编辑:王剑乔
封面设计:常雪影
责任校对:李　梅
责任印制:刘海龙

出版发行:清华大学出版社
　　　网　　　址:https://www.tup.com.cn,https://www.wqxuetang.com
　　　地　　　址:北京清华大学学研大厦 A 座　　　　　邮　　编:100084
　　　社 总 机:010-83470000　　　　　　　　　　　　邮　　购:010-62786544
　　　投稿与读者服务:010-62776969,c-service@tup.tsinghua.edu.cn
　　　质量反馈:010-62772015,zhiliang@tup.tsinghua.edu.cn
　　　课件下载:https://www.tup.com.cn,010-62770175-4278
印 装 者:三河市龙大印装有限公司
经　　销:全国新华书店
开　　本:185mm×260mm　　印　张:16.5　　　　　字　　数:373 千字
版　　次:2017 年 1 月第 1 版　　　　　　　　　　　印　　次:2024 年 12 月第 8 次印刷
定　　价:49.00 元

产品编号:071594-02

# 编审委员会

# PREFACE

微电子技术、计算机技术、网络技术、通信技术、多媒体技术等高新科技日新月异的飞速发展和普及应用,不仅有力地促进了各国经济发展、加速了全球经济一体化的进程,而且推动当今世界迅速跨入信息社会。以计算机为主导的计算机文化,正在深刻地影响人类社会的经济发展与文明建设;以网络为基础的网络经济,正在全面地改变传统的社会生活、工作方式和商务模式。当今社会,计算机应用水平、信息化发展速度与程度,已经成为衡量一个国家经济发展和竞争力的重要指标。

目前我国正处于经济快速发展与社会变革的重要时期,随着经济转型、产业结构调整、传统企业改造,涌现了大批电子商务、新媒体、动漫、艺术设计等新型文化创意产业,而这一切都离不开计算机,都需要网络等现代化信息技术手段的支撑。处于网络时代、信息化社会,今天人们所有工作都已经全面实现了计算机化、网络化,当今更加强调计算机应用与行业、企业的结合,更注重计算机应用与本职工作、具体业务的紧密结合。当前,面对国际市场的激烈竞争和巨大的就业压力,无论是企业还是即将毕业的学生,掌握计算机应用技术已成为求生存、谋发展的关键技能。

没有计算机就没有现代化! 没有计算机网络就没有我国经济的大发展! 为此,国家出台了一系列关于加强计算机应用和推动国民经济信息化进程的文件及规定,启动了电子商务、电子政务、金税等具有深刻含义的重大工程,加速推进"国防信息化、金融信息化、财税信息化、企业信息化、教育信息化、社会管理信息化",因而全社会又掀起新一轮计算机应用学习的热潮,此时,本套教材的出版具有特殊意义。

针对我国应用型大学"计算机应用"等专业知识老化、教材陈旧、重理论轻实践、缺乏实际操作技能训练的问题,为了适应我国国民经济信息化发展对计算机应用人才的需要,为了全面贯彻教育部关于"加强职业教育"精神和"强化实践实训、突出技能培养"的要求,根据企业用人与就业岗位的真实需要,结合应用型大学"计算机应用"和"网络管理"等专业的教学计划及课程设置与调整的实际情况,我们组织北京联合大学、陕西理工学院、北方工业大学、华北科技学院、北京财贸职业学院、山东滨州职业学院、山西大学、首钢工学院、包头职业技术学院、北京科技大学、广东理工学院、北京城市学院、郑州大学、北京朝阳社区学院、哈尔滨师范大学、黑龙江工商大学、北京石景山社区学院、海南职业学院、北京西城经济科学大学等全国 30 多所高校及高职院校的计算机教师和具有丰富实践经验的企业人士共同撰写了此套教材。

本套教材包括《数据库技术应用教程(SQL Server 2012 版)》《Web 静态网页设计与排版》《ASP. NET 动态网站设计与制作》《中小企业网站建设与管理》《计算机英语实用教

程》《多媒体技术应用》《计算机网络管理与安全》《网络系统集成》《操作系统》等。在编写过程中,全体作者严守统一的创新型案例教学格式化设计,采取任务制或项目制写法;注重校企结合,贴近行业企业岗位实际,注重实用性技术与应用能力的训练培养,注重实践技能应用与工作背景紧密结合,同时也注重计算机、网络、通信、多媒体等现代化信息技术的新发展,具有集成性、系统性、针对性、实用性、易于实施教学等特点。

　　本套教材不仅适合应用型大学及高职高专院校计算机应用、网络、电子商务等专业学生的学历教育,同时也可作为工商、外贸、流通等企事业单位从业人员的职业教育和在职培训的教材,对于广大社会自学者也是有益的参考学习读物。

系列教材编委会

2016 年 11 月

# FOREWORD

随着计算机技术与网络通信技术的飞速发展,计算机网络应用已经渗透到社会经济领域的各个方面;网络经济不仅在促进生产、促进外贸、开拓国际市场、拉动就业、支持大学生创业、推动国家经济发展、改善民生、丰富社会文化生活、构建和谐社会等方面发挥着巨大作用,而且也在彻底改造企业的经营管理方式,并深刻地改变着企业商务活动的运作模式,因而越来越受到我国各级政府部门和企业的高度重视。

作为计算机硬件与用户之间交流的界面,计算机操作系统充当着两者之间的桥梁,协调两者之间的互动,使计算机用户能得心应手地控制、使用计算机资源,为用户提供安全、可靠、方便的工作环境。操作系统是计算机应用的灵魂,也是计算机与网络系统集成的关键技术支撑,操作系统在计算机设施、网络设备、网站建设、软件开发应用管理中发挥着越来越重要的作用。

操作系统是应用型大学计算机专业重要的核心基础课程,也是计算机相关专业常设的一门课程,还是学生就业、从事相关工作必须掌握的关键知识技能。本书注重以学习者应用能力培养为主线,坚持科学发展观,严格按照教育部关于"加强职业教育、突出实践技能培养"的要求,根据计算机软、硬件技术设备的发展,结合专业教学改革的需要,循序渐进地进行知识讲解,力求使读者在做中学、在学中做,能够真正利用所学知识解决操作系统开发与应用的实际问题。

本书作为高等教育应用型大学计算机应用和网络管理专业的特色教材,全书共分7章,采取任务驱动式、案例教学的编写方法;根据操作系统课程的教学要求,具体介绍操作系统原理、进程管理、存储管理、设备管理、文件管理的方法,以及计算机安全等知识,并通过指导学生实践模拟实训,加强应用能力与应用技能的培养。

本书由李大军统筹策划并具体组织编写,邵晶波和刘晓晓任主编,邵晶波统改稿,武静、赵立群任副主编,由关忠教授审定。作者编写分工如下:牟惟仲编写序言,邵晶波编写第1~3章,刘晓晓编写第4章,武静编写第5、6章,赵立群编写第7章,刘靖宇负责文字修改、版式整理及附录的编写;李晓新负责制作课件。

在本书编写过程中,参阅借鉴了中外有关计算机操作系统的最新书刊、网站资料,并得到计算机行业协会及业界专家教授的具体指导,在此一并致谢。为了方便教学,本书配有电子课件,读者可以登录清华大学出版社网站(www.tup.com.cn)免费下载使用。

因作者水平有限,书中难免存在疏漏和不足,恳请专家、同行和读者批评指正。

编　者

2016 年 11 月

## CONTENTS

# 第 1 章

# 绪　论

---

本 章 导 读

　　现代计算机系统是一个复杂的系统,由中央处理器、内存、磁盘、网络接口以及各种外设组成。若程序员必须掌握系统所有的细节,就没精力来编写代码了,且管理这些软硬件资源并加以优化使用的挑战性极强。故给计算机安装了一层软件,称为操作系统,它的任务是作为用户与计算机硬件之间的接口,管理着计算机中的所有软硬件资源,保证资源的公平竞争和使用,防止计算机资源的非法占用。

　　任何计算机都必须在加载相应的操作系统之后,才能构成一个可以运转的、完整的计算机系统。整个计算机系统的功能、性能和安全可靠度取决于操作系统。操作系统是软件技术的核心和基础运行平台。

　　不同操作系统设计的目标是不同的。有些追求易用性,有些追求效率,还有些则是两者的折中。大型计算机操作系统设计的首要目标是优化硬件的使用;PC操作系统主要为商业等应用软件提供支持;而手持计算机操作系统则向用户提供了一个运行计算机程序的便利环境。

　　本章首先介绍操作系统的基础知识,包括它的概念、产生与发展、分类、特征、结构、界面及硬件环境。在后面的章节中,将具体讨论这些重要内容。这里涉及了学习操作系统的许多基础概念,是学习本课程的基础,学习主要是从理解的角度把握这些概念。通过学习本章内容,应该了解什么是操作系统、操作系统在计算机系统中的作用、操作系统要做些什么以及各类操作系统的特点。

## 1.1　操作系统概述

### 1.1.1　操作系统定义

操作系统是计算机系统中的一个系统软件,它位于应用程序与硬件之间,管理和控制计算机中的硬件和软件资源,合理地组织计算机的工作流程,对各类作业进行调度,以便有效地利用这些资源为用户提供一个功能强大、使用方便的工作环境,从而在计算机与其用户之间起到接口的作用。图 1-1 所示为操作系统与计算机各部件之间的关系。

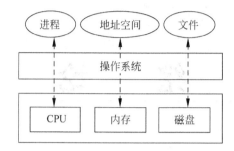

图 1-1　操作系统与计算机各部件之间的关系

操作系统要:①最大化计算机的资源利用率,保证 CPU 被充分利用,内存、外设一直忙碌;②保证资源使用的公平合理,避免产生"死锁""饥饿"等现象;③用户界面友好。

### 1.1.2　学习操作系统的目的

操作系统是计算机专业的基础核心课,需要结合程序设计语言、算法、数据结构和计算机体系结构等课程来学习。掌握操作系统的基本原理,使计算机人员具备开发核心系统软件的技能,可设计操作系统或者修改现有的系统,更好地选择和使用操作系统,参与系统软件的开发,为后续课程的学习打好基础。

掌握系统软件设计方法和并发程序设计方法,加深对操作系统的理解,有利于深入编程。操作系统中所用的许多概念和技巧可以推广应用到其他领域。真正的计算机高手无一例外都是能驾驭操作系统的行家。编写操作系统是个挑战,也是一件很酷的事情。

## 1.2　操作系统的作用

### 1.2.1　用户视角

从用户环境的观点来看,操作系统是配置在计算机硬件上的第一层软件,是对硬件系统的第一次扩充。为方便用户使用,操作系统应稳定、可靠,为用户提供良好的工作环境,配置各种子系统(编辑、编译、装配、调试)和程序库(应用程序库等),便于用户编写、修改和调试程序;提供友好的用户界面。

作为用户与裸机间的接口,用户有以下 3 种方式使用计算机。

**1. 作业级接口**

操作系统提供一组键盘命令来实现对硬件的操作。键盘命令的表示形式可为字符型、菜单型和图形型。字符形式灵活,但比较烦琐,不易记忆。例如,DOS操作系统,它对用户的英语水平要求比较高,不易操作;菜单形式和图形形式直观、简单,但不灵活。根据有无处理机控制,命令的使用方式分为脱机使用方式和联机使用方式。没有处理机控制的方式称为脱机使用方式;否则称为联机使用方式。

**2. 程序级接口**

用户通过系统调用的方式来实现对硬件的直接操作。操作系统提供一系列函数,调用这些函数可实现对硬件的操作。

**3. 图形、窗口方式**

Windows系列操作系统提供了形象、生动的图形化界面,用户只需拖动并单击鼠标,便可轻松操作计算机。

## 1.2.2 资源管理者视角

**1. 处理机管理**

操作系统进程管理的任务是对处理机的分配和运行实施有效管理;在多道程序环境下,处理机的分配和运行以进程为单位,因此对处理机的管理即为对进程的管理。

其主要完成进程控制、进程同步、进程通信和进程调度功能。

(1) 进程控制:创建和撤销进程以及控制进程的状态转换。

(2) 进程同步:对诸进程的运行进行协调,互斥访问临界资源,协调执行进度。

(3) 进程通信:进程间的信息交换。

(4) 进程调度:按一定算法把处理机分配给进程,使之运行。

**2. 存储器管理**

为方便用户使用内存,提高内存的利用率,给尽量多的用户提供足够大的存储空间,从逻辑上扩充内存,操作系统负责存储器管理,主要包括内存的分配和回收,监视和保护存储器资源,为多道程序的并发执行提供良好的环境。

**3. 设备管理**

设备管理主要包括I/O操作和回收。具体工作为完成用户程序请求的I/O操作、为用户程序分配I/O设备、提高处理机和I/O设备的利用率、设备分配、设备处理、虚拟设备、缓冲管理以及改善人机界面等功能。

**4. 文件管理**

大量的信息以文件的形式放在外存,操作系统对信息的管理也就是对文件的管理。主要有文件存储空间的管理、目录管理、文件的读写管理、文件的存取控制等功能。操作系统管理用户文件和系统文件,方便用户使用文件。实现文件的保护和共享,保证文件数据的安全。

**5. 扩展硬件、扩充计算机数量**

操作系统是扩充裸机的最底层系统软件,它弥补了硬件系统类型和数量之间的差别。操作系统是系统各类资源的管理者,用于控制和管理计算机系统的软、硬件资源。它负责满足资源请求、分配,跟踪资源的使用情况,回收以及控制系统中的各种软硬件资源,以提高资源利用率,协调各程序和用户对资源的使用冲突。

### 1.2.3　虚拟机视角

操作系统是扩充裸机的第一层虚拟机。在此基础上,再加上语言处理程序,被扩充成第二层虚拟机,如图 1-2 所示。

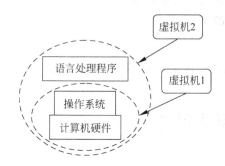

图 1-2　操作系统扩展了硬件、扩充了计算机数量

### 1.2.4　作业组织视角

操作系统是计算机系统工作流程的组织者,它负责协调在系统中运行的各个应用软件的运行次序。从而减少了人工干预,提高了主机资源的利用率。

操作系统的作用概括为:①硬件抽象,屏蔽底层硬件差异;②应用集成,提供通用方法工具;③高级管理,维护环境稳定安全。

## 1.3　操作系统的发展历史

### 1.3.1　操作系统发展的动力

1965 年,摩尔提出摩尔定律:当价格不变时,集成电路上可容纳的元器件数目每隔18~24 个月便会增加 1 倍。实践证明,该预测基本正确。说明计算机硬件不断升级,它的复杂性越来越高,硬件成本的下降使相同成本的计算机性能更高,因而需要新型操作系统与之匹配,以提供新的服务,方便用户使用。

为满足提高计算机资源利用率的需求,更正操作系统软件的错误等,促进了操作系统的不断发展和更新。计算机体系结构的不断发展要求相应的操作系统与之适应。操作系统先后从单处理机系统、多处理机系统、分布式系统发展到计算机网络操作系统。

## 1.3.2　操作系统的发展历史

### 1. 第0代(20世纪40年代末至50年代初)

无操作系统的计算机系统(1946年出现第一台计算机,由电子管组成,没有操作系统,使用起来很不方便),用户既是程序员又是操作员,用户采用手工操作方式使用计算机。早期电子数字计算机的操作和编程完全由手工进行,且编程只能用机器语言,程序员同时也是操作员,使用纸带、卡片通过中断的方式与计算机交互。用户在上机期间独占整个计算机及其他相关设备,处理机很长时间都在等待,CPU利用率非常低,产生人机矛盾。

硬件不断发展,CPU速度的提高、系统规模扩大,人机矛盾加重。为了解决人机矛盾及CPU和I/O设备之间速度不匹配的问题,20世纪50年代末出现了脱机I/O技术。

该技术事先将装有用户程序和数据的纸带(或卡片)装入纸带输入机(或卡片机),在一台外围机的控制下,把纸带(卡片)上的数据(程序)输入到磁带上。当CPU需要这些程序和数据时,再从磁带上将其高速地调入内存。简言之,在脱离主机的情况下进行的程序和数据的输入和输出,称为脱机I/O方式;而在主机的直接控制下进行I/O的方式称为联机I/O方式。脱机I/O方式减少了CPU的空闲时间,提高了I/O速度。

### 2. 第1代(20世纪50年代中至50年代末)

20世纪50年代中期,单道批处理系统(图1-3)为操作系统的雏形。主要用于科学和工程计算。程序大多用FORTRAN语言编写,适用于数值计算。严格来说,单道批处理系统还不是真正的操作系统。系统里每一时刻只有一个作业在运行,利用磁带把若干个作业分类编成作业执行序列,每个批作业由一个专门的批处理程序(也称监督程序,Monitor)自动依次将其装入而无须人工干预,可使用汇编语言开发。

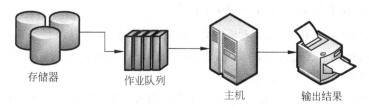

存储器　　作业队列　　主机　　输出结果

图1-3　单道批处理系统

该作业独占计算机资源,所占机时取决于当前作业。CPU和I/O设备使用忙闲不均,当需要输入数据时计算机空闲,当输入输出时处理机空闲。

类似于全自动洗衣机,每次只洗一桶衣服,按程序浸泡、洗涤、漂洗、甩干衣服,洗完一桶接着洗下一桶。全自动洗衣机的特点是在监督程序控制下自动、连续完成作业,因而易操作和控制,不需要人工干预,按装入桶内的先后顺序执行完成作业;由于每个作业以独占方式占用计算机资源,缺乏人机交互性,即便顺序执行的任务间有合作,也无法实现共享;并且对短作业不公平,因为用户等待的时间可能远远超过实际执行的时间;系统的

硬件利用率低、吞吐量小、交互性差,如果运行中途出现故障,只能停下来重新运行。

有两种批处理方式,即联机批处理和脱机批处理。

1) 联机批处理

联机批处理的主机一直参与包括慢速 I/O 操作在内的所有操作。首先,用户以纸带或卡片为介质提交作业,然后操作员将作业合成存储在磁带机上,监督程序对同一批次的作业分别进行从磁带上装入程序、编译链接、生成可执行程序、运行、输出结果。这种方法不足之处在于,主机仍需处理慢速 I/O 操作,当进行此操作时,主机一直处于等待状态,造成资源的浪费。

2) 脱机批处理

如图 1-4 所示,脱机批处理有一个快速的大型主机和一个慢速的小型机作为卫星机。慢速的 I/O 操作由卫星机来完成,作业控制命令由监督程序来执行,完成如装入程序、编译、运行等操作;而中间结果需要存放在磁带机上。主机可与卫星机并行操作,这样提高了主机的利用率和吞吐量。这种方法的缺点是磁带需要人工装卸,作业需要手工分类,监督程序容易遭到用户程序的破坏,需要人工干预才可恢复。

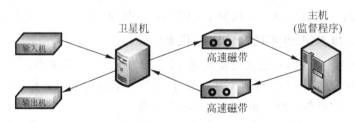

图 1-4　脱机批处理系统

### 3. 第 2 代(20 世纪 60 年代初至 60 年代中)

20 世纪 60 年代中期,为解决人机矛盾、作业自动转换问题以及提高系统资源利用率和系统吞吐量,形成了多道批处理系统,即多道程序设计共享系统。它的出现标志着操作系统的形成,是现代意义的操作系统。

批处理操作系统在一定程度上提高了计算机的效率而无须人为干预,然而,结果还不是令人十分满意。由于 CPU 与 I/O 设备的速度之间存在巨大差异,加之二者的运行是串行的,使得 CPU 总是处在等待状态。人们希望最大限度地利用 CPU 资源,能否让 CPU 和 I/O 操作同时进行,从而提高 CPU 的利用率? 答案是肯定的,多道批处理系统就是为了解决该问题而产生的。

多道批处理系统就是:宏观上,同一时刻有多个程序在运行;微观上,某一时刻只有一个程序在运行。多道技术是共享的基础。

多道是指允许多个相互独立的程序同时存在于主存中。按照某种原则分派处理机,逐个执行这些程序。

多道批处理系统的特征如下。

(1) 多道性。内存中有多道程序可并发执行。

(2) 无序性。程序完成时间与其进入内存的先后顺序无关,为了提高系统资源利用率,可能会发生先进入内存并有 I/O 操作时先设置缓冲区,将一批数据一起放进去。后进入的程序先执行完,造成无序性。

(3) 调度性。作业从提交到完成要经历两次调度:①作业调度,即选择多个作业将其分配内存,将作业从外存调入内存;②进程调度,即分配处理机,选择一个进程给其分配处理机。

多道批处理系统的优势与不足:多道批处理系统的资源利用率高,系统吞吐量大;然而 CPU 和内存资源一直忙,只有当完成或运行不下去时才进行作业切换,因而平均周转时间长。与单道批处理系统相比,切换的频率较低,造成系统时间和空间代价较低,对系统吞吐量影响不大。缺乏交互性,作业一旦开始,不易修改和调试。

由于有多道作业同时运行,增加了系统的复杂程度。为使多道程序能有条不紊地运行,系统必须增加各种管理程序,负责对各种资源进行科学的管理。根据资源类型,管理程序分为以下 5 种。

(1) 处理机管理问题。如何共享、分配及回收处理机,保证各道程序有条不紊地运行,提高利用率。涉及第 2 章的处理机调度与死锁内容。

(2) 内存管理问题。如何分配、互不重叠及干扰;当要求的存储容量超出实际存储容量时,应具有扩充内存的能力。涉及第 3 章存储器管理内容。

(3) I/O 设备管理问题。如何共享及分配 I/O 设备和有关通道等以方便用户使用;启动指定的设备进行操作,当设备用完时能及时收回。涉及第 4 章设备管理内容。

(4) 文件管理问题。如何组织数据和程序,便于使用,保证数据的安全性及一致性。涉及第 5 章文件管理内容。

(5) 作业管理问题。如何根据作业类型进行组织。涉及第 2 章处理机调度与死锁内容。

**4. 第 3 代(20 世纪 60 年代中至 70 年代中)**

随着大规模集成电路的不断发展,计算机朝着微型化、网络化、智能化的方向发展,计算机系统是通用系统,是多模式系统。

不久便出现了分时系统和实时系统。

20 世纪 80 年代以来,出现高级操作系统,它是由通用操作系统、网络操作系统和分布式操作系统组合而来的。

# 1.4  操作系统的类型

现在已发展成熟的操作系统有批处理操作系统、分时操作系统和实时操作系统。正处在发展中的操作系统有微机操作系统、多处理机操作系统、网络操作系统、分布式操作系统及嵌入式操作系统。

## 1.4.1  批处理操作系统

批处理操作系统包括单道批处理操作系统和多道批处理操作系统。无论是单道批处理操作系统还是多道批处理操作系统,要处理的作业首先在外存上排成一个队列,然后由作业调度程序负责从队列中选取作业进入内存,为之建立进程。当内存中仅存放一道作业,并且作业的完成顺序与它进驻内存的顺序相关,则为单道批处理系统;而若内存中存放多道作业,作业的完成顺序与它们进驻内存的顺序无严格的对应关系,则为多道批处理操作系统。

批处理操作系统的优点是由操作系统自动调度执行多道程序,降低了人工干预对系统性能的影响,资源利用率高,系统吞吐量大;但作业的平均周转时间较长,并且没有交互能力,使得程序的修改和调试极其困难。

批处理操作系统可分为单道批处理操作系统和多道批处理操作系统。

**1. 单道批处理操作系统**

单道批处理操作系统是一种早期的、基本的批处理操作系统。"单道"的意思是指一次只有一个作业装入计算机系统的主存储器运行,因而它也是一个单用户操作系统。这种系统的主要目标是一批作业能自动、按顺序地运行。

**2. 多道批处理操作系统**

多道批处理操作系统的基本思想是每次把一批经过合理搭配的作业通过输入机提交给操作系统,并由系统把它们暂时存入辅助存储器中等待运行;以后,当系统需要调入新的作业时,根据当时的运行情况和用户要求,按照某种调度原则,从后备作业中挑选一个或几个合适的作业到内存中参加运行;当某个作业运行完毕或因故执行不下去时,系统转去执行另一作业。重复上述步骤,直至这一批作业全部执行结束为止。

多道批处理操作系统显著地提高了资源利用率,增加了系统对作业的吞吐能力,实现了计算机工作流程的自动化。

## 1.4.2　分时操作系统

鉴于用户在人机交互、共享主机和远程联机方面的需求,自 20 世纪 70 年代中期以来,人们将计算机系统处理机的时间或内存空间进行时间上的分割,每个时间间隔称为一个时间片(Time Slice),按时间片将系统资源轮流地切换给各终端用户的程序使用。在这样的系统中,用户感觉不到其他用户的存在,好像独占计算机一样。

如图 1-5 所示,"分时"是指多个程序分时共享软件硬件资源,或多个用户共享同一台计算机。在分时系统中,为了使一个计算机系统能同时为多个终端用户服务,系统采用了分时技术。即把 CPU 时间划分成许多时间片,每个终端用户每次可以使用一个由时间片规定的 CPU 时间。这样,多个终端用户就轮流地使用 CPU 时间。如果某个用户在规定的一个时间片内还没有完成它的全部工作,这时也要把 CPU 让给其他用户,等待下一轮再使用一个时间片的时间,循环轮转,直至结束。

分时操作系统包括简单分时操作系统、具有前后台的分时操作系统和多道分时操作系统。

在简单分时操作系统中,主存仅存放一个现行作业,其余均存放在辅存上,为了使每个作业均能得到及时响应,规定作业运行一个时间片后便暂停并调出至辅存,再从辅存上选一个作业装入主存运行,这样轮转一段时间后使每个作业都运行一个时间片,就能让用户通过终端与自己的作业交互,以保证及时响应用户的操作请求。

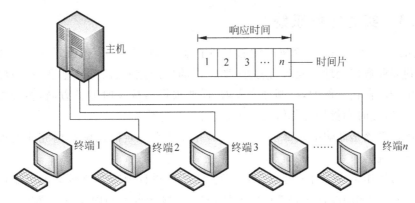

图 1-5　分时操作系统

多个用户分时：单个用户使用计算机的效率低，因而允许多个应用程序同时在内存中分别服务于不同的用户。有用户输入时由 CPU 执行，处理完一次用户输入后程序暂停，等待下一次用户输入。

为提高系统性能，可引入前台/后台的分时操作系统，现在的图形用户界面中，后台程序不占用终端输入输出，不与用户交互，除当前交互的程序（输入焦点）外，其他程序均作为后台。前台交互型作业不断在主存与辅存间调进/调出，并按时间片轮转运行作业；当前台无作业可运行时，调度后台批作业执行。

多道程序设计技术基础上实现的分时操作系统可进一步提高效率。主存中同时装入多道作业，这些作业按优先级不同排成多个队列，高优先级队列中的交互型作业依次获得一个时间片运行，保证了终端用户的操作请求能及时获得响应，仅当高优先级队列空或无作业可运行时，可调度低优先级队列的批作业。

分时操作系统也是支持多道程序同时执行的系统，但它不同于多道批处理操作系统。多道批处理操作系统是实现自动控制无须人为干预的系统，而分时操作系统是实现人机交互的系统。分时操作系统主要特点如下。

（1）多路性。多个终端用户同时工作，提高了资源利用率。

（2）独立性。每个用户独立地通过自己的终端进行 I/O，彼此独立，互不干扰。用户感觉自己独占计算机资源，而实际上计算机系统正在被许多用户分享。

（3）交互性。用户可通过终端与系统进行广泛的人机对话，请求系统提供多方面的服务，如文件编辑、数据处理、资源共享等。

（4）及时性。系统能在较短时间内对用户的请求进行响应，显著提高调试和修改程序的效率，缩短了周转时间。

分时操作系统为用户在测试、修改程序以及在控制程序执行方面提供极大的灵活性。但是，用户必须守候在终端旁，向系统提交命令，然后等待处理结果。因此，对于短小作业来说，这种交互系统是非常合适的。对一些需处理较长时间才有结果且不需交互的大型作业来说，就没有必要让用户长时间地为此等待，操作系统研究者提出充分发挥批处理操作系统和分时操作系统的优点，在一个计算机系统上配置的操作系统既有批处理能力，又提供分时交互的能力。

### 1.4.3 实时操作系统

20 世纪 60 年代中期,计算机的性能得到了显著的提高,应用范围迅速从传统的科学计算扩展到商业数据处理以及各行各业,如工厂的生产控制、医疗诊断及飞机订票等,尤其是它应用于高科技。例如,控制导弹发射,需要根据目标及时调整方向,各种参数需要随时改变,这时分时和批处理都解决不了,就引入实时系统。

实时操作系统是能响应外部事件的请求,并保证在一定时间限制内完成对该事件的处理的操作系统。

由于实时操作系统本身的特点,实时操作系统的设计要求具有较高的可靠性和实时性,对资源的分配和调度首先要考虑实时性,并且在规定的时间内完成某操作。对效率优先级的要求低于实时性。此外,实时操作系统还应有较强的容错能力。

实时操作系统分为两种,即硬实时操作系统和软实时操作系统。硬实时操作系统要保证按时完成关键性的任务。为此,需要限制系统中所有的延迟,即从数据检索到操作系统结束请求模式的时间需求。现有的操作系统都没有提供对硬实时的支持,本书就不涉及此方面内容了。

软实时操作系统是一种限制较少的实时操作系统,其关键任务的优先权要高于其他任务,并保持拥有这个优先权直到结束。软实时操作系统通常在多媒体、虚拟现实领域有着广泛的应用。由于软实时操作系统应用的不断扩展,当前的大多数操作系统都包含该技术。

实时系统除了具有一般操作系统的基本功能外,还有以下特点和功能。

(1) 实时性强。系统要对外部输入的实时信号及时做出响应,响应的时间间隔要足够控制发出实时信号的环境。通常的响应时间在毫秒级,甚至微秒级。

(2) 对系统的可靠性要求高。实时操作系统常常用于实时控制方面,因此要求高可靠性与安全性。所以,系统的所有部分通常都是采用双工方式工作。

(3) 具有连续的人机对话能力。实时操作系统没有分时操作系统那样的交互会话能力,仅允许终端访问有限数量的专用程序,不能书写程序或修改已有程序,但它必须具有连续的人机对话能力。实时终端设备通常只是作为执行设备或询问设备使用。

(4) 系统整体性能强。实时操作系统所管理的联机设备和资源,通常要按一定的时间关系和逻辑关系协调工作。

(5) 具有过载防护能力。在实时系统中,任务进入系统往往有很大的随机性,有时就会超过系统的处理能力,因而产生过载。必须为系统设计某种防护机构,以保证一旦发生过载,系统仍能正常运行。

实时操作系统与分时操作系统的区别如表 1-1 所示。

表 1-1　实时操作系统与分时操作系统的区别

| 属　性 | 分时操作系统 | 实时操作系统 |
| --- | --- | --- |
| 交互能力 | 强(通用系统) | 弱(专用系统) |
| 响应时间 | 秒级 | 及时,毫秒/微秒级 |
| 可靠性要求 | 一般 | 更高 |

通常把兼有分时、实时和批处理三者或其中两者的操作系统,称为通用操作系统。可适用于计算、事务处理等多个领域,能运行在多种硬件平台上,如 UNIX 系统、Windows NT 等。

## 1.4.4 微机操作系统

操作系统的形成已有 40 多年的历史,现在已有相当多的操作系统产品。目前微机常用的操作系统有 CP/M、MS-DOS、OS/2、UNIX、Xenix、Linux、Windows、Netware 等。

微软公司的磁盘操作系统 MS-DOS 和微型计算机的操作系统 CP/M 等是计算机初期所配置的操作系统,属于单用户单任务微机操作系统,主要配置在 8 位和 16 位微机上。这类操作系统的功能主要是操作命令的执行、文件服务、支持高级程序设计语言编译程序和控制外部设备等。MS-DOS 的最后版本是 MS-DOS 6.22。MS-DOS 是一个曾经广泛流行的操作系统,后被 Windows 操作系统取代。其原因除了 MS-DOS 内在的性能越来越不能满足需要外,还有一个重要原因是 MS-DOS 外在的用户界面太差,用户必须记住很多由英文字母表示的 DOS 命令,不直观,不灵活,学习和使用都有难度。

OS/2(Operating System/2)是由微软和 IBM 公司共同创造,后来由 IBM 单独开发的一套操作系统。DOS 在 PC 上的成功,以及 GUI 图形化界面的影响下,IBM 和 Microsoft 共同研制和推出了 OS/2。

在 Windows 系统盛行之前,个人计算机是运作在命令行环境中,此时的网络架构都是以 Novell Netware 建构而成。Netware 服务器对无盘站和游戏的支持较好,常用于教学网和游戏厅。

为了克服 MS-DOS 字符界面使用不便的缺点,Microsoft 公司在 MS-DOS 基础上推出了易学易用的图形用户界面 MS Windows。图形界面的引入,彻底改变了计算机的视觉效果和使用方式。它使用户能以更直观、更简单的方式使用计算机。用户通过鼠标的简单操作,就可以完成大部分的工作。Windows 是一个多任务操作系统,它有多个版本,早期有 Windows 3.0/3.1/3.2、Windows 95、Windows 98、Windows NT、Windows 2000,最近有 Windows XP、Windows Vista 等。

Microsoft Windows,即视窗操作系统,微软公司推出的单用户多任务操作系统,于 1985 年问世。它起初仅是 MS-DOS 下的桌面环境 http://zh. wikipedia. org/wiki/Microsoft_Windows - cite_note-4,而后其后续版本逐渐发展成为 PC 和服务器用户设计的操作系统,并最终获得了世界 PC 系统软件的垄断地位。Windows 可以在几种不同类型的平台上运行,如 PC、嵌入式系统等,其中在 PC 领域应用最为普遍。

单用户微机操作系统的界面友好,每个用户独立联机使用一台计算机,是人机交互式图形界面;管理方便,用户可根据自己的使用要求,方便地对系统进行管理;能满足一般的工作需求,价格低廉,适于普及;但其安全性差,病毒泛滥。

最初的 UNIX 操作系统是 1969 年由 AT&T 公司(贝尔实验室)的肯·汤普逊、丹尼斯·里奇等人在 PDP-7 计算机上开发成功的 16 位操作系统,具有多任务、多用户的特征。它继承了 UNIX 的特性,具备多人多任务的工作环境,符合 UNIX System V 的接口规格。

从 1969 年至今,它经历了从开发、发展、不断演变和获得广泛应用,以至逐渐成为工作站等小型机的标准操作系统的过程。

UNIX 有多种版本。现在,UNIX 系统主要以 AT&T 公司和加利福尼亚大学伯克利分校开发的版本为主。如 AT&T 推出的 UNIX System V、伯克利分校推出的 BSD 4.3 等。UNIX 的后来版本统一了用户界面,使 UNIX 系统的开发进入了一个新的阶段。

Linux 是一种自由和开放源代码的类 UNIX 操作系统,便于用户根据需要进行修改。Linux 系统一经推出,就得到了广大用户和计算机厂商的青睐,迅速形成了一个与 Windows 系统相抗衡的自由软件联盟。它是由芬兰的林纳斯·托瓦兹等人在 1991 年 10 月首次发布。它的版本分为两种,即内核版本和发行套件版本。再加上用户空间的应用程序之后,成为 Linux 操作系统。

Linux 系统与 UNIX 系统在用户界面上完全兼容,它是一个领先的操作系统,已被移植到更多的计算机硬件平台,可以运行在服务器和其他大型平台上,如大型机、超级计算机。世界上最快的超级计算机 90% 以上运行 Linux 发行版或变种,包括最快的前 10 名超级计算机运行的都是基于 Linux 内核的操作系统。Linux 也广泛应用在嵌入式系统上,如移动电话、iPad、路由器和电子游戏机等。移动设备上广泛使用的 Android 操作系统也是创建在 Linux 内核上的。

多用户微机操作系统具有更强大的功能和更多优点,代表是 UNIX。

## 1.4.5　多处理机操作系统

为了增加系统吞吐量、节省投资、提高系统性能和可靠性,1975 年前后,出现了多处理机操作系统,它是一种获得大量联合计算能力的操作系统。

**1. 多处理机操作系统的特点**

(1) 增加系统的吞吐量。N 个处理器加速比达不到 N 倍(额外的调度开销、算法的并行化)。

(2) 提高系统可靠性。故障时系统降级运行。

**2. 多处理机系统的类型**

(1) 紧密耦合(Tightly-Coupled)。各处理机之间通过快速总线或开关阵列相连,共享内存,整体系统由一个统一的操作系统管理(一个操作系统核心)。

(2) 松散耦合(Loosely-Coupled)。各处理机带有各自的存储器、I/O 设备和操作系统,通过通道或通信线路相连。每个处理机上独立运行操作系统。

(3) 非对称式多处理(ASymmetric Multi-Processing,ASMP)。又称其为主从模式(Master-Slave Mode)。

① 主处理器。只有一个,运行操作系统。管理整个系统的资源,为从处理器分配任务。

② 从处理器。可有多个,执行应用程序或 I/O 处理。

特点：不同性质任务的负载不均，可靠性不够高，不易移植（通常要求硬件也是"非对称"）。

（4）对称式多处理（Symmetric Multi-Processing，SMP）。操作系统交替在各个处理器上执行。任务负载较为平均，性能调节容易。

当今，大多数通用多处理机系统采用了对称多处理（SMP）技术，每个处理器运行一个同样的操作系统副本，而且这些副本在需要时可相互通信。有些系统采用了非对称多处理，每个处理器有着明确的任务。一个主处理器控制着系统；其他的处理器照应主处理器或者有预定义的任务。这种方案定义了一种主从关系。主处理器调度从处理器并为其分配工作。SMP 意味着同等对待所有的处理器；处理器之间没有主从关系。每个处理器并行地运行一份操作系统副本。

## 1.4.6　网络操作系统

网络操作系统是为计算机网络配置的操作系统，在计算机网络环境中提供网络管理、通信、安全、资源共享等网络应用方面功能。它除了通常操作系统应具有的处理机管理、存储器管理、设备管理和文件管理外，还应具有以下两大功能。

（1）提供高效、可靠的网络通信能力。

（2）提供多种网络服务功能，如文件共享服务、打印共享服务、网络互联服务、Internet 和 Intranet 服务。网络操作系统如图 1-6 所示。

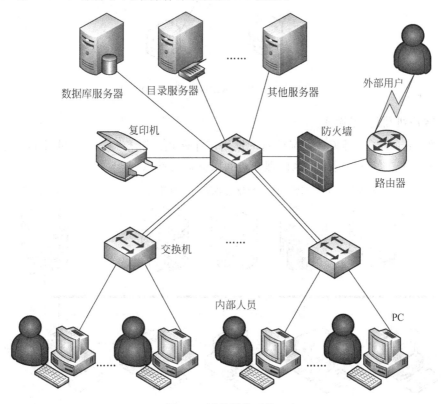

图 1-6　网络操作系统

其主要特点是与网络的硬件相结合来完成网络的通信任务,实现网络中各计算机之间的通信和网络资源共享,提高网络资源的利用率和网络的吞吐量。

通过网络由服务器(Server)及客户端(Client)共同完成数据与消息的传递工作。服务器主要管理服务器和网络上的资源和网络设备的共享,保障网络畅通,而客户端主要接收服务器所传递的数据进行使用。

网络操作系统主要有以下三类。

**1. 集中模式**

集中式网络操作系统是由分时操作系统加上网络功能演变而来的。如图 1-7 所示,系统的基本单元是由一台主机和若干台与主机相连的终端构成,信息的处理和控制是集中的。UNIX 就是这类系统的典型。

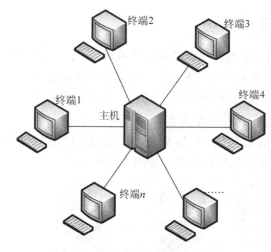

图 1-7　集中式网络操作系统结构

**2. 客户机/服务器模式**

如图 1-8 所示,这种模式是最流行的网络工作模式。服务器是网络的控制中心,并向客户提供服务。客户是用于本地处理和访问服务器的站点。

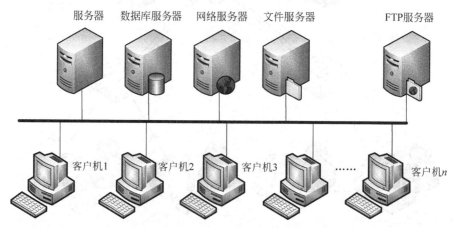

图 1-8　基于客户机/服务器模型的网络操作系统结构

### 3. 对等模式

采用这种模式的站点都是对等的,既可以作为客户访问其他站点,又可以作为服务器向其他站点提供服务。这种模式具有分布处理和分布控制的功能。

如图1-9所示,在基于对等模型的网络系统中,只有一种结点,即工作站。工作站是一台安装有网卡和网络操作系统(Net Operating System,NOS)的计算机系统,工作站之间通过网络硬件系统相互连接,构成一个网络系统。由NOS提供简单的资源共享服务和资源访问控制。每个工作站的地位都是同等的,既是网络资源的提供者,又是网络资源的使用者,它们之间可以共享彼此的资源。这种网络系统也称为工作组网络。Windows操作系统都可用于构造这种网络系统。

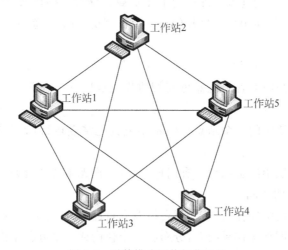

图1-9 对等模式网络操作系统

网络操作系统的特点如下。

(1) 自治性:有自己的CPU、自己的内存和自己的操作系统。

(2) 互联性:两个以上带有自己的操作系统的计算机通过通信设施连接起来。

(3) 分布性:位置分布,功能分布,处理的任务分布。

(4) 统一性:整个网络对用户是统一的,接口是一致的。

## 1.4.7 分布式操作系统

分布式系统(图1-10)是由若干个计算机通过通信设施连接而成的,没有统一的协议标准,只有内部的通信规则,各机器没有主次之分,整个系统有一个统一的操作系统,并为用户提供接口。可实现系统内的资源管理、调度以及任务动态分配。

分布式操作系统是一种特殊的多处理器计算机系统,它是由若干用分布式计算结构,把原来系统内中央处理器处理的任务分散给相应的处理器,实现不同功能的各个处理器相互协调,共享系统的外设与软件。它是网络操作系统的更高级形式,除了需要包括单机操作系统的主要功能外,保持了网络操作系统的全部功能,包括分布式进程通信、分布式文件系统、分布式进程迁移、分布式进程同步和分布式进程死锁等功能。

分布式操作系统的所有系统任务可在系统中任何处理机上运行,自动实现全系统范

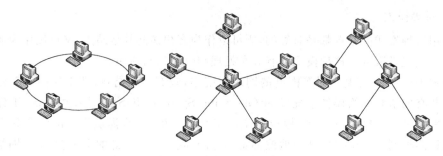

图 1-10　分布式系统的结构

围内的任务分配,并自动调度各处理机的工作负载。分布式操作系统运行在不具有共享内存的多台计算机上,但在用户眼里却像是一台计算机(分布式系统无本地操作系统运行在各个机器上)。

分布式操作系统的特点如下。

(1) 并行性。系统中的若干机器可互相协作完成同一个任务,即程序可分布于几台计算机上并行运行。

(2) 健壮性。系统中的一个结点出错不影响其他结点运行,具有较好的容错性和健壮性。

(3) 共享性。系统中的资源为所有用户共享,用户无须考虑资源在哪台计算机上,为用户提供对资源的透明访问。

(4) 自治性。比网络操作系统差,每台机器有自己的 CPU 和内存,无操作系统。

(5) 分布性。比网络操作系统差,分布在一个楼内或一个办公室内。

(6) 模块性。机器的机型相同(只有同构才能实现任务转移)。

分布式操作系统与网络操作系统的区别如表 1-2 所示。

表 1-2　分布式操作系统与网络操作系统的区别

| 类　　别 | 耦合程度 | 并行性 | 透明性 | 健壮性 |
|---|---|---|---|---|
| 分布式操作系统 | 紧密(同构) | 进程跨机 | 是 | 强 |
| 网络操作系统 | 松散(异构) | 进程独立 | 否 | 一般 |

分布式操作系统可进行各个计算机间的相互通信,无主从关系,是紧密耦合系统,各操作系统同构;网络操作系统有主从关系;分布式操作系统的各个机器机型必须一致,而网络操作系统则无此要求,允许异构操作系统互联;分布式操作系统内部没有标准的协议,后者有;分布式操作系统对用户是完全透明的,后者则不完全透明。

分布式操作系统资源为所有用户共享;而网络操作系统有限制地共享;分布式操作系统中若干个计算机可相互协作共同完成一项任务。

### 1.4.8 嵌入式操作系统

计算机发展的趋势之一是微型化和专业化,以计算机技术、通信技术为主的信息技术的快速发展和Internet网的广泛应用,催生了掌上电脑和嵌入式系统的出现。嵌入式系统硬件不再以物理上独立的装置或设备形式出现,而是大部分甚至全部都隐藏和嵌入各种应用系统中。由于嵌入式系统的应用环境与其他类型的计算机系统有着巨大的区别,因而对嵌入式软件有着特别的要求,而嵌入式操作系统是嵌入式软件的基本支撑。进而形成了现代操作系统的一个新成员,即嵌入式操作系统。

嵌入式操作系统在控制设备的计算机中运行,这种设备不是一般意义上的计算机,并且不允许用户安装软件。装有嵌入式操作系统的设备无处不在,有机器人、电视机、智能卡、印刷机、复印机、电话交换设备、微波炉、移动电话、汽车等。运行在其上的操作系统比较简单,只实现所要求的控制功能。国际上有名的嵌入式操作系统有Windows CE、Palm OS、Linux、VxWorks、pSOS、QNX、OS-9和LynxOS等。

## 1.5 操作系统的特征

操作系统具有并发性、共享性、虚拟技术和异步性这4个基本特征。其中,并发性是操作系统最重要的特征,其他3个特征都是以并发性特征为前提的。

**1. 并发性**

并发性是指系统中的资源不再为某道程序(进程)所独占,如单处理器系统中有两个或两个以上的程序在同一时间间隔内发生。宏观上,这些程序同时在执行;微观上,任何时刻只有一道程序在执行,即微观上多道程序在CPU上串行执行。

并行是指两个或多个事件在同一时刻发生。在多处理器系统中有两个或两个以上的程序同时发生,则为并行。

**2. 共享性**

系统中的软、硬件资源不再为某个程序所独占,而是供多个用户共同使用。由于一次性向每个用户程序提供它所需的全部资源不但会造成浪费,有时也不可行。较经济、现实的方法是让操作系统和多个用户程序共享计算机系统的所有资源。

资源的共享和程序的并发执行二者互为存在条件。一方面,资源共享是以程序的并发执行为条件,若系统不允许程序的并发执行,自然不存在共享问题;另一方面,若系统不能对资源共享实施有效管理,则程序无法并发执行。

资源共享的方式可以分成以下两种。

(1) 互斥访问。虽然它们可提供给多个进程使用,但在同一时间内要求互相排斥地使用这些资源,即只允许一个进程访问这些资源。这种同一时间内只允许一个进程访问的资源称为临界资源,资源分配后到释放前,不能被其他进程所用。许多物理设备如打印机、磁带机、卡片机以及某些数据和表格都是临界资源,它们只能互斥地被访问。

(2) 同时访问。同一时间内,允许多个进程对系统资源同时进行访问,这里"同时"是宏观上的说法,如磁盘。

### 3. 虚拟技术

虚拟技术是操作系统为提高资源利用率而采用的一种资源管理技术。通过某种技术手段,把一个物理上的实体变成多个逻辑上的对应物,或把物理上的多个实体变成逻辑上一个对应物,如采用技术将一个存储器虚拟为若干存储器。还可以虚拟处理机、虚拟设备、虚拟通道、虚拟文件、虚拟用户组和虚拟网络等。

### 4. 异步性

异步性也称随机性,是指系统中各进程的执行顺序是不确定的,进程的运行速度不可预知。在多道程序环境中,允许多个进程并发执行,由于系统资源有限而进程众多,不可预知每个进程的运行推进快慢,多数情况下进程的执行不是一贯到底,而是"时走时停",即程序执行结果不确定,程序不可再现系统在某个时刻的状态。

这里的操作系统指的是通用操作系统。

## 1.6 操作系统的结构

早期的操作系统规模很小,小到只有几十"KB",完全可以由一个人用几个月的时间手工编制完成。此时,程序编制基本上是一种技巧,使得程序紧凑、内存得到有效利用;操作系统是否有结构也不十分重要。但由于操作系统很难编写,因而写完的代码不会被轻易丢弃,加之随着它在发展过程中的不断演化,系统不断扩大,乃至变得既庞大又杂乱。这一方面会增加所编制程序出错的概率,给调试工作带来很多困难;另一方面也使程序难以阅读和理解,增加了维护人员的负担。

以 Linux 操作系统为例,它的源代码有 500 万行。考虑具有 500 万行的一套书,每页50 行,每卷 1000 页。用这种规格的书存放 Linux 操作系统代码,则需要 100 卷,即基本上需要一整个书架来摆放。这意味着,操作系统的开发是一个浩大的工程,需要采用系统、科学的方法进行指导,使开发出的大型、复杂的并发系统可靠、易用、可维护、易移植。按照这几个设计目标开发出来的操作系统具有不同的系统结构。

软件开发技术的不断发展,促进了操作系统结构的更新换代。这里把早期的无结构操作系统(第一代)、模块化操作系统结构(第二代)和分层式操作系统结构(第三代),统称为传统的操作系统结构,而把微内核结构的操作系统称为现代的操作系统结构。

### 1.6.1 传统的操作系统结构

#### 1. 无结构操作系统

早期开发的操作系统,只注重功能的实现和获得高的效率,没有统一的设计指导思想。此时的操作系统是一组过程的集合,每个过程可以相互调用,使操作系统内部复杂而混乱。这样的操作系统内部不存在任何结构,人们把它称为无结构操作系统,又称为整体系统结构。

无结构操作系统的缺点是内部复杂而混乱,程序缺乏清晰的结构,错误多,可读性差,调试难、维护难。

**2. 模块化操作系统结构**

为使操作系统具有清晰的结构,将操作系统按其功能划分为若干个独立的模块,每个模块具有某方面的管理功能。规定好各模块间的接口,使各模块之间能通过该接口实现交互,如进程管理模块、存储器管理模块、设备管理模块等,并规定好各模块间的接口,使各模块之间能通过该接口实现交互,然后再进一步将各模块细分为若干个具有一定管理功能的子模块,如把存储器管理模块又分为内存分配、内存保护等子模块,同时规定各子模块之间的接口。若子模块较大时,再进一步将它细分。图 1-11 所示为由模块、子模块等组成的模块化操作系统结构。

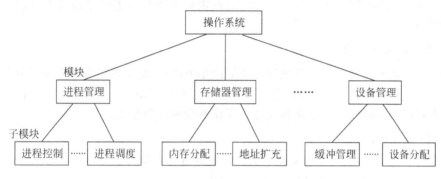

图 1-11　模块化操作系统结构

模块化操作系统结构设计方法的主要优点是结构紧凑、组合方便、灵活性大、易维护;由于划分成模块和子模块,设计及编码可同时进行,能加快操作系统研发过程。它的主要缺点是:开始设计时,对模块的划分及对接口的规定并不精确。模块独立性差,模块之间依赖关系太多,调用关系复杂,甚至有很多循环调用,造成系统结构不清晰,正确性难以保证,修改任意功能模块将导致其他所有功能模块都需要修改,从而导致操作系统设计开发的困难、系统可靠性降低。

随着系统规模的扩大,采用这种结构的系统复杂性剧增,这就使操作系统开发人员犹如泥潭深陷。因此,人们有必要去研究新的操作系统结构概念及设计方法。

**3. 分层式操作系统结构**

模块化操作系统的缺点限制了它的发展。为了开发新型结构的操作系统,人们产生了这样的设想:将操作系统的功能分成若干层,除底层模块外,其中任一层模块都建立在它下面一层的基础上(图 1-12)。某一层次上的代码只能调用低层次上的代码(单向调用)。模块间的调用变为有序。系统每增加一层,就构成比原来功能更强的虚拟机,提高了系统的可维护性和可靠性。

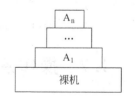

图 1-12　UNIX 的层次结构

分层式操作系统结构的优点如下。

每一步设计都建立在可靠的基础上,结构更清晰、功能更明确,调用关系清晰(高层对低层单向依赖),有利于保证设计和实现的正确性,低层和高层可分别实现(便于扩充);高层错误不会影响到低层;避免递归调用。

缺点:降低了运行效率。

## 1.6.2　现代操作系统结构

Windows 2000/XP、UNIX 都属于现代操作系统。现代操作系统是指具有微内核结构的操作系统。

**1. 微内核技术的主要思想**

在操作系统内核将进程管理、存储器管理以及 I/O 管理这些功能一分为二,属于机制的很小一部分放入微内核中,而将其他服务分离出去,由工作在用户态下的进程来实现,形成"客户/服务器"模式。客户进程可通过内核向服务器进程发送请求,以获得操作系统的服务。

**2. 微内核的基本功能**

微内核是能实现现代操作系统核心功能的小型内核,能够提供必要服务进程管理、存储器管理、进程通信管理和 I/O 设备管理等,所有服务在用户态下运行。微内核运行在核心态下,开机后常驻内存,它是构建通用操作系统的重要基础。

**3. 微内核的特点**

(1) 统一的接口,在用户态和核心态之间无须进程识别。

(2) 灵活性好,能适应硬件更新和应用变化。

(3) 可移植性好,所有与具体机器特征相关的代码全部隔离在微内核中,如果操作系统要移植到不同的硬件平台上,只需修改微内核中极少代码即可。

(4) 实时性好,微内核可以方便地支持实时处理。

(5) 安全可靠性高,微内核降低了内核的复杂度,对外仅使用少量应用编程接口,减少了发生故障的概率,也就增加了系统的安全性。

(6) 支持分布式系统,在微内核结构下操作系统必须采用客户/服务器模式。这种模式适合于分布式系统,可以对分布式系统提供支持。支持多处理器的体系结构和高度并行的应用程序。

由于操作系统核心常驻内存,而微内核结构精简了操作系统的核心功能,内核规模比较小,一些功能都移到了外存上,所以微内核结构十分适合嵌入式的专用系统,对于通用性较广的系统,一次系统服务过程需要更多的模式(在用户态和核心态之间)转换和进程地址空间的开关,这就增加了时空开销,从而影响到计算机的运行速度。

## 1.7　操作系统的用户界面

操作系统的用户界面是操作系统提供给用户与计算机进行交互的外部机制。用户能够借助这种机制和系统提供的手段来控制用户的系统。

### 1.7.1 命令界面

命令界面也称为命令接口,由一组命令及命令解释程序组成。当用户每输入一条命令后,系统便立即转入命令解释程序,对该命令进行处理和执行。

不同操作系统的命令界面因命令的种类、数量、功能、命令的形式、用法等不同而有所不同。命令界面主要通过命令语言来实现,可分成以下两种。

**1. 命令行方式**

命令语言具有规定的词法、语法和语义,它以命令为基本单位来完成工作任务,完整的命令集构成了命令语言,反映了系统提供给用户可使用的全部功能。每个命令以命令行的形式输入并提交给系统,一个命令行由命令动词和一组参数构成,它指示操作系统完成规定的功能。

对新手用户来说,命令行方式十分烦琐,难以记忆;但对有经验的用户而言,命令行方式用起来方便快捷、十分灵活。所以,许多操作员至今仍采用这种命令形式。简单命令的一般形式为: Command arg1 arg2 … arg n,其中 Command 是命令名,又称命令动词,其余为该命令所带的执行参数,有些命令可以没有参数。比如,MS-DOS 中要显示当前目录下 c:\document\file 的文件 file 的目录,则需调用 dir 命令。

**2. 批命令方式**

在使用操作命令过程中,有时需要连续使用多条命令,有时需要多次重复使用若干条命令;有时需要有选择地使用不同命令,用户每次都将这一条条命令由键盘输入,既浪费时间,又容易出错。现代操作系统都支持一种特别的命令,称为批命令,其实现思想如下:规定一种特别的文件(称批命令文件),通常该文件有特殊的文件扩展名,如 MS-DOS 约定为 BAT。用户可预先把一系列命令组织在该 BAT 文件中,一次建立,多次执行。从而减少输入次数,方便用户操作,节省时间、减少出错。

### 1.7.2 程序界面

程序界面(系统调用)是为了扩充计算机功能,方便用户使用而建立的,是用户程序或系统程序为访问系统资源通过访管指令对操作系统核心程序所做的调用。

用户程序或系统程序通过调用操作系统功能,而无须了解操作系统内部结构和硬件细节,便可获得操作系统的服务。可通过访管指令或访管中断来调用操作系统的服务功能。访管指令又叫系统调用命令,如 C 语言中 fopen( )函数。而 open( )是系统调用;在DOS 中 int13 是系统调用。系统调用的执行过程如图 1-13 所示。

系统调用执行的具体流程如下。

保护现场信息,把系统调用命令的编号等信息放入约定的存储单元;根据系统调用的编号访问系统调用入口表。通过系统调用命令中断现行程序,进而转去寻找相应的子程序的入口地址,以完成系统调用程序;完成后,恢复现场,控制又返回到发出系统调用的命令之后的一条命令,被中断的程序将继续执行。

操作系统提供的系统调用很多,从功能上大致可分成以下六类。

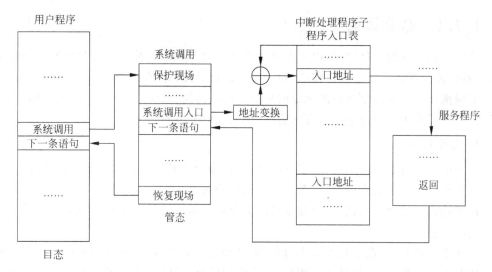

图 1-13　系统调用的执行过程

（1）进程管理：终止或异常终止进程、装入和执行进程、创建和撤销进程、获取和设置进程属性。

（2）文件管理：建立文件、删除文件、打开文件、关闭文件、读/写文件、获得和设置文件属性。

（3）设备管理：申请设备、释放设备、设备 I/O 和重定向、获得和设置设备属性、逻辑上连接和释放设备。

（4）内存管理：申请内存和释放内存。

（5）信息维护：获取和设置日期及时间、获得和设置系统数据。

（6）通信：建立和断开通信连接、发送和接收消息、传送状态信息、连接和断开远程设备。

## 1.7.3　图形用户界面

用户虽然可以通过命令接口方式来获得操作系统的服务，但却要牢记各种命令和参数，必须严格按规定的格式输入命令，这样既不方便又浪费时间。图形化用户界面是友好的用户交互界面，它使用 WIMP 技术（即窗口 Window、图标 Icon、菜单 Menu 和鼠标 Pointing Device），引入各种形象的图标将系统的各项功能、各种应用程序和文件直观、逼真地表示出来。

用户可以用鼠标或通过菜单和对话框完成对应用程序和文件的操作。用户不必死记硬背操作命令，就能轻松自如地完成各项工作，使计算机系统成为一种非常有效且生动有趣的工具。

图形化操作界面又称多窗口系统，采用事件驱动的控制方式，用户通过动作产生事件以驱动程序工作，事件实质上是发送给应用程序的一个消息。用户按键或单击鼠标等动作都会产生一个事件，通过中断系统引出事件驱动控制程序工作，它的任务是接收事件、分析和处理事件，最后，还要清除处理过的事件。系统和用户都可以把各个命令定义为一个菜单、一个按钮或一个图标,当用户用键盘或鼠标进行选择之后,系统会自动执行命令。

## 1.8 操作系统的硬件环境

操作系统是一种大型复杂的系统软件,它以硬件环境为物质基础,是对硬件功能的扩展和延伸。操作系统的管理功能只有在专门的硬件支持下,才能充分保证系统工作的高效与安全。操作系统的硬件环境以较分散的形式同各种管理相结合。本节主要讨论操作系统对硬件运行环境的要求。

### 1.8.1 CPU 与外设并行工作

操作系统专门设计了一系列基本机制,使处理机具有特权级别的处理器状态,能在不同特权级运行的各种特权指令;硬件机制使得操作系统可以和普通程序隔离实现保护和控制。

在一台通用的计算机系统中,通过输入/输出控制系统完成外围设备与主存储器之间的信息传送。各种外设连接在相应的设备控制器上,通过通道把设备控制器连接到公共的系统总线上。这种结构允许 CPU 和各种外围设备同时并行工作。

### 1.8.2 I/O 中断的作用

中断系统是现代计算机系统的核心机制之一。依靠硬件和软件相互配合、相互渗透而使得计算机程序得以随机切换。

中断系统由硬件中断装置和软件中断处理程序两大组成部分。硬件中断装置属于机制部分,主要用来捕获中断源发出的中断请求,以一定方式响应中断源,将处理器控制权交给特定的中断处理程序;软件中断处理程序——策略部分,用于识别中断类型并完成相应的操作。

通过响应硬件定时器中断,操作系统可以执行周期性的例行管理任务,如进程调度。这可以确保某个进程不会独占系统资源。以中断方式实现处理机与外界进行信息交换的握手联络,能保证 CPU 与外设的并行工作。

计算机工作时可能发生软件或硬件故障,故障发生的时间相对于 CPU 的指令执行完全是随机的。常见的硬件故障有掉电、校验错、运算出错等;常见的软件故障有运算溢出、地址越界、使用非法指令等。一旦发生故障,由 CPU 执行中断处理程序进行处理。

利用硬件的中央处理器与外围设备的并行工作能力,以及各外围设备之间的并行工作能力,操作系统能让多个程序同时执行。

当中央处理器执行到一条"启动外设"指令时,便把设备的控制权交给输入/输出控制系统,之后,中央处理器和外围设备便可以并行工作,直到外设工作完成。之后,会形成一个"I/O 中断"事件(输入/输出结束),通知操作系统的服务处理程序完成后续工作。

### 1.8.3 管态与目态

为了控制处理机状态,支持操作系统的特权,中央处理机需要知道当前执行的程序是操作系统代码还是一般用户程序代码。为此,处理机中设置了状态标志。大多数系统把处理机的状态划分为管理状态(又称超级用户状态、管态或特权状态、系统态或核心态)和用户状态(又称目标状态、常态、目态或解题状态)。

处理机的状态属于程序状态字 PSW 的一位。处理机交替执行操作系统程序和用户程序。目态就是应用程序运行时的状态,具有较低的特权级别,又叫常态或用户态,能执行一切硬件指令,访问所有寄存器和内存储区。处理机处于目态时,程序只能执行非特权指令。管态就是操作系统运行时的状态,具有较高的特权级别。处理机在管态下可以执行指令系统的全集。

从目态转换为管态的唯一途径是中断。从管态到目态可以通过修改程序状态字来实现,这将伴随着由操作系统程序到用户程序的转换。当中央处理器处于管态时可执行包括特权指令在内的一切机器指令;当中央处理器处于目态时不执行特权指令。系统启动时,处理机的初始状态为管态,然后装入操作系统程序。操作系统退出执行时,让用户程序在目态执行。

对于单处理机系统而言,某一时刻处理机只能处于一种状态。在系统进程运行时,是在系统空间运行,一定是管态;在应用进程运行时,如果进程运行在用户空间,则是目态。

### 1.8.4 存储结构

计算机系统的存储结构如图 1-14 所示。系统中,处理机能直接访问的唯一存储空间是主存。存储系统是支持操作系统运行的硬件环境的一个重要方面。任何程序和数据必须被装入主存后,处理机才能对它们进行操作,因而一个作业必须把它的程序和数据存放在主存中才能运行,操作系统本身要存放在主存中并运行,而且多道程系统中,若干个程序和相关的数据也要放入主存。

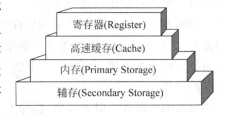

图 1-14　计算机系统的存储结构

主存储器以"字节"(byte)为单位进行编址,若干字节组成一个"字"(word)。处理机可以按地址读出主存储器中的一个字节或一个字的内容。

高速缓冲存储器(Cache)是计算机系统中的一个高速、小容量的半导体存储器,它位于高速的处理机和低速的主存之间,用于匹配两者的速度,达到高速存取指令和数据的目的。和主存相比,Cache 的存取速度快,但存储容量小。

辅助存储器解决了主存储器容量不足,以及主存储器无法保存信息的问题。辅助存储器的优点是容量大且能永久保存信息,缺点是无法被中央处理器直接访问,必须通过主存储器才能访问。

处理机存储信息的速度依次为:存取寄存器中的信息速度最快;通过系统总线存取主存储器的速度居中;使用辅助存储器的信息速度最慢。

寄存器用来存放临时的工作信息和系统必需的控制信息。

主存储器中存放操作系统的核心部分,以及当前需执行的程序和数据。

辅助存储器是存放操作下的非核心部分和其他程序和数据。

磁盘的信息可随机存取,磁带上的信息只能顺序存取。

计算机系统的这种层次存储结构,很好地解决了容量、速度、成本三者之间的矛盾。这些不同速度、不同容量、不同价格的存储器,用硬件、软件或软硬件结合的方式连接起来,形成一个系统。这个存储系统对应用程序员而言是透明的,在应用程序员看来它是一个存储器,其速度接近于最快的那个存储器,存储容量接近于容量最大的那个存储器,单位价格则接近最便宜的那个存储器。

## 1.8.5 存储保护

为防止计算机系统中存储器的存储内容免遭有意或无意的破坏,单纯依赖操作系统实现存储保护是不现实的,必须要有硬件的支持。存储保护机构对内存中的信息加以严格保护,为多个程序共享内存提供保障,使操作系统及用户程序不被破坏,是操作系统正确运行的基本条件之一。

存储保护主要是硬件支持及软件配合实现的。解决方案依赖于配有特殊硬件的CPU,硬件可提供以下功能。

**1. 界地址寄存器(界限寄存器)**

界地址寄存器是一种广泛使用的存储保护技术。这种机制比较简单,易于实现。其方法是在处理机中设置一对界限寄存器来存放该用户作业在主存中的下限和上限地址,分别称为下限寄存器和上限寄存器(或利用基址寄存器和限长寄存器),或者将一个寄存器作为基址寄存器,另一个寄存器作为限长寄存器(指示存储区长度)。

处理机在目态下执行程序时,硬件自动将被访问的主存地址与界限寄存器的内容进行比较,当满足:基址寄存器值≤访问地址≤(基址寄存器值+限长寄存器值)时,处理机才允许访问;否则将产生程序中断——越界中断(存储保护中断)。CPU在管态下执行程序时,对访问主存的地址不进行核对。

**2. 存储键**

一些计算机中,除上述存储保护措施外,还设计有"存储保护键"来对主存进行保护。为了实现存储保护,由操作系统为主存的每个存储块配一个与其相关的由二进制位组成的存储保护键,附加在每个存储块上,相当于一把锁,指明保护的等级。为了打开这把锁,必须有相应的钥匙,这称为访问键。当操作系统挑选该作业上处理机运行时,操作系统同时将该作业的存储键号存放到程序状态字PSW的存储键(访问键)域中。

这样每当处理机访问主存时,都将对主存块的存储键与PSW中的访问键进行比较。若两键相符,则允许访问;否则拒绝访问并报警。因此,即使在访存过程中错误地形成了访问其他程序地址空间的地址,也会因键不同而无法完成访存。

**3. 防止操作越权**

对属于自己区域的信息,可读或写;对公共区域中允许共享的信息或获得授权可以使用的信息,可读而不可修改;对未授权使用的信息,不可读不可写。

# 1.9 操作系统的安装与启动

## 1. 操作系统的安装

在用户使用安装光盘或 USB 安装程序之前,应依次做好以下准备工作。

(1)关闭计算机,切断电源。

(2)断开与计算机连接的外设,如打印机、扫描仪、外置 Modem 及数码相机等。若用户使用的是笔记本电脑,还应从 PCMCIA 插槽中取出 PCMCIA 卡;否则安装过程中可能会出现资源冲突,造成安装程序死锁。

(3)接通电源,开机,配置计算机 BIOS,使其能从光驱或 USB 安装盘启动。

(4)将系统光盘重新安装,光盘放入光驱或 USB 安装盘插入 USB 接口。

(5)重新启动计算机,根据提示依次选择分区,格式化分区,进行各项设置,完成操作系统的安装。

## 2. 操作系统的启动

操作系统是一组软件的集合。在关机状态下,计算机的内存不保存任何信息,而任何软件的运行首先需要把软件从外存装入内存。开机后操作系统是如何自动装入内存的呢?

任何计算机系统的内存 ROM 中都必须包括一个称为自举程序的代码,自举程序的功能是:首先把操作系统从磁盘装入内存,然后启动操作系统开始运行。那么自举程序又是怎样自动装入内存的呢?内存由 RAM 和 ROM 两种类型的存储器组成。RAM 的内存容量大,是内存的主体;ROM 的存储单元很少,ROM 类型的内存单元在制造时就把自举程序固化在其中了。

操作系统的启动过程分为以下两步。

第一步,计算机开机时,硬件设计成自动执行 ROM 中的自举程序,也就是把程序计数器 PC 的值指向存放自举程序的首单元地址,这样计算机就会从该单元开始执行自举程序。自举程序负责把操作系统从外存装入内存。

第二步,计算机开始运行装入内存的操作系统程序。

操作系统的引导有两种方式:独立引导(Bootup)和辅助下装(Download)。大多数系统采用操作系统核心文件存储在系统本身的存储设备中,由系统自己将操作系统核心程序读入内存并运行,最后建立一个操作环境。

1)独立引导方式步骤

(1)系统加电,执行 BIOS 中的系统初始化启动程序。

(2)对系统硬件和配置进行自检,保证无硬件错误。

(3)从硬盘中读入操作系统启动文件,并将控制权交给该程序模块。

(4)执行操作系统启动程序,完成系统环境配置和操作系统初始化工作。

(5)继续读入其余的操作系统文件,逐个执行相应的系统程序,完成操作系统各种功能模块的装入,完善操作系统的操作环境,做好程序并发执行的准备。

(6) 等待用户请求和用户作业的输入,经过操作系统调度后并发执行。

2) 辅助下装方式

对于此种启动方式,操作系统主要文件不放在系统本身的存储设备中,而是在系统启动后执行下装操作。从另外的计算机系统中将操作系统常驻部分传送到该计算机中,使它形成一个操作环境。优点是可以节省较大的存储空间。

下装的操作系统并非是全部代码,只是常驻部分或者专用部分,当这部分操作系统出现问题和故障时,可以再请求下装。

## 综合练习题

一、简答题

1. 什么是操作系统?操作系统在软件层次中的地位是什么?操作系统的设计观点是什么?

2. 设计现代 OS 的主要目标是什么?

3. OS 的作用可表现在哪几个方面?

4. 为什么说 OS 实现了对计算机资源的抽象?

5. 试说明推动多道批处理系统形成和发展的主要动力是什么。

6. 何谓脱机 I/O 和联机 I/O?

7. 试说明推动分时系统形成和发展的主要动力是什么。

8. 分时系统和实时系统有什么不同?

9. 实现分时系统的关键问题是什么?应如何解决?

10. 为什么要引入实时 OS?

11. 在 8 位微机和 16 位微机中,占据了统治地位的是什么操作系统?

12. 试列出 Windows OS 中 5 个主要版本,并说明它们分别较之前一个版本有何改进。

13. 试从交互性、及时性及可靠性方面,将分时系统与实时系统进行比较。

14. OS 有哪几大特征?其最基本的特征是什么?

15. 处理机管理有哪些主要功能?它们的主要任务是什么?

16. 内存管理有哪些主要功能?它们的主要任务是什么?

17. 设备管理有哪些主要功能?其主要任务是什么?

18. 文件管理有哪些主要功能?其主要任务是什么?

19. 是什么原因使操作系统具有异步特征?

20. 模块接口法存在哪些问题?可通过什么途径来解决?

21. 在微内核 OS 中,为什么要采用客户/服务器模式?

22. 试描述什么是微内核 OS。

23. 在基于微内核结构的 OS 中应用了哪些新技术?

24. 何谓微内核技术?在微内核中通常提供了哪些功能?

25. 微内核操作系统具有哪些优点?它为何有这些优点?

二、单选题

1. 操作系统负责管理计算机系统的(　　),其中包括处理机、存储器、设备和文件。

 A. 程序    B. 文件    C. 资源    D. 进程

2. 没有下列(　　)设备,计算机无法工作。

 A. 硬盘    B. 软盘    C. 内存    D. 打印机

3. 操作系统是计算机系统的核心软件。按功能特征的不同,可把操作系统分为([1])、([2])、([3])网络操作系统和分布式操作系统基本类型。其中([1])的主要目标是提高系统的吞吐率和效率,而([2])是一旦有处理请求和要求处理的数据时,CPU 就应该立即处理该数据并将结果及时送回,如([4])等。

 供选择的答案:

 ([1])、([2])、([3])

  A. 单用户系统  B. 批处理系统  C. 分时系统

  D. 微机操作系统  E. 实时系统

 ([4])

  A. 计算机激光照排系统    B. 办公自动化系统

  C. 计算机辅助设计系统    D. 航空订票系统

4. 操作系统是一种(　　)。

 A. 应用软件   B. 系统软件   C. 通用软件   D. 工具软件

5. 在下列性质中,(　　)不是分时系统的特征。

 A. 交互性    B. 多路性    C. 成批性    D. 独占性

6. 实时操作系统追求的目标是(　　)。

 A. 高吞吐率       B. 充分利用内存

 C. 快速响应       D. 减少系统开销

7. 操作系统是为了提高计算机的([1])和方便用户使用计算机而配置的基本软件。它负责管理计算机系统中的([2]),其中包括([3])、([4])、外部设备和系统中的数据。操作系统中的([3])管理部分负责对进程进行管理。操作系统对系统中的数据进行管理的部分通常叫作([5])。

 供选择的答案:

 [1]

  A. 速度    B. 利用率    C. 灵活性    D. 兼容性

 [2]

  A. 程序    B. 功能    C. 资源    D. 进程

 [3]、[4]

  A. 主存储器  B. 虚拟存储器  C. 运算器   D. 控制器

  E. 微处理器  F. 处理机

 [5]

  A. 数据库系统  B. 文件系统  C. 检索系统   D. 数据库

  E. 数据存储系统  F. 数据结构  G. 数据库管理系统

8. 现代操作系统的两个基本特征是(　　)和资源共享。

　　A. 多道程序设计　　　　　　　　　　B. 中断处理

　　C. 程序的并发执行　　　　　　　　　D. 实现分时与实时处理

9. 以下(　　)项功能不是操作系统具备的主要功能。

　　A. 内存管理　　　　B. 中断处理　　　　C. 文档编辑　　　　D. CPU 调度

10. 批处理系统的主要缺点是(　　)。

　　A. CPU 的利用率不高　　　　　　　　B. 失去了交互性

　　C. 不具备并行性　　　　　　　　　　D. 以上都不是

11. 引入多道程序的目的在于(　　)。

　　A. 充分利用 CPU,减少 CPU 等待时间

　　B. 提高实时响应速度

　　C. 有利于代码共享,减少主、辅存信息交换量

　　D. 充分利用存储器

12. (　　)没有多道程序设计的特点。

　　A. DOS　　　　　　B. UNIX　　　　　C. Windows　　　　D. OS/2

13. 下列 4 个操作系统中,是分时系统的为(　　)。

　　A. CP/M　　　　　　　　　　　　　　B. MS-DOS

　　C. UNIX　　　　　　　　　　　　　　D. Windows NT

14. 在分时系统中,时间片一定,(　　),响应时间越长。

　　A. 内存越多　　　　B. 用户数越多　　　C. 后备队列　　　D. 用户数越少

15. 操作系统是一组(　　)。

　　A. 文件管理程序　　　　　　　　　　B. 中断处理程序

　　C. 资源管理程序　　　　　　　　　　D. 设备管理程序

16. (　　)不是操作系统关心的主要问题。

　　A. 管理计算机裸机

　　B. 设计、提供用户程序与计算机硬件系统的界面

　　C. 管理计算机系统资源

　　D. 高级程序设计语言的编译器

# 第 2 章

# 进 程 管 理

　　本章将深入考查操作系统是如何设计和构造的。从物理角度来讲,处理机是操作系统的重要硬件载体,而处理机管理可归结为进程管理。进程是操作系统中最核心的概念,是现代计算存在的根本基础。本书中所有其他内容都是紧紧围绕进程的概念而展开的,操作系统的四大特征也是基于进程而形成的。进程是对当前正在运行程序的一个抽象。

　　本章先介绍操作系统表示和控制进程的方法,然后讨论标志进程状态的行为,接下来考查操作系统管理进程的数据结构,包括表示每个进程的数据结构和记录进程属性的数据结构,然后讨论操作系统使用这些数据结构控制进程执行的方法,以及进程同步与互斥、进程通信与死锁、进程调度问题。本章会通过大量的细节去探究进程,以及它们的第一个亲戚——线程。

## 2.1　多道程序设计

　　现代计算机的系统几乎都是多道程序设计的操作系统。使用计算机时,经常会一边听音乐,一边查阅电子邮件,一边用 QQ 聊天,一边在网上下载软件,同时还编辑文本文件。单处理机系统中,若有两个或两个以上的程序在同一时间段内发生,称为"并发"。宏观上,这些程序同时在执行,微观上,任何时刻只有一道程序在执行,即微观上多道程序在处理机上串行执行。这几道程序同时在不同的处理机上同时执行,则称为"并行"。目前使用的计算机几乎都是单处理机的机器,都能同时完成几件不同的工作,就是采用的处理机分时原理。

　　所有的多道程序设计的操作系统,无论是单用户系统(如 Windows),还是支持成千上万用户的主机系统(如 IBM 的 z/OS),都是围绕进程的概念构造出来的。要实现进程,操作系统需要满足以下条件。

① 操作系统必须能与多个进程交替执行,从而最大化处理机的利用率。

② 操作系统必须依照一定的规则给进程分配资源,同时避免死锁。

③ 操作系统需要支持进程间通信。

## 2.1.1 程序的顺序执行

一个程序的执行过程为:源程序经过编译后形成目标程序,链接后形成可执行程序进行运行,最后输出运行结果。

一个程序通常由若干个程序段组成,它们必须按照某种先后次序执行,仅当前一个操作执行完后才能执行后续操作,这类计算过程就是程序的顺序执行过程。

例如,先输入数据→再计算→最后输出结果,即①→ⓒ→ⓟ。

从选择结构的角度来说,程序主要有 3 种结构,即顺序结构、分支结构和循环结构,无论是哪种结构,程序都是按照预先设计好的顺序从上至下一条一条执行。所有的程序都是按照先输入、再计算、再输出的顺序执行。程序与计算是一一对应的,只要初始条件一样,输出结果就一致。

一切顺序执行的程序都具有顺序性、封闭性、可再现性和确定性。

(1) 顺序性。当程序在处理机上执行时,处理机的操作,严格按照程序所规定的顺序进行,即只有前一操作结束后才能执行其后续操作。

(2) 封闭性。程序一旦开始执行,独占系统资源,因而只有本程序才能改变系统资源的状态,执行过程不受外界因素的影响。

(3) 可再现性。只要程序执行时的环境和初始条件相同。当程序重复多次执行,不论它是从头到尾不停地执行,还是"走走停停"地执行,都将获得相同的结果。

(4) 确定性。其程序执行结果与执行速度、时间无关。

## 2.1.2 程序的并发执行

### 1. 程序并发执行

把一个程序分解成若干个可同时执行的程序模块的方法,称为并发程序设计,能够并发执行的程序称为并发程序。

如图 2-1 所示,其中有三类模块:程序 i 涉及输入操作 $I_i$、计算操作 $C_i$、输出操作 $P_i$。现代计算机系统中,处理机的计算和输入/输出设备可并行工作。对于任何一个程序 i,输入操作 $I_i$、计算操作 $C_i$、输出操作 $P_i$ 必须严格按照 $I_i$、$C_i$、$P_i$ 的顺序执行。

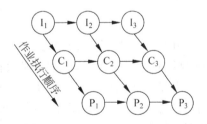

图 2-1 程序的并发执行

例如,假定有 n 个并发执行的程序,输入模块在完成第 i 个程序的输入操作后,计算模块在对第 i 个程序进行计算的同时,可再启动第 i+1 个程序的输入操作,这就使得第 i+1 个程序的输入操作和第 i 个程序的计算操作能并发执行。而 $P_1$ 与 $I_2$、$C_1$ 与 $I_2$、$I_3$ 与 $P_1$ 是可以并行进行的。

**2. 程序并发执行的特征**

其特征包括间断性、非封闭性、不可再现性和通信性。

(1) 间断性。程序在并发执行时,由于它们共享资源或为完成同一任务而相互合作,致使在并发程序之间形成了相互制约的关系,具有"走走停停"的特征,失去原有的时序关系。

(2) 非封闭性。程序在并发执行时共享资源,受其他程序的控制逻辑的影响,使程序的运行失去了封闭性,如一个程序写到存储器中的数据可能被另一个程序修改而失去原有的不变特征。

(3) 不可再现性。程序在并发执行时,由于失去了封闭性,程序经过多次执行后,其计算结果已与并发程序的执行速度有关,即使执行的环境和初始条件相同,得到的结果也大不相同,失去原有的可重复特征。

(4) 通信性。系统中有多道程序在合作执行,这些程序之间要共享系统的资源,为了更有效地协调运行,相互之间需要进行通信。

并发执行程序与顺序执行程序之间的比较如表 2-1 所示。

表 2-1　并发程序与顺序程序的比较

| 属　　性 | 顺序程序 | 并发程序 |
| --- | --- | --- |
| 执行顺序 | 顺序执行 | 并发执行 |
| 程序与计算间关系 | 一一对应 | 无 |
| 资源独占 | 有 | 无(资源共享) |
| 确定性 | 有 | 无 |
| 可再现性 | 有 | 无 |
| 程序间关系 | 无 | 制约关系 |

## 2.1.3　并发程序执行的条件

```
S1: a: = x + 2;
S2: b: = y + 4;
S3: c: = a + b;
S4: d: = c + b;
```

在程序段中,多条语句也存在执行顺序的问题。在下面的例子中,S1 和 S2 必须在 S3 执行前执行完。类似地,S4 必须在 S3 执行完才能执行。

并发程序执行失去封闭性的原因是资源共享的影响,去掉这种影响就行了。并发执行的条件即为,保持封闭性和可再现性。1966 年,Bernstein 提出:若两个程序 $P_1$ 和 $P_2$ 满足下列条件,则它们就能并发执行。

(1) $R(P_1)$ 与 $W(P_2)$ 的交集为空;

(2) $R(P_2)$ 与 $W(P_1)$ 的交集为空;

(3) $W(P_1)$ 与 $W(P_2)$ 的交集为空。

两段程序 $P_1$、$P_2$ 间无共享变量或对共享变量仅有读操作,即当两个程序的读集

R(P)与写集的交集以及写集 W(P)与写集的交集都为空时,它们可以并发执行。

前两条保证一个程序的两次读之间数据不变化,最后一条保证写的结果不丢掉。只要同时满足这 3 个条件,就可以保证程序的并发执行保持封闭性和可再现性。现在的问题是实际执行过程中这 3 个条件不易检查。

## 2.2 进程的描述

操作系统控制计算机系统内的事件,将进程调度并分配给处理机,给进程分配所需的资源,对用户进程的请求做出响应。可将操作系统看成是管理进程所使用的系统资源的实体。多道程序设计环境中,会有创建在虚存中的多个进程需要访问某些系统资源,包括处理机、I/O 设备和内存。

操作系统若要控制进程并管理进程的资源,它首先一定要有每个进程和资源的当前状态信息。最直接的方法是,操作系统构造一个维持它管理的每个实体的信息表。一般来说,有内存、I/O、文件和进程四类表。

内存表主要用来跟踪主存和辅存。一些主存预留出来给操作系统使用,其他的给进程使用。进程被用某些虚存或交换机制维持在辅存上。内存表应包含把内存分配给进程的信息和将虚存分配给进程的信息。

I/O 表用来管理 I/O 设备和计算机系统的通道。任何时候,I/O 设备可能空闲或者被分配给某个特定的进程。若一个 I/O 操作正在进行,操作系统需要知道该 I/O 操作的状态,以及被作为源或目的 I/O 传输的内存位置。

文件表提供现存文件的信息及其在辅存中的位置、当前状态和其他属性。

操作系统还要维持进程表来管理进程。下面主要介绍进程表。

### 2.2.1 进程的概念

进程是指一个具有一定独立功能的程序在一个数据集上的一次动态执行过程。它包含正在执行的程序所需要的所有状态信息。一个进程涵盖了正在运行程序的所有信息,包括程序代码、程序处理的数据、指向下一条要运行的指令的程序计数器、一组通用寄存器、一组系统资源(包括打开的文件)等。

引入进程的目的是方便刻画系统的动态性,发挥系统并发性的优势,提高资源利用率;程序的并发执行必然导致资源共享和竞争问题,使得各并发执行的程序间可能存在某种约束关系。程序的执行会"走走停停",程序这个静态概念已不能如实反映程序并发执行过程的特征,系统需要一个能描述程序动态执行过程的单位,这个基本单位就是进程。进程解决了共享问题,使之能被多个程序同时调用。

操作系统的主要职责是控制进程的执行。操作系统应满足的主要条件都与进程有关:操作系统必须能够同时执行多个进程以提高资源利用率,并为每个进程提供合适的响应时间;操作系统必须按一定的策略为进程分配资源并避免死锁;操作系统应支持进程内部间的通信并能创建用户进程。

## 2.2.2 进程的特征及其与程序的区别

进程有 5 个特性,即动态性、并发性、独立性、异步性和结构性。

进程实质是程序的一次执行过程,包括产生、执行、暂停、消亡等步骤,有一个生存期,因而具有动态性。

多个进程可交替执行,程序在建立进程后并发运行,使其具有并发性。

进程是系统进行资源分配和调度的独立单位,因而具有独立性。

进程按照各自不可预知的速度向前推进,是随机的,因而具有异步性。

结构特征:进程=程序+数据+PCB。

进程与程序之间的关系如表 2-2 所示。

表 2-2 进程与程序之间的关系

| 属 性 | 进 程 | 程 序 |
|---|---|---|
| 状态 | 动态 | 静态 |
| 并发性 | 并发 | 顺序 |
| 存在方式 | 暂时 | 永久 |
| 所需资源 | 内存、外存、CPU | 外存 |
| 结构 | 数据结构=程序+数据+PCB | |

首先,程序是进程产生的基础,相同的程序每次运行时会产生不同的进程,程序是指令和数据的有序组合,是静态的、不变的;而进程是程序的执行,是动态的、暂时的。另外,进程与程序的对应关系也不同,通过多次执行,一个程序可对应多个进程;通过调用关系,一个进程可包括多个程序。

下面的实例简单介绍了进程与程序之间的关系。有位母亲,想为女儿做一道美味的菜,她找到了一本关于菜谱的书,准备了一些食材,如蔬菜、肉及作料等,她照着菜谱边学边做。

此处,菜谱=程序;母亲=处理机;食材=数据;做菜=进程。

突然,儿子哭着跑进厨房来,说手被玫瑰花的刺刺破了,妈妈只好停下手里的活儿,在菜谱上做个标记(保护现场),去找药箱给儿子包扎伤口。伤口处理好之后,回去接着做菜(恢复现场)。

小贴士

进程的引入带来了一些问题。例如,①增加了空间开销:为了记载进程何时创建、属于哪个用户、现在处于何种状态、占用哪些资源、还需要哪些资源等,需要单独为进程建立数据结构,开辟额外的内存空间;②额外的时间开销:进程管理、进程调度、进程协调和进程间同步、跟踪、填写和更新有关数据结构、切换进程、保护现场等都增加了时间开销;

③控制难度加大：对数据的修改导致结果不确定,死锁,如何有序、有效共享资源变得更加困难;解决多个进程因为竞争资源而出现故障的问题;④并发执行的进程会导致处理机竞争问题尤为激烈。

## 2.2.3 进程的基本状态及其转换

### 1. 三状态进程模型

一个进程的整个生命期间,有时占有处理器执行,有时虽可运行但分不到处理器,有时虽有空闲处理器但因等待某个事件的发生而无法执行,这一切都说明进程和程序不相同,进程在其生命周期内处于这 3 种状态之一,它随着自身的推进和外界环境的变化而变化,由一种状态变迁到另一种状态。为了便于用动态的观点分析进程的状态变化及相互制约关系,一般来说,按进程在执行过程中的不同情况至少要定义 3 种基本状态。

1) 运行状态

进程正在占用处理机资源,该进程已获得必要的资源,包括处理机,该程序正在处理机上运行。处于此状态的进程的数目不大于 CPU 的数目。在单处理机系统中,只有一个进程处于运行状态;在多处理机系统中,可以有多个进程处于运行状态。在没有其他进程可以执行时(如所有进程都在阻塞状态),通常会自动执行系统的 Idle 进程(相当于空操作)。

2) 阻塞状态

进程等待某种事件完成(如 I/O 操作、申请缓冲空间或进程同步)而暂时不能运行的状态。处于该状态的进程不能参加竞争处理机,因为该事件发生前即使分配给它处理机也无法运行。通常将这种处于阻塞状态的进程排成一个队列,称为阻塞队列。

3) 就绪状态

"万事俱备,只欠处理机。"进程已获得除处理机外的一切资源,等待分配处理机资源;只要分配处理机就可立即执行。在一个系统中,处于就绪状态的进程可能有多个,通常排成一个队列,称为就绪队列。

进程的 3 种基本状态以及各状态之间的转换关系如图 2-2 所示。

进程各个状态之间转换机制如下。

(1) 就绪→运行。处理机空闲时被调度选中一个就绪进程执行,进程调度程序根据调度算法把处理机分配给该进程,便发生此状态变迁。

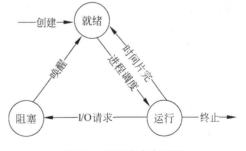

图 2-2 进程状态变迁图

单处理机系统中的进程足够多,但某一时刻仅有一个进程处于执行状态,未执行状态很多。调度程序选择进程时,需要一次判断哪个进程需要占用处理机。若能把需要占用处理机的进程和不需要的分开,则可提高效率。

(2) 运行→阻塞。处于运行状态的进程等待使用资源或某事件发生而又不能立即被满足时,如等待外设传输;等待人工干预,进程状态由运行变成阻塞状态,而系统将控制转给进程调度程序,进程调度程序根据调度算法把处理机分配给处于就绪状态的其他进程。

(3) 阻塞→就绪。被阻塞的进程资源得到满足或某事件已经发生后,并不能立即投入运行,需要通过进程调度程序统一调度才能获得处理机,于是将其由阻塞状态变成就绪状态继续等待处理机。阻塞进程的 I/O 请求完成时,发生此状态变迁。

进程被中断,等待数据的输入/输出,必须释放处理机,则应加入阻塞队列中。若需要的数据已得到,进程需要转换状态。

(4) 运行→就绪。这种状态变化通常出现在分时操作系统中。一个正在运行的进程的运行时间片到,或出现有更高优先权进程。由于规定运行时间片用完而使系统发出超时中断请求,超时中断处理程序把该进程的状态修改为就绪状态,并根据其自身的特征而插入就绪队列的适当位置,保存进程现场信息,收回处理机并转入进程调度程序。于是,正在运行的进程就由运行状态变为就绪状态。

对于仅仅需要等待处理机的,处于就绪状态的进程,执行过程中,若进程的时间片到,要等下一次调度而被中断的进程,由运行状态变成就绪状态进程。

**2. 进程的生命期管理**

进程的生命期管理主要包括进程创建、进程运行、进程等待、进程唤醒和进程结束五部分。

1) 进程创建

进程创建如图 2-3 所示。引起进程创建的 3 个主要事件如下。

① 系统初始化时。

② 用户请求创建一个新进程。

③ 正在运行的进程执行了创建进程的系统调用。

2) 进程运行

进程运行如图 2-4 所示。内核选择一个就绪的进程,让它占用处理机并执行。后面将会介绍如何选择进程,即进程调度问题。

3) 进程等待

进程等待如图 2-5 所示。

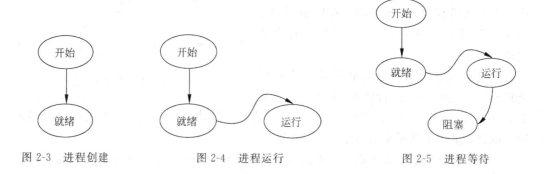

图 2-3　进程创建　　　　图 2-4　进程运行　　　　图 2-5　进程等待

在以下情况下,进程等待(阻塞)。

① 请求并等待系统服务,无法马上完成。

② 启动某种操作,无法马上完成。

③ 需要的数据尚未到达。

④ 无新工作可做。

进程只能自己阻塞自己,因为只有进程自身才能知道何时需要等待某种事件的发生。

4) 进程唤醒

进程唤醒如图 2-6 所示。唤醒进程的目的如下。

① 被阻塞进程需要的资源可被满足。

② 被阻塞进程等待的事件到达。

③ 将该进程的 PCB 插入就绪队列。

进程只能被别的进程或操作系统唤醒。

5) 进程结束

进程结束如图 2-7 所示。

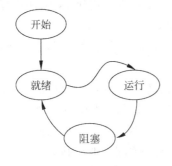

图 2-6　进程唤醒

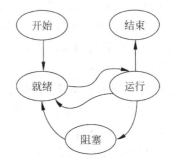

图 2-7　进程结束

在以下 4 种情况下,进程结束。

① 正常退出(自愿的)。

② 错误退出(自愿的)。

③ 致命错误(强制性的)。

④ 被其他进程所杀(强制性的)。

**3. 五状态进程模型**

进程的三态模型中加入新建和终止状态便形成了进程的 5 种状态,如图 2-8 所示。

(1) 新状态(New)。进程刚刚创建,还没有被处理机提交到可运行进程队列中。进程已经创建,但未被 OS 接纳(分配一定的系统资源)为可执行进程。

(2) 就绪状态(Ready)。进程获得除处理机以外的所有资源,等待处理机。准备执行。

(3) 运行状态(Running)。进程正在占用处理机(单处理机环境中,某一时刻仅一个进程占用处理机)。

(4) 阻塞状态(Blocked)。进程正在等待某件事情(如等待 I/O 完成)的发生,无法继

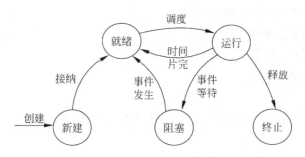

图 2-8　进程状态变迁模型

续运行下去而放弃处理机。等待某事件发生才能执行等。

（5）终止状态（Terminated）。进程已正常或异常结束，被操作系统从运行状态释放出来。因停止或取消，被 OS 从执行状态释放。

引入新建态和终止态对于进程管理来说是非常有用的。引入创建状态，是为了保证进程的调度必须在创建工作完成后进行，以确保对进程控制块操作的完整性。

创建一个进程一般要通过两个步骤：首先，为一个新进程创建 PCB，并填写必要的管理信息；其次，把该进程转入就绪状态并插入就绪队列中。

进程的终止也要通过两个步骤：首先等待操作系统进行善后处理，然后将其 PCB 清零，并将 PCB 空间返还系统。

新创建的进程处于新建状态，系统允许增加就绪进程时，变成就绪状态，插入队列中，当处理机空闲时，将从就绪队列中选择一个进程执行（选择过程称为进程调度）。将处理机分配给一个进程，该状态从就绪变为执行。执行状态的进程执行完毕（正常结束），进程之间不能非法访问，非法指令错误，被异常结束，则从执行状态转换为中止状态。

在图 2-8 中，5 种状态之间转换的机制如下。

① 空—新建态。执行一个程序，创建一个子进程。新创建的进程首先处于新状态。

② 新建态—就绪状态。当系统允许增加就绪进程时，操作系统接纳新建状态进程，将它变为就绪状态，插入就绪队列中。

③ 就绪状态—运行状态。当处理机空闲时，将从就绪队列中选择一个进程执行，该选择过程称为进程调度，或将处理机分派给一个进程，该进程状态从就绪转变为执行。

④ 运行状态—终止状态。运行状态的进程执行完毕，或出现如访问地址越界、非法指令等错误，而被异常结束，则进程从运行状态转换为终止状态。

⑤ 运行状态—就绪状态。分时系统中，时间片用完，或优先级高的进程到来，将中断较低优先级进程的执行。进程从执行状态转变为就绪状态，等待下一次调度。

⑥ 运行状态—阻塞状态。执行进程需要等待某事件发生。通常，会因为进程需要的系统调用不能立即完成，如读文件、共享虚拟内存、等待 I/O 操作、等待另一进程与之通信等事件而阻塞。

⑦ 阻塞状态—就绪状态。当阻塞进程等待的事件发生，就转换为就绪状态。进入就

绪队列排队,等待被调度执行。

⑧ 终止态—空。完成善后操作。

某些系统允许父进程在任何情况下终止其子进程。如果一个父进程被终止,其子孙进程都必须终止。状态转换图 2-8 中未显示新状态—终止、就绪状态—终止、阻塞状态—终止之间的状态转换。

设置终止状态的原因是,终止状态的进程并未完全退出内存。当其他进程需要的数据已经收集完,该进程无利用价值,才可退出内存。

**4. 进程挂起模型**

进程进入内存后,可能需要几次排队,若按先来先服务可能需要等待很长时间才能得到系统的服务。多道程序系统内存资源紧张,可能会出现当前所有进程处于阻塞状态,而处理机却空闲。为解决快速而昂贵的处理机与慢速而便宜的 I/O 之间速度的不匹配,可采取扩大主存容量的方法,然而这种方法成本较高。

另一种方案是将占用内存而未处于就绪状态的进程的程序、数据交换至外存,从而释放足够的内存空间,把已具备运行条件的进程,或进程所需要的程序和数据,换入内存。这就涉及将一个或多个阻塞进程转移至磁盘上的队列中,因而必须引入新的状态——挂起。

当发生引起进程挂起的事件时,系统会利用挂起原语 suspend( )将指定进程挂起。此时,正在执行的进程暂停;系统对就绪的进程暂不调度;即使引起阻塞的事件消失也不调度阻塞的进程。

1）进程的挂起状态（静止状态）

进程被交换出内存到外存的状态,称为挂起(Suspend)状态。

2）进程挂起的原因

（1）进程全部阻塞,处理机空闲。操作系统需要释放足够的内存空间以调入就绪进程执行。

（2）负荷调节需要。由于系统的工作负荷过重,内存空间紧张,进程把一些不重要进程的资源让出来,以保证系统能正常运行。

（3）操作系统需要。分时系统前台处理的是交互性比较短的作业,后台处理的是稍微长的批处理程序,具有较低优先级。操作系统可能需要挂起后台进程或一些服务进程,或者某些可能导致系统故障的进程。

（4）终端用户的请求。用户为了调试或与资源链接而要求挂起某些进程。

（5）父进程的需求。父进程挂起后代进程,以检查或修正挂起进程。

3）被挂起进程的特征

由于进程的程序、数据可能被换出到外存而不能立即执行。

若进程在等待某事件发生,则阻塞条件独立于挂起条件,即使阻塞事件发生,该进程也不能执行。挂起进程可以等待某事件发生,也可以不等待。允许进程被某代理者

（Agent）置于挂起状态以阻止其执行，挂起进程的代理者可为自身、其父进程、操作系统。只有挂起它的进程才能使之由挂起状态转换为其他（非挂起）状态。

挂起原语的执行过程如下。

（1）得到挂起进程的内部标识符。

（2）检查被挂起进程的状态，若处于活动就绪状态，便将其改为就绪/挂起；对于活动阻塞状态的进程，则将之改为阻塞/挂起；若为正在执行，则改为就绪/挂起。为了方便用户或父进程考查该进程的运行情况而把该进程的PCB复制到某指定的内存区域。

（3）若被挂起的进程正在执行，则转向调度程序重新调度。

小 贴 士

可将进程的程序、数据换出，PCB是否可换出？PCB是系统感知进程的唯一标识，一般不允许PCB换出至外存。此时进程处于挂起状态，不是阻塞状态。

4）挂起与阻塞

如何区分阻塞与挂起？判断进程阻塞与否，主要看进程是否等待事件；而判断进程挂起与否，主要看进程是否被换出内存。

引入挂起状态后，进程的就绪、阻塞状态增加为4种。

（1）就绪：进程在内存，准备执行。

（2）阻塞：进程在内存，等待事件。

（3）就绪/挂起：进程被换至外存，只要调入内存即可执行。

（4）阻塞/挂起：进程被换至外存，等待事件。

5）具有挂起状态的进程状态转换

具有挂起状态的进程状态变迁过程如图2-9所示。

（1）阻塞→阻塞/挂起。操作系统将阻塞进程换出至外存，以腾出内存空间。

（2）阻塞/挂起→就绪/挂起。当阻塞/挂起进程等待的事件发生时，转换为就绪/挂起状态。

（3）就绪/挂起→就绪。操作系统需要从外存调入一个进程执行。

（4）就绪→就绪/挂起。为释放足够的内存空间，操作系统将就绪的进程换至外存。

（5）新→就绪/挂起（新→就绪）。创建新进程后，将其插入就绪队列，若无足够的内存分配给该进程，则需要将之换至外存，处于就绪/挂起状态。

（6）阻塞/挂起→阻塞。当阻塞/挂起队列中有一个进程的阻塞事件会很快发生，则可将该阻塞/挂起进程换入内存，变为阻塞状态。

（7）执行→就绪/挂起。当执行进程的时间片用完时，会变为就绪状态，等待分配处理机，而此时若有一个高优先级的阻塞/挂起进程正好变为非阻塞状态，操作系统可以将前者转换为就绪/挂起状态。

（8）所有状态→终止。一般来说，进程都是通过执行→终止转换为退出态。但某些操作系统中，父进程可以终止其子进程，使任何状态的进程都可转换为退出状态。

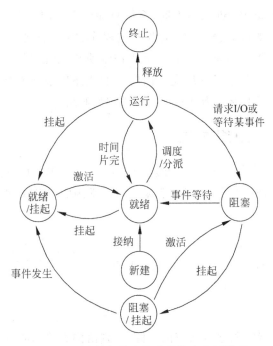

图 2-9 具有挂起状态的进程状态变迁模型

## 2.2.4 进程控制结构

由于多个进程并发执行,各进程需要轮流使用处理机,当某进程不在处理机上运行时,必须保留其被中断的程序现场,包括进程的位置以及那些管理进程所必需的属性(如进程 ID、进程状态等),以便程序再次获得处理机时能够正确执行。这些属性的集合称为进程控制块 PCB(Process Control Block)。PCB 是进程存在的唯一标志。操作系统通过对 PCB 的组织管理来实现对进程的组织管理。

进程(进程映像)由程序、数据集合、进程控制块组成。一般操作系统中 PCB 所应具有的内容包含三大类信息,即进程标识信息、进程状态信息和进程控制信息,如表 2-3 所示。

进程标识信息 Pid:类似于人的名字和身份证号码,进程有内部和外部标识符。

进程状态信息:用于保存进程的运行现场信息。有用户可见寄存器值、处理机执行进程时涉及的控制和状态寄存器,如通用寄存器、指令计数器 PC、程序状态字 PSW 和用户栈指针。

进程控制信息:进程状态、进程优先权、进程调度、程序及数据地址、进程同步和通信机制、进程资源清单、数据结构链接信息等。

表 2-3 进程控制块 PCB 的内容

| Pid |
| --- |
| 进程状态 |
| 现场 |
| 优先级 |
| 阻塞原因 |
| 程序地址 |
| 同步机制 |
| 资源清单 |
| 链接指针 |

创建进程时,创建 PCB;进程结束时,系统将撤销其 PCB。PCB 可以被操作系统中的多个模块读或修改,如被调度程序、资源分配程序、中断处理程序等读或修改。因为 PCB 经常被系统访问,PCB 应常驻内存。进程控制块是系统感知进程存在的唯一标志,它跟踪程序执行的情况,表明了进程在当前时刻的状态以及与其他进程和资源的关系。当创建一个进程时,实际上就是为其建立一个进程控制块。

## 2.2.5  PCB 的组织方式

系统中通常同时存在若干个进程,相应地有若干个 PCB,为了能对 PCB 进行有效管理,就要用适当的方法把这些 PCB 组织起来。目前常用的 PCB 的组织方式有以下 3 种。

**1. 顺序表**

不论进程的状态如何,将所有 PCB 连续存放在内存。这种方式要经常扫描整个表。按顺序表方式组织 PCB 的情况如图 2-10 所示。

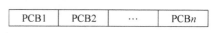

图 2-10  顺序表方式组织 PCB

**2. 索引表**

根据进程所处的就绪、阻塞等状态的不同,分别给同类状态的进程建立一个指向它的 PCB 的索引表,各状态形成不同的索引表,如就绪索引表、阻塞索引表,并把各索引表在内存的首地址记录在专用单元中。索引表中记录的是 PCB 在 PCB 表中的地址。按索引方式组织 PCB 的情况如图 2-11 所示。

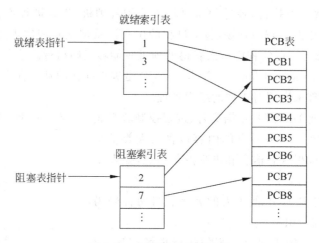

图 2-11  索引方式组织 PCB

**3. 链表**

系统将同一状态进程的 PCB 链接成队列,从而形成就绪队列、阻塞队列、运行队列等。各状态对应多个不同的链表。按链接方式组织 PCB 的情况如图 2-12 所示。不同状态的进程链接在同一个队列里,若链表很长,查找、删除、撤销进程的效率会很低。

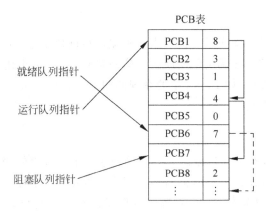

图 2-12　链表方式组织 PCB

## 2.3　进程的控制

### 2.3.1　进程控制机制

进程有由创建而产生、由调度而执行、由撤销而消亡的生命周期,因此操作系统要对进程生命周期的各个环节进行控制和有效管理,从而达到多进程、高效率、并发执行和协调、实现资源共享的目的,这就是进程控制。

进程控制通常由操作系统内核中的原语完成。原语一般由若干条指令所组成,是用来完成某个特定功能,在执行过程中不可被分割的程序段,是原子操作,即一个操作中的所有动作,要么全做,要么全不做。原语一旦开始执行,就要连续执行完,中间不允许中断。原子操作在管态下执行,常驻内存,通过关中断来实现。

### 2.3.2　进程控制原语

在操作系统中,某些被进程调用的操作,如队列操作、对信号灯的操作、检查启动外设操作等,一旦开始执行就不能被中断;否则就会出现操作错误,造成系统混乱。所以,这些操作可以用原语来实现。

操作系统中的控制原语都要对应地执行一个特殊的程序段(操作系统核心程序、系统调用)来实现进程控制的功能。

在 UNIX 系统中进程控制的系统调用如下。

fork():创建子进程。

sleep():进程睡眠。

exit():进程自己终止(自杀)。

wait():(父)等待子进程终止。

wakeup():进程唤醒。

进程控制涉及的原语有创建原语、撤销原语、阻塞原语、唤醒原语、挂起原语和激活原语。

### 1. 创建原语

用户登录、作业调度、操作系统提供服务和父进程创建子进程能够导致创建进程的事件。前3种由系统内核直接调用创建原语创建新进程,后一种由用户调用操作系统提供的系统调用完成创建任务,如 Linux 中的系统调用 fork( )。

进程创建原语的形式:

```
create()
```

创建原语要做的工作:通过创建原语完成创建一个新进程的功能。由于进程的存在是以其进程控制块为标志的,因此,创建一个新进程的主要任务是申请空白 PCB 空间,为进程分配资源,为进程初始化 PCB,将调用者提供的有关信息(进程描述信息、处理机状态信息、进程控制信息)填入该 PCB 中,并把该进程控制块插入就绪队列中。

### 2. 撤销原语

进程结束后,应当退出系统而消亡,系统及时收回它占有的全部资源,以便其他进程使用,这是通过撤销原语完成的。

进程撤销原语的形式:

```
kill(或 exit)
```

功能:将该进程的所有子进程撤销,然后撤销本进程,将进程占有的所有资源收回后,把 PCB 收回,挂到空 PCB 链表上。

撤销时机:该进程完成了所有的任务而正常结束;由于错误而导致非正常结束;祖先进程撤销某个子进程。

撤销原语的实现过程是:根据被终止进程的标识符 ID 在 PCB 链中查找其对应的 PCB,若找不到或该进程尚未停止,则转入异常终止处理程序;否则从 PCB 链中撤销该进程及其所有子孙进程,所有资源或归还给其父进程,或归还给系统,将被终止进程的 PCB 从所在队列移出。

撤销进程的原因:批处理作业执行到"结束"语句;交互式用户"注销";停止进程(应用程序)的执行;遇到错误或故障。

撤销原语撤销的是进程标志、进程控制块,而不是进程的程序段。这是因为一个程序段可能由多个进程共享。

### 3. 阻塞原语

正在执行的进程,当有阻塞事件发生时,如请求系统资源失败、等待某种操作的完成、新数据尚未到达或无新工作做等,由系统自动执行阻塞原语,使自己由运行状态变为阻塞状态。进程的阻塞是进程自身的一种主动行为,也因此只有处于运行态的进程(获得处理机)才可能将其转为阻塞状态。

进程阻塞原语的形式:

```
block()
```

功能:中止调用进程的执行,并加入等待事件的阻塞列中,最后使控制转向进程调度。

阻塞原语是进程等待某件事情的发生,而该事情又不具备发生条件时,进程自己调用阻塞原语将自己阻塞起来。

功能:中断处理机,保护现场,状态由"执行"改为"等待",将 PCB 从就绪队列中转到阻塞队列中。

阻塞原语要做的工作:首先中断处理机,应先立即停止进程运行,将处理机的现行状态存放到 PCB 的处理机状态保护区中,然后将该进程置阻塞状态,并把它插入阻塞队列中。然后系统执行调度程序重新调度,将处理机分配给另一个就绪的进程。进程唤醒操作由操作系统或其他相关进程来完成,进程无法自己唤醒自己。

**4. 唤醒原语**

当被阻塞进程所期待的事件出现时,如它所启动的 I/O 操作已完成或其所期待的数据已到达,则由有关进程调用唤醒原语,将等待该事件的进程唤醒。

进程唤醒原语的形式:

```
wakeup()
```

功能:状态由"等待"改为"就绪",将 PCB 从等待队列中插入就绪队列中。

唤醒原语要做的工作:将进程从阻塞队列解下;将进程插入就绪队列;改变进程在 PCB 中的状态。

**5. 挂起原语**

进程挂起原语的形式:

```
suspend()
```

挂起原语要做的工作:检查被挂起进程的状态,如进程处于就绪状态,将进程从内存换出到外存,其状态转换为就绪→就绪/挂起;如进程处于阻塞状态,将进程从内存换出到外存,其状态转换为阻塞→阻塞/挂起;如进程正在运行,将进程变为就绪挂起状态,并重新调度。

**6. 激活原语**

当某进程所需要的资源出现时,由释放资源的进程调用唤醒原语,激活原语先将进程从外存调入内存,检查该进程的现行状态,若是静止就绪,便将之改为活动就绪;若为静止阻塞,便将之改为活动阻塞。若系统为抢占式系统,则进行进程调度。

进程激活原语的形式:

```
active()
```

激活原语要做的工作:检查被激活进程的状态,如进程处于就绪挂起状态,将进程从外存换出到内存,其状态转换就绪/挂起→就绪;如进程处于阻塞挂起状态,将进程从外存换出到内存,其状态转换为阻塞/挂起→阻塞;假如采用的是抢占式调度策略,则每当有新进程进入就绪队列时,应检查是否要进行重新调度,即由调度程序将被激活进程与当前进程进行优先级的比较,如果被激活进程的优先级更低,就不必重新调度;否则,立即剥夺当前进程的运行,把处理机分配给刚被激活的进程。

# 2.4　进程的互斥

　　系统中一次只允许一个进程使用的一类资源,称为临界资源或互斥资源。如打印机、卡片输入机及磁带机等硬件设备和变量、指针、数组、队列等数据结构。如果有多个进程同时去使用这类资源就会造成混乱。因此必须保护这些资源,避免两个或多个进程同时访问这类资源。

　　互斥的例子在日常生活中也大量存在,如某大学学生宿舍里面的固定电话。同一时刻只有一个学生可以独占电话进行接打。只有这个学生使用完毕后,其他的学生才可使用。每个学生使用电话是一个进程,各个进程独立互斥,不可同时发生。这些进程之间有一种互斥关系。

## 2.4.1　互斥的定义

　　对于异步环境下并发执行的进程,某些进程要竞争某一临界资源,而这类资源最多允许一个进程使用,而其他要使用该资源的进程必须等待,直到该占用资源被释放为止,这就产生间接制约关系。把因间接制约而导致交替执行的过程称为进程间的互斥。

　　对临界资源的使用必须互斥地进行,每个进程访问临界资源的那段代码称为临界区。为了保证临界资源的正确使用,可以把临界资源的访问过程分成 4 个部分。

　　进入区:为了进入临界区使用临界资源,在进入区要检查可否进入临界区,如果可以进入临界区,则应设置正在访问临界区的标志,以阻止其他进程同时进入临界区。

　　临界区(互斥区):在进程中涉及临界资源的程序段称为临界区。

　　退出区:将正在访问临界区的标志清除。

　　剩余区:代码中的其余部分。

　　使用临界资源的代码结构为

```
do {
    entry section;        //进入区
    critical section;     //临界区
    exit section;         //退出区
    remainder section;    //剩余区
} while (true)
```

　　有了临界资源和临界区的概念,进程间的互斥可以描述为禁止两个或两个以上的进程同时进入访问同一临界资源的临界区。

　　为禁止两个进程同时进入临界区,同步机制应遵循以下准则。

　　空闲让进:当临界区空闲时,可以允许一个请求进入临界区的进程立即进入,以有效地利用临界资源。

　　忙则等待:当已有进程处于临界区内时,其他试图进入临界区的进程必须等待,以保证进程互斥地进入临界区。

有限等待：对要求进入临界区的进程，应保证使之能在有限时间内进入，以免陷入"死等"。

让权等待：对不能进入临界区的进程，它必须立即释放处理机，以免进程陷入"忙等"。

## 2.4.2　上锁和开锁原语

解决进程互斥的最简单办法是加锁。在系统中为每个临界资源设置一个锁位 X，0 表示资源可用，1 表示资源已被占用（不可用）。

当一个进程使用某个临界资源之前必须完成下列操作。

① 考查锁位的值。

② 若 X 原来的值是为"0"，将锁位置为"1"（占用该资源，上锁）。

③ 若 X 原来值是为"1"（该资源已被别人占用），则转到 1，返回继续进行检查；当 X=0 时，表示资源可以使用，则置 X 为 1（上锁），当进程使用完资源后，释放临界资源，将锁位置为"0"，称为开锁操作。

进程互斥的锁操作方法对应的代码结构如下：

```
上锁操作
  执行临界区程序;
开锁操作
……
```

锁操作方法的优点是简单、可靠，然而却不能实现所有的同类临界区互斥；当临界区太长时，降低了中断响应速度、扩大了互斥范围、上锁时 CPU 不断测试，处于忙等状态。

## 2.4.3　用上锁和开锁原语实现进程的互斥

设临界区的类名为 c。为了保证每一次临界区中只能有一个程序段被执行，又设锁定位 K[c]。K[c]表示该锁定位属于类名为 c 的临界区。

上锁后的临界区程序描述如下：

```
LOCK (K [c])              //上锁
<临界区>
UNLOCK (K [c])            //开锁
```

上锁原语用 LOCK(K)表示，其操作为

```
LOCK(K)
{
    L:
    if  k == 1;
    go to L
    else
    k = 1;
}
```

开锁原语用 UNLOCK(K)表示，其操作为

```
UNLOCK (K):
{
    k = 0;
}
```

两个进程 P1、P2 使用以下程序实现进程的互斥:

进程 P1　　　　　　　　　进程 P2
⋮　　　　　　　　　　　　　⋮
LOCK (K)　　　　　　　　　LOCK (K)
CS1　　　　　　　　　　　　CS2
UNLOCK (K)　　　　　　　　UNLOCK (K)
⋮　　　　　　　　　　　　　⋮

在检查公共变量 X 的值和置 X 为 1(上锁)这两步之间,X 值不能被其他进程所改变。

## 2.5　信号量机制

### 2.5.1　信号量的概念

上锁和开锁原语可以解决互斥问题,然而这种方法有其局限性。因为任何进程都不能直接进入临界区,它们必须不停地检查 X 的值,等待 X 变为 0。等待的过程消耗了昂贵的 CPU 资源,降低了系统的效率。1965 年荷兰的计算机科学家 E. W. Dijkstra 提出了新的同步工具——信号量和 P、V 操作。他将交通管制中信号灯管理交通的方法引入操作系统来克服这种忙碌等待现象,大大地简化了进程的同步与互斥。这是他对进程通信的一个重要贡献。

信号量的思想:进程在某一特殊点上停止执行直至得到一个对应的信号量,通过信号量这一设施,实现对并发进程和共享资源进行控制和管理。

本书中采用 Dijkstra 论文中使用的符号 P(Passeren/proberen) 和 V(Vrijgeren/verhogen)(荷兰语,分别代表"通过/测试或等待"及"释放/增加或发信号")。利用信号量和 P、V 操作既可以解决并发进程的竞争问题,又可以解决并发进程的协作问题。

整型信号量 S 表示某类临界资源实体,是一个数据结构,其值仅能由 P、V 操作来改变。$S \geqslant 0$ 表示有 S 个可用某类临界资源;$S \leqslant 0$,则 $|S|$ 表示 S 阻塞队列中等待该资源的进程个数。P(S)操作表示"等信号",相当于申请一个资源;V(S)操作表示"发信号",相当于释放一个资源。这个信号在实现同步时就是"合作者的伙伴进程已完成前趋任务",在实现互斥时就是"临界资源可用"。

信号量和 P、V 操作是实现进程互斥与同步的非常有效的方法。用信号量和 P、V 操作实现进程互斥与同步的代码结构为

```
s(S);
    临界区;
V(S);
```

P、V 操作优点是简单,而且表达能力强,但是不够安全,使用不当会出现死锁;遇到复杂同步互斥问题时实现复杂。

信号量表示进程的关键工作是否可以开始或已经结束。P、V 操作必须成对出现,当二者为互斥操作时,它们处于同一进程(强调的是自私);当为同步操作时,则不在同一进程中出现(强调的是你中有我,我中有你的协作关系);如果 $P(S_1)$ 和 $P(S_2)$ 两个操作在一起,那么 P 操作的顺序至关重要。

### 2.5.2 P、V 操作原语

P、V 操作由荷兰学者 Dijkstra 于 1965 年提出,是定义在信号量上的一对操作,是一种卓有成效的进程同步机制。

P 操作原语定义如下:

```
P(S)
{
    S--;
    if S<0
        block ( );
}
```

如图 2-13 所示,当执行 P 操作时,信号量 S 值减 1,如果 S≥0,表示绿灯,表示申请的临界资源可用,则该进程占用资源,继续执行;如果 S<0,表示红灯,则将进程置成阻塞状态,并使其在 S 信号量的队列中等待,由调度程序重新调度其他进程执行。

V 操作原语定义如下:

```
V(S)
{
    S++;
    if S<=0
        wakeup ( );
}
```

如图 2-14 所示,当执行 V 操作时,表示进程释放资源,信号量 S 值加 1,如果 S≤0,则唤醒 S 信号量队列队首的阻塞进程,将其状态从阻塞状态转变到就绪状态,执行 V(S)者继续执行。如果 S>0,则该进程也继续执行。

这里所用信号量 S 必须置一次初值,且只能置一次初值,初值不能为负,一般为 1,表示临界资源未被占用,且其可用数目为 1。用 P、V 操作原语实现进程互斥的效率更高一些,因为 P 操作中引入了阻塞机制,消除了 CPU 忙等现象。

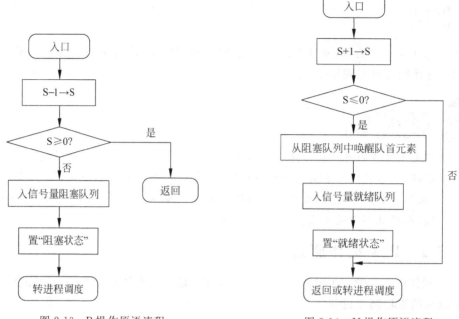

图 2-13　P 操作原语流程　　　　　图 2-14　V 操作原语流程

## 2.5.3　用 P、V 操作原语实现进程的互斥

利用信号量实现进程互斥的步骤可描述如下：为使多个进程能互斥地访问某临界资源，只需为该资源设置一互斥信号量 S，令其初始值为 1，然后将该资源的临界区置于 P(S) 和 V(S) 原语之间即可。这样，每个进程在进入临界区访问该临界资源之前，都要先对 S 执行 P 操作，若此刻该资源未被访问，本次 P 操作必然成功，进程便可进入临界区，这时若再有其他进程也要进入该临界区，此时由于 S 被占用而导致 S 执行 P 操作定会失败，因而该进程阻塞，从而保证了该临界资源能被互斥地访问。当访问临界资源的进程退出临界区后，又应对 S 执行 V 操作，从而释放该临界资源。

再来看一个用 P、V 操作解决进程间互斥问题的例子。有两个进程 A 和 B，A 进程和 B 进程要互斥使用临界资源 R。为了不使系统发生混乱，需要严格限制一次只能有一个进程使用临界资源 R。设 S 信号量的初值为 1，于是 A、B 进程的部分代码如下：

```
进程 A 的程序          进程 B 的程序
  ⋮                    ⋮
P(S);                 P(S);
使用资源 R            使用资源 R
V(S);                 V(S);
  ⋮                    ⋮
```

两进程通过信号量互斥使用资源的过程如图 2-15 所示。

用 P、V 操作原语实现进程互斥的效率更高一些，因为 P 操作中引入了阻塞机制，所以消除了 CPU 忙等现象。

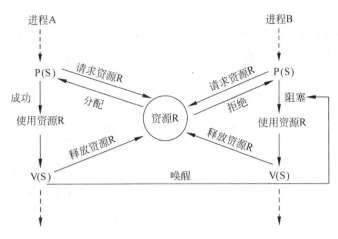

图 2-15　两进程互斥使用资源

　　进程互斥表示进程之间要竞争临界资源；信号量表示临界资源是否可用或临界资源的数量；信号量的个数与临界资源的个数一致；P、V 操作实现的互斥要在同一个进程中完成；进入临界区前进行 P 操作，离开临界区后进行 V 操作。

# 2.6　进程的同步

　　此处的"同步"非同时，而是协调。对于异步环境下并发执行的进程，每个进程都以各自独立的、不可预知的速度向前推进。有时并发进程之间相互合作，完成一项工作，它们之间有一定的时序关系。例如，计算进程和打印进程，打印进程必须等待计算进程得出计算结果后才能进行打印输出；而计算进程必须等待打印进程将上一次计算的结果打印输出后，才能进行下一次计算，否则就会造成混乱。

　　把在异步环境下并发执行的进程，因直接制约而需要相互等待、相互合作，以达到各进程按相互协调的速度执行的过程称为进程间的同步。

## 2.6.1　同步的定义

　　同步是指多个相互合作的并发进程在执行次序上的协调，在一些关键点上可能需要相互等待或相互交换信息，以达到有效的资源共享和相互合作，这种互相制约的关系称为进程同步。

　　同步的例子不仅在操作系统中有，在日常生活中也大量存在。例如，某医院某医生为某病人看病，认为需要化验血和尿，于是就为病人开了化验单，病人付费、取样送化验室，等待化验完毕取回化验结果，然后继续找医生看病。医生为病人看病是一个进程，化验室的化验工作是另一个进程，它们是各自独立的活动单位，但它们共同完成医疗任务，所以需要交换信息。

上述这两个进程之间有一种同步关系：化验进程只有在接收到诊病进程的化验单后才开始工作；而看病进程只有获得化验结果后才能继续为该病人看病，并根据化验结果确定医疗方案。

进程同步和互斥间的关系如表 2-4 所示。

表 2-4　同步与互斥的区别

| 同　步 | 互　斥 |
| --- | --- |
| 进程—进程 | 进程—资源—进程 |
| 受时序上限制 | 独占资源、排他工作 |
| 相互感知 | 相互不感知 |
| 进程共同完成一个任务 | 进程间通信制约 |
| 如生产与消费之间 | 如交通十字路口 |

相似处：进程的互斥实际上是进程同步的一种特殊情况；进程的互斥和同步统称为进程同步。

差别：进程互斥是进程间共享某种资源的使用权，这种竞争没有固定的必然联系，哪个进程竞争到资源的使用权就归哪个进程使用，直到使用完毕时再归还，此后其他进程方可使用该资源；而进程同步则涉及共享资源的并发进程间有一种时序上的制约，他们相互合作共同完成任务，当进程必须同步时，即使无进程在使用共享资源时，那么尚未得到同步消息的进程也不能使用这个资源。

在多道程序系统中，把进程间的相互制约关系按相互感知程度分为表 2-5 所列的 3 种类型。把计算机系统中的资源按共享程度分为 3 个层次，即互斥（Mutual Exclusion）、死锁（Deadlock）和饥饿（Starvation）。互斥指同一资源在同一时刻仅能供一个进程使用；死锁指多个进程互不相让，都得不到足够的（可释放的）资源；饥饿指一个进程一直得不到资源（其他进程可能轮流占用资源）。

表 2-5　进程间的相互制约关系

| 感知程度 | 相互关系 | 进程间影响 | 潜在的控制问题 |
| --- | --- | --- | --- |
| 互不感知 | 竞争 | 无影响 | 互斥、死锁、饥饿 |
| 间接感知 | 通过共享来协作 | 有影响 | 互斥、死锁、饥饿 |
| 直接感知 | 通过通信来协作 | 有影响 | 死锁、饥饿 |

要协调进程间的相互制约关系，就需要实现进程的同步。保证资源的互斥使用，避免死锁和饥饿。

## 2.6.2　用 P、V 操作原语实现进程的同步

P、V 操作实现同步也都是配对出现的，但对同一个信号量的 P、V 操作却不是同时出现在每一个进程的程序里，而是分别出现在一个进程和它合作伙伴的代码中。并发执行的进程 $P_1$ 和 $P_2$ 中，分别有代码 $S_1$ 和 $S_2$，要求 $S_1$ 在 $S_2$ 开始前完成；可利用信号量来描

述程序或语句之间的前趋关系。设有两个并发执行的进程 $P_1$ 和 $P_2$，$P_1$ 中有语句 $S_1$；$P_2$ 中有语句 $S_2$。希望在 $S_1$ 执行后再执行 $S_2$。为实现这种前趋关系(图 2-16)，令进程 $P_1$ 和 $P_2$ 共享一个公用信号量 S，并赋予其初值为 0，将 V(S) 操作放在语句 $S_1$ 后面；而在 $S_2$ 语句前面插入 P(S) 操作，即

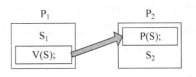

图 2-16  P、V 操作实现进程同步

在进程 $P_1$ 中，用 $S_1$；V(S)；

在进程 $P_2$ 中，用 P(S)；$S_2$。

由于 S 被初始化为 0，这样，若 $P_2$ 先执行必定阻塞，只有在进程 $P_1$ 执行完 $S_1$；V(S)；操作后使 S 增为 1 时，$P_2$ 进程方能执行语句 $S_2$ 成功。

用信号量机制解同步、互斥问题的 3 个步骤。

① 分析清楚进程间的制约关系。

② 设置信号量包括信号量的个数和初值，对于同步问题还要写出信号量的物理含义。

③ 在程序的适当处实施 P、V 操作。

实现进程互斥与进程同步的第三步在形式上差异，即 P、V 操作总是成对出现的。但在互斥问题中 P、V 总是出现在同一个进程的代码中，且紧紧夹着临界区；而在同步问题中，却是分别出现在两个合作进程的代码中，需要等消息的一方用 P 操作，相应地，V 操作则在发出此消息的另一方中。要特别强调的是，P 操作时，互斥信号量上的 P 操作一定要放在同步信号量 P 操作之后。如果 P 操作顺序颠倒，就会引起死锁，而 V 操作的次序则没有什么问题。

### 2.6.3  几个经典的进程同步问题

操作系统中进程同步问题非常重要，应学会怎样区别进程的互斥与进程的同步。P、V 操作是实现进程互斥和进程同步的有效工具，但若使用不当则不仅降低系统效率而且会产生错误。大家应当在弄清 P、V 操作作用的基础上，体会在各个例子中调用不同信号量的 P 操作和 V 操作的目的，从而正确掌握对各类问题的解决方法。

本节讨论几个经典的利用信号量来实现进程互斥和同步的例子。这里的主要问题是如何选择信号量和如何安排 P、V 原语的使用顺序。

**【例 2-1】  生产者—消费者问题**

生产者—消费者问题是相互合作的进程关系的一种抽象，该问题有很大的代表性及实用价值。众所周知，计算机系统中的每个进程都可以消费(使用)或生产(释放)某类资源，这些资源可以是硬资源(如内存、I/O 设备或处理器)，也可以是软资源(如临界段、数组、队列等)。当系统中某一进程使用某一资源时，可以看作是消耗，称该进程为消费者。而当某个进程释放资源时，则它就相当于一个生产者。

一组生产者进程和一组消费者进程共享一个初始为空、大小为 n 的缓冲区，只有缓冲区没满时，生产者才能把产品放入缓冲区，否则必须等待；只有缓冲区不空时，消费者才能从中取出产品并消费它，否则必须等待。由于缓冲区是临界资源，它只允许一个生产者

放入产品,或者一个消费者从中取出产品。生产者和消费者的同步关系将禁止生产者向满的缓冲区输送产品,也禁止消费者从空的缓冲区中提取产品,如图 2-17 所示。假定有一个由 n 个单元组成的缓冲区,m 个生产者 $P_1,P_2,\cdots,P_m$ 和 k 个消费者 $C_1,C_2,\cdots,C_k$ 联系在一起。

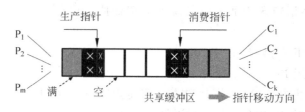

图 2-17　生产者—消费者问题

生产者进程和消费者进程共用一个缓冲区,生产者进程生产产品并送入缓冲区,消费者进程从缓冲区中取出产品去消费。两个进程之间相互通信也可抽象为:一个发信件进程生产信息,然后把它放入缓冲区,类似地,一个读消息进程从缓冲区取走信息并处理它。

考虑缓冲区、计数器是互斥资源,设互斥信号量 mutex 实现各进程对缓冲池的互斥使用及计数器的加减操作,缓冲池是资源信号量,设信号量 empty 和 full 分别表示缓冲池中空缓冲区和满缓冲区的数量。只要缓冲池未满,生产者便可将消息送入缓冲池;只要缓冲池未空,消费者便可从缓冲池中取走一个消息。

设置两个信号量,一个用 empty 表示空缓冲区数目,其初值为缓冲区容量 n,另一个用 full 表示缓冲区中信息数目,其初值为 0。由于例 2-1 中有 m 个生产者和 k 个消费者,故它们在执行中都要对缓冲区进行操作,缓冲区是一个临界资源,必须互斥使用。所以,另外设置一个互斥信号量 mutex,其初值为 1。这个问题算法描述如下。

```
main ()
{
    int full = 0;                    //缓冲区中信息数目
    int empty = n;                   //空缓冲区的数目
    int mutex = 1;                   //对缓冲区进行操作的互斥信号量
    buffer: array[0, …, n−1] of item;
    int in = 0;
    int out = 0;
    begin
    parbegin
    producer:begin                   //生产者进程
        repeat
          …
        producer an item nextp;      //生产一个产品
          …
        wait(empty);                 //empty 减 1
        wait(mutex);                 //加锁
        buffer(in) = nextp;          // nextp 用于存放每次刚生产出来的产品
        in = (in + 1) mod n;         //移动生产指针
        signal(mutex);               //解锁
```

```
            signal(full);              //full 增 1
            until false;
            end
      consumer:begin                    //消费者进程
            repeat
            wait(full);
            wait(mutex);
            nextc = buffer(out);        // nextc 用于存放每次要消费的产品
            out = (out + 1) mod n;
            signal(mutex);
            signal(empty);
            consumer the item in nextc;  //消费一个产品
            until false;
            end
      parend
   end
}
```

对生产者进程而言,它先生产一个产品,然后申请一个空缓冲区,给该缓冲区加锁,移动生产指针,之后开锁,将缓冲区中信息数目加 1。重复该过程直至生产进程完毕。

消费者进程申请一个满的缓冲区,给该缓冲区加锁,移动消费指针,之后开锁,释放互斥信号量 mutex 及 empty。

需要注意的是,这里每个进程中各个 P 操作的次序是重要的。各进程必须先检查自己对应的资源数在确信有资源可用后再申请对整个缓冲区的互斥操作;否则,就可能死锁。出现死锁的条件是,申请到对整个缓冲区的互斥操作后,才发现自己对应的缓冲块资源,这时已不可能放弃对整个缓冲区的占用。

**【例 2-2】 读者—写者问题**

一个数据文件或记录可被多个进程共享,把只要求读该文件的进程称为"Reader 进程",其他进程称为"Writer 进程"。

允许多个进程同时读一个共享对象,因为读不会使数据文件混乱;不允许一个 Writer 进程和其他 Reader 进程或 Writer 进程同时访问一个对象。任一时刻"写者"最多只允许一个,而"读者"则允许多个。即对共享资源的读/写操作限制关系包括:"读—写"互斥、"写—写"互斥和"读—读"允许。

读者—写者问题(Reader-Writer Problem)是指多个进程对一个共享资源进行读/写操作的问题,要保证一个 Writer 进程必须与其他进程互斥地访问共享对象的同步问题。

设互斥信号量 wmutex、rmutex;整型变量 readcount——正在读的进程数目;只要有一个 Reader 进程在读,便不允许 Write 进程去写,因此,仅当 readcount=0——表示尚无 Reader 进程在读,Reader 进程才需要执行 wait(wmutex)操作,若 wait(wmutex)操作成功,Reader 进程便可去读。此时,readcount+1。相应地,仅当 Reader 进程在执行了 readcount 减 1 操作后,其值为 0 时,才需执行 signal(wmutex)操作。以便让 Write 进程去写。又因为 readcount 是一个可被多个 Reader 进程访问的临界资源,因此,应为它设置一互斥信号量 rmutex。

利用记录型信号量解决读者—写者问题,该算法描述如下:

```
var rmutex,wmutex:semaphore: = 1,1;
readcount:integer: = 0;
begin
parpegin;
reader:begin;
    repeat
    wait(rmutex)
    if readcunt = 0 then wait(wmutex)
    readcount; = readcount + 1;
    signal(rmutex);
    perform read operation;
    wait(rmutex);
    readcount: = readcount - 1;
    if readcount = 0 then signal(wmutex)
    sinai(rmutex);
    until false;
    end
writer:begin
    repeat
    wait(wmutex);
    perform write operation;
    signal(wmute);
    until false;
    end
parend
end
```

读者—写者问题常被用来测试新同步原语。

**【例 2-3】 哲学家进餐问题**

有 5 位哲学家围着一个圆桌坐在周围的椅子上,在讨论问题和进餐,在讨论时每人手中什么都不拿,当需要进餐时,每人需要一双筷子。餐桌上的布置如图 2-18 所示,共有 5 支筷子,每支筷子供相邻的两个人使用。

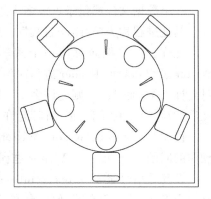

问题描述 5 个哲学家公用一张圆桌,他们的生活方式是交替地思考和进餐。哲学家饥饿时便拿起两边的筷子进餐,但只有当拿到两支后才能进餐,用餐毕,放下筷子又继续思考。

图 2-18 哲学家就餐示意图

利用记录型信号量解决哲学家进餐问题。

分析:筷子是临界资源,在一段时间内只允许一个哲学家使用。因此,可以用一个信号量表示一支筷子。故需要信号量数组。

描述如下:

```
var  chopstick:array[0,…,4]  of   semaphore;(初值为1)
```

```
repeat
wait(chopstick[i]);
wait(chopstick[(i+1)  mod  5]);
eat;
signal(chopstick[i]);
signal(chopstick[(i+1)  mod  5]);
think;
until  false;
```

**注意**：如果 5 位哲学家同时进餐，可能会导致死锁现象。

解决死锁的方法如下。

① 至多只允许 4 位哲学家同时进餐，以保证至少有一位哲学家能够进餐，最终总能释放出他所使用的两支筷子，从而可使更多的哲学家进餐。

② 仅当哲学家的左右两支筷子都可用时，才允许它拿起筷子进餐。

③ 规定奇数号哲学家先拿他左侧的筷子，然后再去拿他右侧的筷子，偶数号哲学家则相反。

**【例 2-4】 父亲、母亲、儿子、女儿水果问题**

桌上有一个盘子，每次只能放入一个水果，爸爸专向盘子中放苹果（Apple），妈妈专向盘子中放橘子（Orange），一个儿子专等吃盘子中的橘子，一个女儿专等吃盘子中的苹果。只要盘子中空则爸爸或妈妈可向盘子中放一个水果，仅当盘中有自己需要的水果时，儿子或女儿可从中取出。把爸爸、妈妈、儿子、女儿看作 4 个进程，用 P、V 操作进行管理，使这 4 个进程能正确地并发执行，如图 2-19 所示。

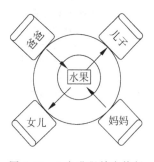

图 2-19 4 个进程并发执行

这个问题实际上可看作是两个生产者和两个消费者共享了一个仅能存放一件产品的缓冲区，生产者各自生产不同的产品，消费者各自取走自己需要的产品。

由于盘子中每次只能存放一个水果，因此爸爸和妈妈在存放水果时必须互斥。儿子和女儿分别要吃橘子和苹果，因而，当爸爸向盘子中放入一只苹果后应把"盘中有苹果"的消息发送给女儿；同样，当妈妈向盘子中放入一个橘子后应把"盘中有橘子"的消息发送给儿子。如果儿子或女儿取走盘子中的水果，则应发送"盘子中又可存放水果"的消息。但这个消息不应特定地发送给爸爸或妈妈，至于谁能再向盘中放水果则要通过竞争资源（盘子）的使用权来决定。

应怎样定义信号量呢？首先应定义一个是否允许向盘子中存放水果的信号量 S，其初值为"1"，表示允许存放一个水果；其次要定义两个信号量 SP 和 SO 分别表示盘子中是否有苹果或橘子的消息，初值应该均为"0"，至于儿子或女儿取走水果后要发送"盘中又可存放水果"的消息，只要调用 V(S)就可达到目的，所以不必再增加信号量了。于是，可用以下代码管理这 4 个进程的并发执行：

```
begin
    S,SP,SO:semaphorc;
```

```
    S: = 1; SP: = 0; SO: = 0;
    cobegin
      process 爸爸
        begin
        L1: 准备一个苹果；
            P ( S ) ；
            把苹果放入盘子中；
            V ( SP ) ；
            Goto L1 ；
        end ；
      process 妈妈
        begin
        L2: 准备一个橘子；
            P ( S ) ；
            把橘子放入盘子中；
            V ( SO ) ；
            Goto L2 ；
        end ；
      process 儿子
        begin
        L3: P ( SO ) ；
            从盘子中取一个橘子；
            V ( S ) ；
            吃橘子；
            Goto L3 ；
        end ；
      process 女儿
        begin
        L4: P ( SP ) ；
            从盘子中取一个苹果；
            V ( S ) ；
            吃苹果；
            goto L4 ；
        end ；
    coend；
end；
```

其中爸爸或妈妈在向盘中存放水果之前调用了 P(S)，起两个作用：第一，由于 S 的初值为 1，因此 P(S) 限制了每次至多只有一个进程可以向盘子中放水果，起到了互斥地向盘中放水果的作用；其次，由于盘中有水果且尚未取走时 S 的值为"0"，因此 P(S) 起到了测试"盘中又可存放水果"的消息是否到达的同步作用。可见，在这个问题中信号量 S 既被作为互斥的信号量，又被作为同步的信号量，起到了双重作用。

# 2.7 进程的通信

## 2.7.1 进程通信的定义

进程之间的信息交换叫作进程通信。前面介绍的信号量机制控制的进程同步与互斥,就实现了进程之间信息交换,但由于进程间交换的数据量很少,一般只传送一个和几个字节的信息,可以看作是低级通信。它的缺点是效率低、通信对用户不透明。

高级通信方式中,操作系统隐藏了进程通信的实现细节,用户直接使用操作系统提供的通信命令(原语)一次就能发送成千上万字节的信息,大大简化了通信程序编制的复杂性。因而通信效率高、使用方便。本节介绍几种常用的高级通信方式。

## 2.7.2 共享存储器系统

共享存储器系统是指相互通信的进程通过共享数据结构和存储区进行通信,因而可进一步分为以下几种方式。

(1) 基于共享数据结构的通信方式。在这种通信方式中,要求诸进程共享某些数据结构,以实现进程间的信息交换。如在生产者—消费者问题中,就是通过共享界缓冲区这种数据结构来实现通信的。这里,共享数据结构的设置及对进程间的同步,都是由程序员来完成的。这无疑增加了程序员的负担,而操作系统却只需提供共享存储器。因此,这种通信方式是低效的,只适于传递相对少量的数据。

(2) 基于共享存储区的通信方式。为了传输大量数据,在存储器中划出了一块共享存储区,进程可通过对共享存储区中数据的读或写来实现通信。这种通信方式属于高级通信。进程在通信前,先向系统申请共享存储区中的一个分区,并指定该分区的关键字;若系统已经给其他进程分配了这样的存储区,则将该分区的描述符返回给申请者,然后,由申请者把获得的共享存储分区连接到本进程上;此后,便可像读、写普通存储器一样地读、写该公用存储分区,包括建立共享存储区、附接及断接。共享存储区方式不要求数据移动。两个需要互相交换信息的进程通过对同一共享数据区(Shared Memory)的操作来达到互相通信的目的。这个共享数据区是每个互相通信进程的一个组成部分。

## 2.7.3 消息传递系统

当今最为流行的微内核操作系统中,微内核与服务器之间的通信,无一例外地都采用了消息传递机制。又由于它能很好地支持多处理机系统、分布式系统和计算机网络,因此它也成为这些领域应用最广泛的一种进程间通信机制。进程间的数据交换以格式化的消息(Message)为单位;程序员直接利用系统提供的一组通信命令(原语)进行通信。

因实现方式的不同,消息传递系统可分为直接通信方式和间接通信方式两种。

**1. 直接通信方式(消息缓冲机制)**

直接通信方式是指发送进程利用操作系统提供的发送命令,直接把消息发送给目标进程,并将它挂在接收进程的消息缓冲队列上。接收进程利用操作系统提供的接收命令直接从消息缓冲队列中取得消息。此时,要求发送进程和接收进程都以显式方式提供对方的标识符。通常,系统提供下述两条通信原语:Send(Receiver, message),发送一个消息给接收进程;Receive(Sender, message),接收 sender 发来的消息。

例如,原语 Send($P_2$,$m_1$)表示将消息 $m_1$ 发送给接收进程 $P_2$;而原语 Receive($P_1$,$m_1$)则表示接收由 $P_1$ 发来的消息 $m_1$。

消息缓冲机制中所使用的缓冲区为公用缓冲区,使用消息缓冲机制传送数据时,两通信进程必须满足以下条件。

（1）在发送进程把消息写入缓冲区和把缓冲区挂入消息队列时，应禁止其他进程对缓冲区消息队列的访问。同理，接收进程取消息时也禁止其他进程访问缓冲区消息队列。

（2）当缓冲区中没有信息存在时，接收进程不能接收到任何消息。

消息缓冲队列通信属于直接通信方式，它的通信机理如下。

如图 2-20 所示，消息缓冲队列由系统管理一组缓冲区，其中每个缓冲区可以存放一个消息。当发送进程要发送消息时先要向系统申请一个缓冲区，然后把消息写进去，接着把该缓冲区连接到接收进程的消息缓冲队列中。接收进程可以在适当的时候从消息缓冲队列中摘下消息缓冲区，读取消息，并释放该缓冲区。

图 2-20　直接通信结构

消息缓冲队列通信过程如下。

设公用信号量 mutex 为控制对缓冲区访问的互斥信号量，其初值为 1。设 SM 为接收进程的私用信号量，表示等待接收的消息个数，其初值为 0。设发送进程调用过程 send(m)将消息 m 送往缓冲区，接收进程调用过程 Receive(n)将消息 n 从缓冲区读至自己的数据区，则 Send(m)和 Receive(n)可分别描述如下：

```
send(m):
   begin
        向系统申请一个消息缓冲区
        P(mutex)
        将发送区消息 m 送入新申请的消息缓冲区
        把消息缓冲区挂入接收进程的稍息队列
        V(mutex)
        V(SM)
   end
receive(n):
   begin
        P(SM)
        P(mutex)
        摘下消息队列中的消息 n
        将消息 n 从缓冲区复制到接收区
        释放缓冲区
        V(mutex)
   end
```

## 2. 间接通信方式（信箱通信方式）

间接通信情况下，进程之间通过某种共享的数据结构进行通信。消息不直接从发送者发送到接收者，而是发送到某个中间实体——暂存消息的共享数据结构组成的队列，这个实体称为信箱（Mailbox）。因此两个进程通信情况，一个进程发送一个消息到某个信箱,而另一个进程从信箱中摘取消息。所以称为信箱通信方式,相应的系统称为电子邮件系统。

1) 信箱的组成

信箱是一种数据结构,逻辑上它分为两部分,即信箱头和由若干格子组成的信箱体,如图 2-21 所示。信箱中每个格子存放一封信,信箱中格子的数目和每格的大小在创建信箱时确定。信箱头描述邮箱名称、邮箱大小、邮箱方向以及拥有该邮箱的进程名;信箱体主要用来存放消息。

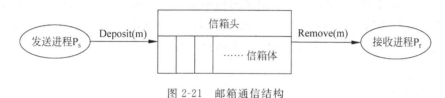

图 2-21 邮箱通信结构

2) 信箱的使用规则

若发送信件时信箱已满,则发送进程被置为"等信箱"状态,直到信箱有空时才被释放。

若取信件时信箱中无信,则接收进程被置为"等信件"状态,直到有信件时才被释放。

进程间使用邮箱通信时应该满足以下条件。

(1) 发送进程发送消息时,邮箱中至少要有一个空格能存放该消息。

(2) 接收进程接收消息时,邮箱中至少要有一个消息存在。

3) 信箱通信原语

其包括信箱的创建 Create(Mailbox)、撤销 Delete(Mailbox)、消息的发送 Send(Mailbox,Message)和接收 Receive(Mailbox,Message)。

信箱可由操作系统创建,也可由用户进程创建,创建者是信箱的拥有者。据此,可把信箱分为以下三类。

(1) 私用信箱(Private Mailbox)。由用户进程为自己建立的信箱,作为该进程的一部分。信箱的拥有者有权从中读取消息,其他用户则只能向信箱发消息。可采用单向通信链路来实现私用信箱。拥有该信箱的进程结束时,信箱也随之消失。

(2) 公用信箱(Public Mailbox)。由操作系统创建,并提供给系统中的所有核准进程使用。核准进程既可把消息发送到该信箱中,也可从信箱中读取发送给自己的消息。应采用双向通信链路来实现公用信箱。通常,公用信箱在系统运行期间始终存在。

(3) 共享信箱(Shared Mailbox)。共享信箱由某进程创建,在创建时或创建后,指明它是可共享的,同时须指出共享进程(用户)的名字。信箱的拥有者和共享者,都有权从信箱中取走发送给自己的消息。

发送进程和接收进程之间,存在以下 4 种关系。

(1) 一对一关系。允许为发送进程和接收进程建立一条专用的通信链路,不受其他进程错误的干扰。

（2）多对一关系。允许一个进程对多个其他进程（用户）提供服务，也称为客户/服务器交互。

（3）一对多关系。允许一个发送进程向多个接收进程广播消息。

（4）多对多关系。允许建立一个公用信箱，让多个进程都能向信箱中投递消息；也可从信箱中取走属于自己的消息。

信箱通信过程如下。

设发送进程调用过程 deposit(m) 将消息发送到邮箱，接收进程调用过程 remove(m) 将消息 m 从邮箱中取出。另外，为了记录邮箱中空格个数和消息个数，信号量 fromnum 为发送进程的私用信号量，信号量 mesnum 为接收进程的私用信号量。fromnum 的初值为信箱的空格数 n，mesnum 的初值为 0。则 deposit(m) 和 remove(m) 可描述如下：

```
deposit(m):
begin local x
    P(fromnum)
    选择空格 x
    将消息 m 放入空格 x 中
    置格 x 的标志为满
    V(mesnum)
end
remove(m):
begin local x
    P(mesnum)
    选择满格 x
    把满格 x 中的消息取出放 m 中
    置格 x 标志为空
    V(formnum)
end
```

显然，调用过程 deposit(m) 的进程与调用过程 remove(m) 的进程之间存在着同步制约关系而不是互斥制约关系。

## 2.7.4 管道通信系统

UNIX 系统首创了管道通信方式，它是基于文件系统的一种通信方式。利用一个打开的共享文件连接一个读进程和一个写进程，以实现它们之间通信，又称为 pipe 文件。如图 2-22 所示，向管道（共享文件）提供输入的发送进程（即写进程），以字符流形式将大量的数据送入管道，而接收管道输出的接收进程（即读进程）可从管道中接收数据。由于发送进程和接收进程是利用管道进行通信的，故又称为管道通信。由于它能有效地传送大量数据，因而又被引入到许多其他操作系统（如 PC-DOS）中。

图 2-22　管道通信

管道的作用类似于消息缓冲区(生产者—消费者问题),但有以下不同特点。

(1) 以文件为传输介质,可传输大量数据。

(2) 以字符流方式读/写,不必以消息为单位。

(3) 以队列方式工作,字符流方式按先进先出顺序先写入的先读出。

**1. 管道通信的思想**

(1) 发送进程可以源源不断地从 pipe 一端写入数据流,在规定的 pipe 文件的最大长度(如 4096B)范围内,每次写入的信息长度是可变的。

(2) 接收进程在需要时可以从 pipe 的另一端读出数据,读出单位长度也是可变的。

**2. 管道操作**

管道的实质是一个共享文件,基本上可借助文件系统的机制实现,包括(管道)文件的创建、打开、关闭和读写。

**3. 管道机制**

为了协调双方的通信,管道机制必须提供以下 3 个方面的协调能力。

(1) 互斥,即当一个进程正在对 pipe 执行读/写操作时,其他(另一)进程必须等待。

(2) 同步,指当写(输入)进程把一定数量(如 4KB)的数据写入 pipe,便去睡眠等待,直到读(输出)进程取走数据后再把它唤醒。当读进程读一空 pipe 时,也应睡眠等待,直至写进程将数据写入管道后才将之唤醒。

(3) 确定对方是否存在,只有确定了对方已存在时才能进行通信。

管道又可以分为无名管道和命名管道,两者的用途是不一样的,如图 2-23 所示。

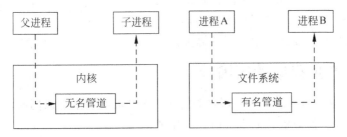

图 2-23 无名管道和有名管道

无名管道(Pipe)是一种半双工的通信方式,数据只能单向流动,而且只能在具有亲缘关系的进程间使用。进程的亲缘关系通常是指父子进程关系。

有名管道(Named Pipe)也是半双工的通信方式,但是它允许无亲缘关系进程间的通信。

无名管道的应用是通过 fork() 的方式来创建一个子进程,然后子进程和父进程(或兄弟进程)之间的管道就可以读/写;因而无名管道只能建立在具有亲缘关系的进程之间。有名管道则可以使两个互不相干的进程实现通信。

有名管道是无名管道的一个扩展,无名管道在程序运行时存在,是临时性的,完成通信后将自动消失;有名管道是持久的,一旦创建,所有权限进程都可以访问。

有名管道是单向通道,只能以只读或者只写方式打开。如果要实现双向通信,必须打开两个管道,如图 2-24 所示。

图 2-24    使用两个管道实现进程间双向通信

## 2.8    死锁问题

### 2.8.1    死锁的定义

多道程序设计系统中,两个或两个以上并发执行的进程由于竞争资源而造成的一种互相等待的现象(僵局),如无外力协助,这些进程将永远分配不到必需的资源而继续向前推进,称这种现象为死锁。例如,某高架桥上只有仅能容一列火车通行的铁轨,当两列火车相对而行至桥中时,如果它们互不相让,那么会造成谁也过不去的局面。

如图 2-25 所示,死锁是指计算机系统中各并发过程彼此互相等待对方所使用的资源,且这些并发进程在得到对方的资源之前不会释放自己所拥有的资源,从而造成了一种僵局。这种僵持必须通过外力才能解除;否则,最终可能导致整个系统处于瘫痪状态。在操作系统环境下,不希望出现这种局面。本节讨论有关死锁的概念、死锁产生原因及解决办法。

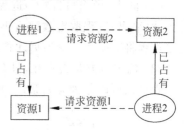

图 2-25    两个进程竞争资源产生死锁

### 2.8.2    产生死锁的原因

(1) 竞争资源。当系统中的资源如打印机、公用队列等不足以同时满足多个进程共享的需要时,引起它们对资源的竞争而产生死锁。

(2) 进程推进的顺序非法。在运行过程中,进程请求和释放资源的顺序不当,导致进程死锁。

### 2.8.3    产生死锁的必要条件

产生死锁有 4 个必要条件。

(1) 互斥条件。对于临界资源,每个资源一次只能给一个进程使用,进程一旦申请到资源后并占为己有,则排斥其他进程共享该资源。

(2) 不剥夺条件。正在使用的资源不可剥夺,进程获得的资源尚未使用完毕之前,只能由占有者自己释放,禁止其他进程强行占用。

(3) 请求和保持条件。一个进程未分配到新资源的同时,不放弃已占有的资源。

(4) 环路等待条件。存在进程的等待环路链,链中前一进程占有的资源正是后一进程所需求的资源,结果就形成了循环等待的僵局。

死锁不仅会发生在两个进程之间,也可能发生在多个进程之间,甚至发生在全部进程之间。此外,死锁不仅会在动态使用外部设备时发生,而且也可能在动态使用存储区、文件、缓冲区、数据库时发生,甚至在进程通信过程中发生。随着计算机资源的增加,系统出现死锁现象的可能性也大大增加,死锁一旦发生,会使整个系统瘫痪而无法工作。因此,要想办法解决死锁问题。

### 2.8.4　死锁的预防

预防死锁是一种静态的解决死锁问题的方法。由于死锁的 4 个必要条件必须同时存在时,系统才可能产生死锁,只要使用其中之一不成立,死锁就不会出现,从而达到预防死锁的目的。

**1. 破坏互斥性条件**

互斥性是某些临界资源的固有特性(如打印机不能同时供多个进程共享使用),所以破坏互斥条件不仅不能改变,相反还应加以保证。

**2. 摒弃请求和保持条件**

系统在进程创建后运行之前,进行资源一次性分配,对于不能一次性满足资源请求的进程,不允许其进入运行。这种方法造成资源严重浪费,进程延迟进行。

**3. 可剥夺资源**

破坏不可剥夺条件,即让进程逐个地提出对资源的请求,当某进程新的资源未满足时,释放已占有的资源,待以后需要时再重新申请。这种方法实现起来比较复杂,且要付出很大代价,还可能因为反复地申请和释放资源,致使进程的执行被无限地推迟,这不仅延长了进程的周转时间,而且也增加了系统开销、降低了系统吞吐量。

**4. 有序资源分配法**

破坏环路等待条件,系统给每类资源赋予一个编号,规定每个进程按编号递增的顺序申请资源,释放则相反。采用这种方法,系统在任何情况下都不可能进入循环等待的状态。资源编号这一做法的困难在于如何给资源类确定各方面都比较满意的序号。这种方案的优点是系统资源利用率和吞吐量较前两种方法有较明显改善;缺点是为系统中各种类型资源分配编号限制了新设备类型的增加,作业实际使用资源的顺序与系统规定的顺序不同会造成资源浪费。

预防死锁方法的缺点:限制了进程对资源的请求,而且对资源的分类编号也耗去一定的系统开销。

### 2.8.5　死锁的避免

预防死锁的几种策略,已被广泛使用,然而由于所施加的限制条件太严格,会严重地损害系统性能。因此在避免死锁时,要施加较弱的限制,从而获得较满意的系统性能。

由于在避免死锁的策略中,允许进程动态地申请资源。因而,系统在进行资源分配之前预先计算资源分配的安全性。若此次分配不会导致系统进入不安全状态,则将资源分配给进程；否则，进程等待。其中最具有代表性的算法是银行家算法。

银行家算法思想来源于银行的借贷业务，一定数量的本金要应多个客户的借贷周转，为了防止银行家资金无法周转而倒闭，对每一笔贷款，必须考查其是否能限期归还。在操作系统中研究资源分配策略时也有类似问题，系统中有限的资源要供多个进程使用，必须保证得到资源的进程能在有限时间内归还资源，以供其他进程使用。如果资源分配得不到就会发生死锁现象。在资源的动态分配过程中，记录进程需要和已占有资源的情况，每个进程的资源需求总量不能超过系统拥有的资源总数，银行家算法进行资源分配可以避免死锁。死锁避免算法的执行会增加系统的开销。

避免死锁是在进程请求分配资源时，采用银行家算法等防止系统进入不安全状态。银行家算法在资源动态分配的过程中，使用某种方法去防止系统进入不安全状态，从而避免死锁的发生。

系统有以下两种状态。

(1) 安全状态：指系统能按照某种顺序如$<P_1,P_2,\cdots,P_n>$（称$<P_1,P_2,\cdots,P_n>$序列为安全序列）为每个进程分配所需的资源，直至最大需求，使得每个进程都能顺利完成。

(2) 非安全状态：即在某个时刻系统中不存在一个安全序列，则称系统处于不安全状态或非安全状态。

虽然并非所有不安全状态都是死锁状态，但当系统进入不安全状态后，便有可能进入死锁状态；反之只要系统处于安全状态，系统便可避免进入死锁状态。因此，避免死锁的实质是如何使系统不进入不安全状态。

## 2.8.6 死锁的检测与解除

前面介绍的死锁预防和避免算法，都是在为进程分配资源时施加限制条件或进行检测，若系统为进程分配资源时不采取任何措施，则应该提供死锁检测和解除的手段。

操作系统可允许一个"死锁检测"程序，该程序按一定的算法定时去检测系统中是否存在死锁。检测死锁的实质是确定是否存在"循环等待"条件，确定死锁的存在并识别出与死锁有关的进程和资源，以供系统采取适当的措施解除死锁。

下面介绍一种死锁检测机制。

(1) 为每个进程和每个资源指定唯一编号。

(2) 设置一张资源分配状态表，每个表目包含"资源号"和占有该资源的"进程号"两项，资源分配表中记录了每个资源正在被哪个进程所占有。

(3) 设置一张进程等待分配表，每个表目包含"进程号"和该进程所等待的"资源号"两项。

(4) 死锁检测算法。当任一进程 $P_j$ 申请一个已被其他进程 i 占用的资源 $r_i$ 时，进行死锁检测。检测算法通过反复查找资源分配表和进程等待表，来确定进程 $P_j$ 对资源 $r_i$ 的请求是否导致形成环路，若是则确定出现死锁。

当发现有进程死锁后，便应立即把它从死锁状态中解脱出来，常采用的方法有以下几种。

（1）资源剥夺法。挂起某些死锁进程,并从中抢占足够数量的资源,给其他的死锁进程,以解除死锁状态。

（2）撤销进程法。可以直接强制撤销死锁进程或撤销代价最小的进程,直至有足够的资源可用,死锁状态消除为止;代价是指优先级、运行代价、进程的重要性和价值等。

（3）进程回退法。让一(多)个进程回退到足以回避死锁的地步,进程回退时自愿释放资源而不是被剥夺。要求系统保持进程的历史信息,设置还原点。

### 2.8.7 鸵鸟算法

解决死锁的最简单方法就是鸵鸟算法。即像鸵鸟一样,当遇到危险时,将头埋进沙子里,假装毫无问题。

当死锁在计算机中很少出现时,比如,每5年或更长时间才出现一次时,人们就不必花费更多的精力去解决它,而是采用类似鸵鸟一样的办法置之不理。以 UNIX 系统为例,它潜在地存在死锁,但它并不花工夫去检测和解除死锁,而是忽略它。UNIX 系统允许创建的进程总数是由进程表中包含的 PCB 个数决定的。

因此,PCB 资源是有限资源。如果由于进程表中已经无空闲的 PCB 而使创建子进程操作(FORK)失败,则执行 FORK 操作的程序可以等待一段时间之后再试。出现这种情况的可能性是非常小的,但还是有可能发生的。一旦出现,只要忽略原进程已运行情况的现场,重新启动机器让它们运行即可。

小 贴 士

处理死锁的基本方法可归结为表2-6所示的3种。

表 2-6 处理死锁的基本方法

| 方法 | 资源分配策略 | 可能模式 | 主 要 优 点 | 主 要 缺 点 |
|------|------------|---------|-----------|-----------|
| 死锁预防 | 保守;宁可资源闲置 | 一次请求所有资源;资源剥夺;资源按序申请 | 适用于突发式处理的进程;不必剥夺适用于状态可以保存和恢复的资源;可以在编译时就进行检查 | 效率低;进程初始化时间延长;剥夺次数过多;多次对资源重新启动;不便灵活申请新资源 |
| 死锁避免 | 是"预防"和"检测"的折中 | 寻找可能的安全运行顺序 | 不必进行剥夺 | 须知道将来的资源需求;进程可能会长时间阻塞 |
| 死锁检测 | 宽松;只要允许就分配资源 | 定期检查死锁是否已经发生 | 不延长进程初始化时间;允许对死锁进行现场处理 | 通过剥夺解除死锁,造成损失 |

## 2.9 进程调度

在多道程序设计系统中,往往同时有多个进程处于就绪状态,它们必然互相竞争处理机。另外,系统进程也同样需要使用处理机。但是,处理机在每一时刻只能让一个进程占用。这就要求进程调度程序按一定策略,动态地把处理机分配给处于就绪队列中的某一进程,并使之执行。

### 1. 作业状态及其转换

如图 2-26 所示,一个作业从进入系统到运行结束,一般要经历提交、后备(收容)、执行、完成 4 个阶段。

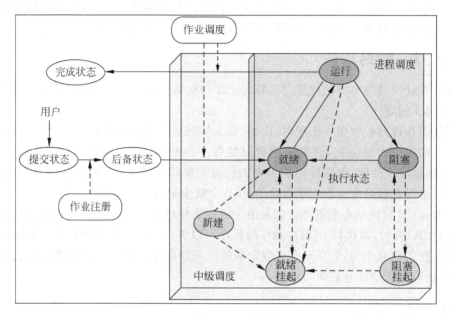

图 2-26　作业状态变迁图

提交状态:一个作业从输入设备进入后备作业池(到外存)的过程称为提交状态。

后备状态(收容状态):作业的全部信息已输入磁盘的专用区(后备作业池)中,在它还没有被调度去执行前等待运行。

执行状态:被作业调度程序选中,分配了必要资源,建立了 PCB,进入执行状态。

完成状态:作业运行完毕,但它所占用的资源尚未被系统全部回收,因而系统还需做一些善后工作。

### 2. 调度的层次

作业从提交到运行结束,要经历三级调度。

(1) 作业调度(High-Level Scheduling,高级调度)。按一定原则把后备作业调入内存,分配资源建立进程,将 PCB 插入就绪进程队列。作业调度的主要任务是完成作业从后备状态到执行状态和从执行状态到完成状态的转变。高级调度的时间尺度通常是分钟、小时或天。高级调度一般用于批处理系统,分实时系统一般直接入内存,无此环节。此种调度的特点是接纳的作业数太多,周转时间会长,但作业太少则系统效率低。

(2) 进程调度(Low-Level Scheduling,低级调度)。将处理机分配给就绪队列的某进程,进行进程间切换,运行被调度进程。低级调度的时间尺度通常是毫秒级的。由于低级调度算法的频繁使用,要求在实现时做到高效。

作业调度和进程调度的区别如表 2-7 所示。作业调度属于宏观调度,主要为进程活动做准备,使进程有获得处理机的资格。作业调度次数较少,不是必需的,有的系统不设作业调度。而进程调度属于微观调度,主要功能是使就绪的进程获得处理机执行。作业调度频度很高,它在操作系统中必不可少。

表 2-7　作业调度和进程调度的区别

| 调度级别 | 调度功能 | 调度频度 | 必要性 |
| --- | --- | --- | --- |
| 作业调度 | 为进程活动做准备 | 低 | 可选 |
| 进程调度 | 进程得到处理机 | 高 | 必不可少 |

(3) 中级调度(Intermediate-Level Scheduling)。引入中级调度的目的是提高内存利用率和系统吞吐量,使那些暂时不能运行的进程不再占用宝贵的内存资源,而将它们调至外存上去等待。中级调度指进程映像在内存和外存交换区间的对换操作。即按照给定的原则和策略,将处于外存对换区中的且具备运行条件的就绪进程调入内存,或将处于内存就绪状态或内存阻塞状态的进程交换到外存对换区,换出时,进程为挂起或就绪驻外状态。

**3. 进程调度方式**

按进程占用处理机的方式,进程调度可分为以下两种方式。

(1) 非剥夺抢占方式。进程一旦占用处理机就一直运行下去,直到进程终止或阻塞。

(2) 剥夺抢占方式。系统强行剥夺已分配给现运行进程的处理机,使其进入就绪进程队列,将之分配给其他进程。

**4. 调度算法的性能**

由于进程调度的使用频率高,其性能优劣直接影响操作系统的性能。一般来说,系统设计目标不同,进程调度算法的性能标准也不一样。主要包括周转时间、等待时间、响应时间等。周转时间指从作业提交给系统到作业完成的时间间隔;等待时间指进程在就绪进程队列中的等待时间,通常用来衡量调度程序的性能;响应时间指从向系统发出请求到系统首次开始在终端上显示结果的时间间隔。

对于一个调度算法,以上时间越短越好。系统吞吐量、资源利用率及系统开销情况也是评价调度算法的标准。吞吐量指系统在单位时间内完成的作业数目;资源利用率指最大限度地使各种资源并行操作。

**5. 进程调度的功能**

进程调度完成进程从就绪态到运行态的转化。实际上,进程调度程序完成一台物理的处理机转变成多台虚拟(或逻辑)的处理机的工作。进程调度的功能如下。

1) 保存现场

记录系统中所有进程的执行情况。为进程调度做准备,进程管理模块须将系统中各进程的执行情况和状态特征记录在各进程的 PCB 表中。根据各进程的状态特征和资源需求等,进程管理模块还将各进程的 PCB 表排成相应的队列并进行动态队列转接。进程调度模块通过 PCB 变化来掌握系统中存在的所有进程的执行情况和状态特征,并在适当的时机从就绪队列中选择一个进程占用处理机。

2）挑选进程

进程调度的主要功能是按照一定的策略或规则从就绪队列中选择一个进程占用处理机执行。根据系统设计目标的不同,有多种算法可供选择,如系统开销较少的静态优先级调度法、适用于分时系统的轮转法(Round Robin)和多级反馈队列算法(Round Robin With Multiple Feedback)等。

3）恢复现场

进行进程上下文切换。进程是在它的上下文中执行的。一个进程的上下文包括进程的状态、有关变量和数据结构的值、硬件寄存器的值和 PCB 以及有关程序、数据等。

当正在执行的进程由于某种原因要让出处理机时,系统要进行进程上下文切换,以使另一个进程得以执行。当进行上下文切换时,首先检查是否允许做上下文切换(有些情况禁止上下文切换,如系统正在执行某个原语时)。若允许上下文切换,系统接下来要保留有关被切换进程的现场信息,以便以后切换回该进程时顺利恢复该进程的执行。在系统保留了处理机现场之后,调度程序选择一个新的处于就绪状态的进程,并装配该进程的上下文,使处理机的控制权交付于被选中进程。

## 2.9.1 进程调度算法

### 1. 先来先服务

先来先服务(First Come First Served,FCFS)即按作业到来或进程变为就绪状态的先后次序分派处理机。属于非抢占方式,当前作业或进程直到执行完或阻塞,才出让处理机,它是最简单的调度算法,但算法性能很差,比较有利于长作业,而不利于短作业;有利于处理机繁忙的作业,而不利于 I/O 繁忙的作业。FCFS 算法现已很少做主要的调度策略,常被结合在其他的调度策略中使用。

考查表 2-8 所示的 3 个作业,假设每个作业的运行时间已知,计算这 3 个作业的平均周转时间。

如果作业按 1、2、3 的顺序几乎同时到达,那么采用 FCFS 方式的服务顺序也是 1→2→3,如图 2-27 所示。

表 2-8　作业的运行时间

| 作业 | 运行时间/ms |
| --- | --- |
| 1 | 21 |
| 2 | 6 |
| 3 | 6 |

图 2-27　3 个作业的服务时间

作业 1 的周转时间是 21;作业 2 的周转时间是 27;作业 3 的周转时间是 35;平均周转时间是(21+27+33)/3=27。然而,若作业的到达顺序是 2、3、1,则服务顺序如图 2-28 所示。

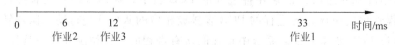

图 2-28　交换顺序后的 3 个作业

### 2. 短作业优先

短作业优先(Shortest Job First,SJF)又称为"短进程优先"(Shortest Process Next, SPN);这是对 FCFS 算法的改进,其目的是减少平均周转时间。作业的长短是指作业要求运行时间的多少。SJF 算法从后备队列中选择估计运行时间最短的作业,把处理机分给它。短进程优先是从就绪队列中选择估计运行时间最短的进程,将处理机分配给它,使之执行直到完成或因发生某事件而阻塞放弃处理机时,再重新调度。

这种算法容易实现,强调了资源的充分利用,保证了系统的最大吞吐量。但却不公平,极端情况下,会造成长作业长期等待;作业的长短只能估计,不准确;没有考虑作业的紧迫度,使紧急事件得不到处理。

表 2-9　作业的运行时间

| 作业 | 运行时间/ms |
| --- | --- |
| 1 | 3 |
| 2 | 6 |
| 3 | 10 |
| 4 | 9 |

考察表 2-9 所示的一组作业,假定它们同时提交到系统,利用 SJF 算法,作业执行的顺序如图 2-29 所示。其平均周转时间是 7。

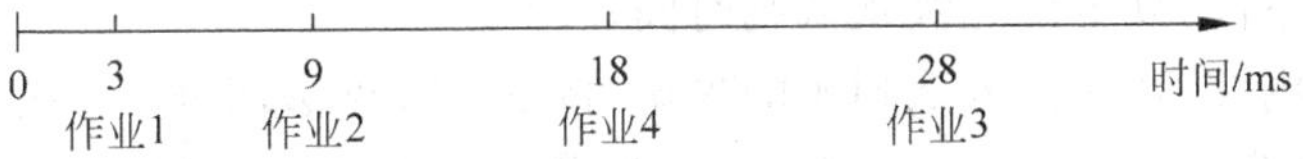

图 2-29　SJF 调度法

假设系统中所有作业同时到达,可以证明采用 SJF 能得到最短的作业平均周转时间。

### 3. 轮转法

轮转法(Round Robin)主要是为分时系统设计的,是一种剥夺式的进程调度法。将处理机的时间分成固定大小的时间片,不能取得过大或者过小,通常为 10～100ms 数量级。处理机调度程序按照 FCFS 原则,轮流地把处理机分给就绪队列中的每个进程,时间长度都是一个时间片。在一个时间片结束时,发生时钟中断,调度程序据此暂停当前进程的执行,将其送到就绪队列的末尾,并通过上下文切换执行当前的队首进程。

时间片长度要适中,太长或太短都不好。时间片取值太长会使进程轮转一次的总时间增加,进程响应速度变慢;时间片取值太短,会造成用户的一次请求需要多个时间片才可处理完,上下文切换太频繁,系统开销增大。进程的转换时间:若进程的转换时间为 $t$,时间片为 $q$,为保证系统开销不大于某个标准,应使比值 $t/q$ 不大于某一数值,如 1/10;就绪进程数目越多,时间片就越小。

### 4. 优先级算法

优先级算法(Priority Scheduling)是目前操作系统广泛采用的一种进程调度算法,系统按一定规则赋予每个进程一个调度优先级,把处理机分配给就绪队列中具有最高优先级的进程。优先级算法平衡各进程对响应时间的要求,适用于作业调度和进程调度,可分成抢先式和非抢先式。

这种调度算法的关键在于如何确定进程的优先级、一个进程的优先级确定之后是固定的,还是随着该进程运行情况的变化而变化。

(1) 静态优先级。静态优先级指优先级在进程创建时确定后就不再变化。

进程优先级可由系统、用户或这二者联合确定。系统可根据进程运行时间、使用资源以及类型来确定优先级；用户可根据进程紧迫程度，计费来确定进程的优先级；也可由用户为本进程设置优先级，但不作调度用，系统再根据情况把用户设置的进程优先级作为确定进程优先级的一个参数。

(2) 动态优先级。根据系统设计目标，在运行过程中不断调整进程的优先级，这种方法的优点是能比较客观地反映进程的实际情况和保证达到系统设计目标。

一般根据进程占用处理机时间的长短或就绪进程等待处理机时间的长短来决定进程的动态优先级。

**5. 多级反馈队列算法**

多级反馈队列算法（Round Robin with Multiple Feedback）是综合了时间片轮转算法和优先级算法的一种剥夺式进程调度算法。设置多个就绪队列，分别根据进程运行情况的反馈动态赋予进程不同的优先级，如逐级降低，队列 1 的优先级最高。每个队列执行时间片的长度也不同，规定优先级越低则时间片越长。

新进程进入内存后，先投入队列 1 的末尾，按 FCFS 算法调度；若按队列 1 一个时间片未能执行完，则降低投入到队列 2 的末尾，同样按 FCFS 算法调度；以此类推，降低到最后的队列，则按"时间片轮转"算法调度直到完成。

仅当较高优先级的队列为空，才调度较低优先级的队列中的进程执行。如果进程执行时有新进程进入较高优先级的队列，则抢先执行新进程，并把被抢先的进程投入原队列的末尾。

该算法具有较好的性能，能照顾到各用户利益。为提高系统吞吐量和降低作业平均周转时间而照顾短进程；为获得较好的 I/O 设备利用率和缩短响应时间而照顾 I/O 型进程；不必估计进程的执行时间，可动态调节。使得长、短作业兼顾，有较好的响应时间，短作业一次完成；中型作业周转时间不长；大型作业不会长期不处理。

## 2.9.2　进程调度时机

进程调度发生的时机与引起进程调度的原因有关。引起进程调度的原因如下。

(1) 进程主动放弃处理机时。①正在运行的进程执行完毕，操作系统在处理进程结束系统调用后应请求重新调度；②进程状态转换的时刻，比如，执行中进程自己调用阻塞原语将自己阻塞起来进入等待状态；进程调用了 P 原语操作，从而因资源不足而被阻塞；或调用了 V 原语操作激活了等待资源的进程队列；或者执行中进程提出 I/O 请求后被阻塞；③在分时系统中进程的时间片用完时；④进程执行完系统调用返回到用户态时；⑤内核处理完中断后，进程返回到用户态时。

(2) 以上都是在不可剥夺方式下引起进程调度的原因。在处理机执行方式是可剥夺抢占时，还可能由于就绪队列中某进程的优先级变得高于当前执行进程的优先级，从而也将引发进程调度。

# 2.10　线程

## 2.10.1　线程的定义

自 20 世纪 60 年代以来,人们提出了进程的概念,奠定了现代多道程序设计系统的基础,提高了系统的资源利用率和吞吐量。然而由于进程本身固有的特点,它有着不可克服的局限性。比如,对于单处理机系统,同一时刻只能有一个进程在执行,没有办法同时执行两个以上的进程。另外,正在执行的进程如果被阻塞,则整个进程将被挂起,而无法继续向前推进。

进程是一个资源拥有者,进程的创建、撤销和切换中,系统要付出较大的时空(内存、I/O 设备及 PCB)开销。因而进程不宜太多,切换不宜太频繁。为了减少进程的创建、撤销和切换时所付出的时空开销,使操作系统有更好的并发性,研究学者们想到,把资源分配单位和调度单位分开。在这种背景下,产生了线程概念。

线程是进程的一个实体,是被系统独立调度和分派的基本单位。

线程具有许多传统进程所具有的特征,故又叫作轻型进程(Light-Weight Process)或进程元;而把传统的进程叫作重型进程(Heavy-Weight Process),它相当于只有一个线程的进程。

在引入线程的操作系统中,线程是进程中的一个实体,是被系统独立调度和分配的基本单位,通常一个进程都有若干个线程,至少需要有一个线程。一个线程可以创建和撤销另一个线程;同一进程中的多个线程之间可以并发执行。

由于线程之间的相互制约,致使线程在运行中也呈现出间断性。相应地,线程也同样有就绪、阻塞和执行 3 种基本状态,有的系统中线程还有终止状态。线程一般不具有挂起状态,因为线程共享进程的资源,包括存储空间,如果挂起一个进程,其所属的全部进程必将被挂起。而单独挂起某进程中的一个线程,必然会影响同一进程中的其他线程的执行,这是没有任何意义的。

线程的特点决定了创建线程比创建进程快,且节省开销;一个进程可以有多个线程,但至少要有一个可执行线程;参与竞争处理机的基本调度单位是线程;线程调度程序是内核的主要成分,也是其主要功能之一。进程可创建多个线程来执行同一个程序的不同部分,从而方便而有效地实现了并行性。

**【例 2-5】　线程与进程之间的关系**

一对夫妇(进程)有 3 个儿子(线程),他们长大之后,分家立户。各自拥有自己的房子和工作,自己创建自己的资源。若没有分家,3 个儿子(线程)可做自己的事情,共享父母(进程)的全部资源,可并发执行。若做子进程,则要单独重新申请资源,他们之间财务是独立的。

线程的好处是能继承父进程的属性,共享父进程的资源;而若建立子进程,则需要单独建立资源。

## 2.10.2　线程与进程的比较

下面,我们从调度、并发性、拥有资源、系统开销等几个方面来比较线程与进程。

**1. 调度**

传统的操作系统中,进程既是拥有资源的基本单位,又是独立调度的基本单位。而在引入线程的操作系统中,线程是独立调度的基本单位,进程是资源拥有的基本单位,使传统进程的两个属性分开,线程便能轻装运行,从而可显著地提高系统的并发程度。在同一进程中,线程的切换不会引起进程的切换,但当一个进程中的线程切换到另一进程中的线程时,将会引起进程切换。

**2. 并发性**

在引入线程的操作系统中,不仅进程之间可以并发执行,而且在一个进程中的多个线程之间,也可并发执行,因而使操作系统具有更好的并发性,从而能更有效地使用系统资源和提高系统吞吐量。

例如,在一个未引入线程的单处理机操作系统中,若仅设置一个文件服务进程,当它由于某种原因被阻塞时,便没有其他的文件服务进程来提供服务。在引入了线程的操作系统中,可以在一个文件服务进程中设置多个服务线程,当第一个线程等待时,文件服务进程中的第二个线程可以继续运行;当第二个线程阻塞时,第三个线程可以继续执行,以此类推,从而显著地提高了文件服务的质量以及系统吞吐量。

**3. 拥有资源**

不论是传统的操作系统,还是引入线程的操作系统,进程都是拥有资源的一个独立单位,它可以拥有自己的资源。一般地说,线程不能申请系统资源(只有一些必不可少的资源,如程序计数器、一组寄存器和栈),但可以共享其所属进程的资源,包括进程的代码段、数据段及系统资源,如已打开的文件、I/O 设备等,都可被同一进程内的所有线程共享。

**4. 系统开销**

由于在创建或撤销进程时,系统都要为之分配或回收资源,如内存空间、I/O 设备等。因此,操作系统管理进程的开销显著地大于管理线程所需的开销。类似地,在进行进程切换时,涉及当前进程整个现场信息的保存以及新被调度运行的进程的处理机环境的设置。而线程切换只需保存和设置少量寄存器的内容,并不涉及存储器管理方面的操作。可见,进程切换的开销也远大于线程切换的开销。

此外,由于同一进程中的多个线程具有相同的地址空间,因而它们之间的同步和通信也变得比较容易实现。在有的系统中,某些线程的切换、同步和通信都无须操作系统内核的干预。

 小贴士

线程是进程的一个组成部分。每个进程创建时通常只有一个线程,需要时可创建其他线程。进程的多线程都在进程的地址空间活动。资源是分给进程的,不是分给线程的。

线程在执行中需要资源时,可从进程资源中划分。处理机调度的基本单位是线程,线程之间竞争处理机。真正在处理机上运行的是线程。线程在执行时需要同步。

## 综合练习题

1. 问题:如果系统中有 N 个进程:

运行进程最多几个,最少几个?

就绪进程最多几个,最少几个?

等待进程最多几个,最少几个?

2. 进程有无以下状态转换,为什么?

(1) 等待—运行　　　　(2) 就绪—等待

3. 一个转换发生,是否另一个转换一定发生? 找出所有的可能。

4. 当从具备运行条件的程序中选取一道后,怎样才能让它占有处理器工作?

5. 什么是进程? 计算机操作系统中为什么引入进程?

6. 进程有哪些主要属性? 试解释之。

7. 进程最基本的状态有哪些? 哪些事件可能引起不同状态之间的转换?

8. 五态模型的进程中,新建态和终止态的主要作用是什么?

9. 什么是进程的挂起状态? 列出挂起进程的主要特征。

10. 什么情况下会产生:挂起等待态和挂起就绪态,试举例说明。

11. 何谓进程控制块(PCB)? 它包含哪些基本信息?

12. 什么是进程的上下文? 简述其主要内容。

13. 什么叫进程切换? 叙述进程切换的主要步骤。

14. 进程切换主要应该保存哪些处理器状态?

15. 试说明引起撤销一个进程的主要事件。

16. 列举进程被阻塞和唤醒的主要事件。

17. 操作系统中引入进程概念后,为什么又引入线程概念?

18. 什么叫临界资源? 什么叫临界区?

19. 生产者与消费者问题的算法中,交换两个 V 操作的次序及交换两个 P 操作的次序会有什么结果? 试说明理由。

# 第 3 章

# 存 储 管 理

存储器是计算机系统重要的组成部分,因为任何程序和数据以及各种控制用的数据结构都必须占用一定的存储空间。虽然存储器的容量不断扩大,但仍不能有足够的空间来支持大型应用和系统程序及数据的使用,因此存储器管理是操作系统的重要工作。

主存可分为系统区和用户区两个区域。系统区主要存放操作系统核心程序以及标准子程序、例行程序等。当系统初始启动时,操作系统内核将自己的代码和静态数据结构加载到主存的低端,这部分主存空间将不再释放,也不能被其他程序或数据所覆盖。而在系统初始化结束之后,操作系统内核开始对其余空间进行动态管理,为用户程序和内核服务例程的运行系统动态分配主存,并在执行结束时释放,这部分空间通常称为用户区。存储管理主要对主存中的用户区进行管理,也包括对辅存的管理。其目的是尽可能地方便用户和提高主存空间的利用率,使主存在成本、速度和容量之间获得较好的均衡。

存储器由主存和辅存组成。CPU 可以直接访问主存储器中的指令和数据,但不能直接访问辅助存储器。在 I/O 控制系统管理下,辅助存储器与主存储器之间可以进行信息传递。存储管理主要解决存储器的分配与回收、存储器地址变换、存储器扩充、存储器共享与保护等问题。

## 3.1 存储管理的概念

存储管理是指存储器资源(主要指内存和外存)的管理。存储器是操作系统的重要组成部分,负责管理计算机系统的重要资源——主存储器和外存。

### 3.1.1  存储系统的分类

理想情况下,计算机系统存储器的速度应当非常快,能跟上处理器的速度;存储器的容量也非常大;存储器的价格应当很便宜。但目前无法同时满足这 3 个条件,于是在现代计算机系统中,存储器常采用层次结构来组织。

计算机系统存储层次结构如图 3-1 所示。其分层依据是访问速度匹配关系、容量要求和价格。从图中可以看出,访问速度越慢,存储容量越大,价格越便宜;最佳状态应是各层次的存储器都处于均衡的繁忙状态(如缓存命中率正好使主存读写保持繁忙)。

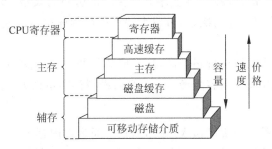

图 3-1  计算机系统层次存储结构

通用计算机的存储层次至少有三级:最高层为 CPU 寄存器;中间为主存;最底层是辅存。较高档的计算机中,还可以根据具体分工细划为寄存器、高速缓存、主存储器、磁盘缓存、固定磁盘、可移动存储介质 6 层。在图 3-1 中,存储层次中越往上,存储介质的访问速度越快,价格也越高,相对存储容量也越小。其中,寄存器、高速缓存、主存储器和磁盘缓存均属于操作系统存储管理的管辖范畴,掉电后它们存储的信息不再存在。固定磁盘和可移动存储介质属于设备管理的管辖范畴,它们存储的信息将被长期保存。

#### 1. 寄存器

寄存器的访问速度最快,完全能与 CPU 协调工作,但价格却十分昂贵,因此容量不可能做得很大。寄存器的长度一般以字为单位,容量小于 1KB。寄存器的数目,对于微型计算机和大中型机,可能有几十个甚至上百个;而嵌入式计算机系统一般仅有几个到几十个。寄存器的访问时间在纳秒数量级。寄存器用于加速存储器的访问速度,如用寄存器存放操作数,或用作地址寄存器加快地址转换速度等。由编译程序来安排寄存器的使用。

#### 2. 主存储器

主存储器(简称内存或主存、磁芯存储器)用于保存进程的执行映像,也称为可执行存储器。访问时间为 10ns 数量级。在微机系统和大中型机中,其容量可能为几十 MB 到数 GB,而且容量还在不断增加,在嵌入式计算机系统中,其容量一般为几十 KB 到几 MB。程序的指令和数据只有放在内存中,CPU 才能对其进行直接存取。CPU 与外围设备交换的信息一般也依托于主存地址空间。

主存包括系统区和用户区。系统区主要用来存放操作系统的程序和数据。用户区用来存放用户的程序和数据。存储管理常指对用户区进行管理。

由于主存的访问速度远低于 CPU 执行指令的速度,为缓解这一矛盾,在计算机系统中引入了寄存器和高速缓存。

**3. 高速缓存**

高速缓存(Cache)是存在于主存与 CPU 之间的一级存储器,由静态存储芯片(SRAM)组成,容量比较小但速度比主存快得多,接近于 CPU 的速度。用于保存正在访问的数据和指令。访问时间为 2ns 数量级。其容量大于或远大于寄存器,而比主存小 2～3 个数量级,从几十 KB 到几 MB。

根据程序执行的局部性原理,将主存中一些经常访问的表格、变量、临时数据等存放在高速缓存中,减少访问主存的次数,可以大幅度提高程序执行的速度。由硬件实现数据替换算法。

由于高速缓存的速度越快价格越高,故有的计算机系统中设置了两级或多级高速缓存。一级高速缓存速度最高而容量最小;二级高速缓存容量稍大,速度也稍低。

**4. 磁盘缓存**

磁盘缓存是操作系统为磁盘输入/输出而在普通物理内存中分配的一块内存区域。

由于磁盘的 I/O 速度远低于主存的访问速度,因此将频繁使用的一部分磁盘数据和信息暂时存放在磁盘缓存中(即利用主存中的存储空间暂存从磁盘中读出或写入的数据和信息),可减少访问磁盘的次数。

在读硬盘数据时,系统先检查请求指令,看看所要的数据是否在缓存中,如果在就由缓存送出相应的数据,这个过程称为命中。这样系统就不必访问硬盘中的数据,由于主存的速度比磁介质快很多,因此也就加快了数据传输的速度。

在写入硬盘数据时也在缓存中找,如果找到就由缓存将数据写入磁盘中。

## 3.1.2　物理地址和逻辑地址

用户源程序经过汇编或编译后形成目标代码,目标代码通常采用相对地址的形式,其首地址为 0,其余指令中的地址都相对于首地址而编址,称为逻辑地址(相对地址、虚地址)。

地址空间:源程序经编译后得到的目标程序,存在于它所限定的地址范围内,此范围称地址空间。地址空间是逻辑地址的集合。

指令的地址域所能表示的空间叫作逻辑地址空间(线性地址空间)。它包括核心空间和用户空间。用户态的逻辑空间也称为进程的(虚)地址空间。

图 3-2 所示为 Pentium 处理机上的逻辑地址空间结构。其中用户态空间占 3GB,核心态空间占 1GB。

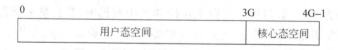

图 3-2　Pentium 处理机上的逻辑地址空间

存储空间:指主存中一系列存储信息的物理单元的集合,这些单元的编号称为物理地址。存储空间是物理地址的集合。

物理地址(绝对地址、实地址):指内存中各物理存储单元的地址,可直接寻址。

## 3.1.3 静态重定位和动态重定位

为了保证 CPU 执行指令时可以正确访问存储单元,需将用户程序中的逻辑地址转换为运行时可由机器直接寻址的内存物理地址,这一过程称为地址映射(地址变换、重定位),如图 3-3 所示。

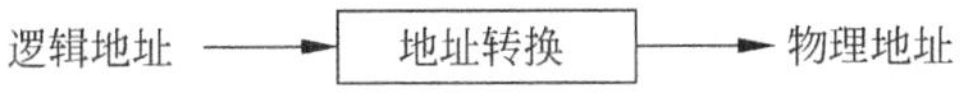

逻辑地址 —→ 地址转换 —→ 物理地址

图 3-3 地址变换示意图

**1. 静态重定位**

静态重定位是在目标程序装入内存时,由装入程序对目标程序中的指令和数据的地址进行修改,即把程序的逻辑地址都改成实际的内存地址。重定位在程序(作业)装入时一次完成地址转换。

使用静态重定位方法进行地址变换不需要硬件支持,但无法实现虚拟存储器,并且必须占用连续的内存空间和难以做到程序和数据的共享。

**2. 动态重定位**

在程序执行期间,每次访问内存之前进行重定位,这种变换是靠硬件地址映射机制实现的。

动态重定位可以对内存进行非连续分配;提供了实现虚拟存储器的基础;有利于程序段的共享。

## 3.1.4 存储管理的功能

计算机系统只有一个容量大的、存储速度快的、稳定可靠的内存是不够的,更重要的是在多道程序环境中能合理、有效地使用空间,提高存储器的利用率,方便用户的使用。具体地说,存储管理应具有以下功能。

**1. 内存空间的分配和去配**

要使内存空间允许同时容纳各种软件和多个用户作业或进程,就必须解决内存空间的分配问题。当作业装入主存时,必须按一定的算法把某一空闲的内存区分配给作业或进程。当内存中某个作业撤离或主动回收内存资源时,存储管理则收回它所占有的全部或部分内存空间。回收存储空间的工作称为空间的去配。

为了有效、合理地利用内存,设计内存的分配和回收方法时,应考虑以下几种策略和数据结构。

(1)分配结构。登记内存使用情况,供分配程序使用的表格与链表,如内存空闲区表、空闲区队列等。

(2)放置策略。确定调入内存的程序和数据在内存中的位置。这是一种选择内存空闲区的策略。

(3)交换策略。在需要将某个程序段和数据调入内存时,如果内存中没有足够的空闲区,由交换策略来确定把内存中的哪些程序段和数据段调出内存,以便腾出足够的空间。

(4) 调入策略。外存中的程序段和数据段什么时间按什么样的控制方式进入内存。调入策略与内外存数据流动控制方式有关。

(5) 回收策略。回收策略包括两点:一是回收的时机;二是对所回收的内存空闲区和已存在的内存空闲区的调整。

**2. 地址变换**

多道程序环境下,主存中往往同时存放多个作业的程序,而这些程序在主存中的位置是无法预知的,所以在用户程序中使用逻辑地址,但处理机则是按物理地址访问主存的。为了保证程序的正确执行,存储管理必须配合硬件将程序地址空间中使用的逻辑地址变换成主存中的物理地址的过程,又称为地址重定位。地址变换的功能就是要建立虚实地址的对应关系。

**3. 内存共享和保护**

内存空间的共享可以提高内存的利用率。内存空间的共享有两方面的含义。

(1) 共享内存资源。在多道程序的系统中,若干个作业同时装入内存,各自占用了某些主存区域,共同使用同一个内存。

(2) 共享内存的某些区域。不同的作业可能有共同的程序段或数据,可以将这些共同的程序段或数据存放在一个存储区域中,各个作业执行时都可以访问它。这个内存区域又称为各个作业的共享区域。内存中不仅有系统程序,还有若干用户程序。为了实现内存保护和共享,保证用户程序(或进程映像)在各自的存储区域内操作,互不干扰,必须实现存储保护。存储保护的工作由硬件和软件配合实现。

① 上下界保护法。处理机中设置一对界限寄存器来存放该用户作业在主存中的下限和上限地址,分别称为下限寄存器和上限寄存器(或利用基址寄存器和限长寄存器),或将一个寄存器作为基址寄存器,另一寄存器作为限长寄存器(指示存储区长度)。由硬件机构检查其物理地址是否在可访问的区域内。若在此范围则执行;否则产生地址越界中断,由操作系统的中断处理程序进行处理。

② 保护键法。保护键法为每一个被保护存储块分配一个单独的保护键。在程序状态字中则设置相应的保护键开关字段,对不同的进程赋予不同的开关代码和与被保护的存储块中的保护键匹配。保护键可设置成对读/写同时保护的或只对读、写进行单项保护的。

③ 界限寄存器与 CPU 的用户态或核心态工作方式相结合的保护方式。在这种保护模式下,用户态进程只能访问那些在界限寄存器所规定范围内的内存部分,而核心态进程则可以访问整个内存地址空间。UNIX 系统就是采用的这种内存保护方式。

④ 防止操作越权。对属于自己区域的信息,可读或写;对公共区域中允许共享的信息或获得授权可以使用的信息,可读而不可修改;对未授权使用的信息,不可读且不可写。

#### 4. 内存扩充

由于物理内存容量有限,很难满足用户的需要,从而影响系统的性能。为使用户程序的大小和结构不受内存容量和结构的限制,即使在用户程序比实际主存容量还要大的情况下,程序也能正确运行。在计算机软、硬件的配合支持下,可把磁盘等辅助存储器作为主存的扩充部分使用,使用户编制程序时不必考虑主存的实际容量,即允许程序的逻辑地址空间大于主存的物理地址空间,使用户感到计算机系统提供了一个容量极大的主存。

实际上,这个容量极大的主存空间并不是物理意义上的主存,而是操作系统的一种存储管理方式。这种方式为用户提供的是一个虚拟的存储器。虚拟存储器比实际主存的容量大,起到了扩充内存空间的作用。

### 3.1.5　内存扩充技术

建立一个新的进程需要为之分配内存,当内存不够时,首先要考虑内存是不是真的不够,如果是,采用内存紧凑技术扩大内存;再考察新的进程是不是需要那么多内存,若不是,采用覆盖技术可获得更多的内存;再看内存中的所有进程是否都是就绪状态,否则采用交换技术,把暂时不用的进程交换到外存上,从而腾出更多的内存供使用。

#### 1. 内存紧凑技术

如图 3-4 所示,内存紧凑技术(Memory Compaction)把分散于整个内存中的空闲块合并成为一个单一的大空闲块。缺点是数据先读出内存,再写入,费时、开销大。

#### 2. 覆盖技术

覆盖技术(Overlaying)的思想：根据程序的局部性原理,一个程序并不需要一开始就把它的全部指令和数据都装入内存再执行。单处理机系统每一时刻只能执行一条指令。因此,把程序划分为若干个功能上相对独立的程序段,按照程序的逻辑结构让那些不会同时执行的程序段共享同一块内存区。通常,这些程序段都被保存在外存中,当有关程序段的先头程序段已经执行结束后,再把后续程序段调入内存覆盖前面的程序段。这在用户看来,好像内存扩大了,从而达到了扩充内存的目的。

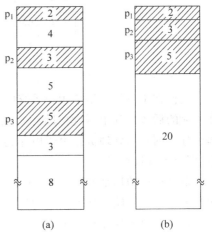

图 3-4　内存紧凑示意图

如图 3-5 所示,由于可用内存空间小于进程所需的空间而引入覆盖技术,将进程所需的内存空间划分成一个固定区和多个覆盖区,主程序放固定区,依次调用的子程序则放在同一个覆盖区,操作系统提供覆盖系统调用函数,在转子程序前调用。

覆盖技术在程序内实现,节约了内存的使用,但对用户不完全透明,要求用户清楚地了解程序的结构,并指定各程序段调入内存的先后次序。使用覆盖技术,用户负担很大,且程序段的最大长度仍受内存容量限制。因此,覆盖技术不能实现虚拟存储器。

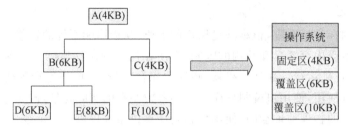

图 3-5　覆盖示意图

### 3. 交换技术

在早期的操作系统中,覆盖技术主要用于单道连续存储管理中扩大内存容量。如图 3-6 所示,交换技术(Swapping)则在现代操作系统中仍具有较强的生命力。交换技术被广泛用于小型分时系统中,它的发展导致虚存技术的出现。

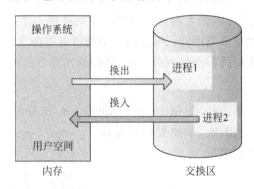

图 3-6　交换示意图

交换技术最早用于单用户系统中,在内存中仅驻留一道用户作业。其他作业都驻留在外存的后备队列中,每次只调入一个作业进入内存运行;按时间片轮转的方式给每个作业分配内存和处理机。由于内存利用率太低,处理机大约有一半的时间都处于空闲状态,而引入交换技术。

根据程序的局部性原理,在一个较短的时间间隔内,程序所访问的存储器地址在很大比例上集中在存储器地址空间的很小范围内。交换技术指把内存中暂时不能运行的进程或进程所需要的程序和数据,调出到外存上,以便腾出足够的内存空间,再把已具有运行条件的进程或进程所需要的程序和数据调入内存,这样轮流使用内存。

如果交换是以整个进程为单位,称为“整体交换”或“进程交换”;如果交换是以“页”或“段”为单位进行的,则称为“页面交换”或“分段交换”,又统称为“部分交换”。本节介绍进程交换(狭义的交换技术),部分交换将在虚拟内存中介绍。

交换技术的优点是增加了并发运行的进程数目。缺点是换入和换出操作增加了处理机的时间开销;而且交换的单位为整个进程的地址空间,没有考虑程序执行过程中地址访问的统计特性。

为了实现进程交换,系统必须能实现交换空间的管理、进程的换出和进程的换入 3 个方面的功能。

1）交换空间的管理

根据完成的功能不同，可把外存分为文件区和交换区。文件区存放文件，用来提高文件存储空间利用率，因此采用非连续分配方式。而交换区存放换出的进程，用来提高进程换入、换出的速度，因而需采用连续分配方式。

数据结构：交换区的空闲盘块管理的数据结构与动态分区分配方式采用的数据结构相似——空闲区表或空闲区链。

空闲分区表中应包含两个表项：交换区的首址及其大小，它们的单位是盘块号和盘块数。

分配算法：交换区的分配与回收，与动态分区分配雷同，其分配算法可以是首次适应、循环首次适应或最佳适应分配算法。

2）进程的换出

当进程由于创建子进程而需要更多的内存空间，而无足够的内存空间时，系统应将某个进程换出。选择将处于阻塞状态且优先级别最低的进程换出；启动磁盘，将该进程的程序和数据传送到磁盘的交换区上；若传送过程未出现错误，回收该进程所占用的内存空间，并对该进程的 PCB 做相应的修改。

3）进程的换入

系统应定时扫描所有进程的状态，从中找出"就绪"状态但已换出的进程，将其中换出时间最久的进程换入，申请内存，并成功将之换入；否则，再换出某些进程，腾出足够内存，再申请换入。交换技术也能完成内存扩充任务，但它仍未实现自动覆盖、内存和外存统一管理、进程大小不受内存容量限制的虚拟存储器。只有请求调入方式和预调入方式可以实现进程大小不受内存容量限制的虚拟存储器。

交换技术与覆盖技术之间的区别如表 3-1 所示。交换技术不要求程序员给出程序段之间的覆盖结构，覆盖技术则对用户不透明；交换技术在进程间进行，而覆盖技术在同一进程中进行，覆盖只能覆盖那些与覆盖段无关的程序段；现代操作系统用虚拟内存解决内存不够的问题，覆盖技术已经成为历史，而交换技术仍然有较强的生命力。

表 3-1　交换技术与覆盖技术比较

| 内存扩充 | 对用户透明 | 执行过程 | 适用性 |
| --- | --- | --- | --- |
| 覆盖技术 | 否 | 同一进程 | 弱 |
| 交换技术 | 是 | 进程间 | 强 |

**4. 虚拟存储器（VS）**

虚拟存储器又叫虚拟技术，利用外存来扩充内存。虚拟存储器指系统提供给用户的编程空间。虚拟存储器主要思想是，程序的逻辑地址空间先放到外存上，内存只装入一部分，其他的部分需要时再装入。这种方法对用户完全透明，内存扩充量比交换大，但是实现起来比较复杂。

## 3.1.6　存储管理的分类

如图 3-7 所示，内存分配方案主要有连续分配方式和非连续分配方式。连续分配方式是指一个用户进程分配一个连续的内存空间,又称分区管理方式。如果允许一个进程直接分散地装入到许多不相邻接的分区中,称为非连续分配方式。

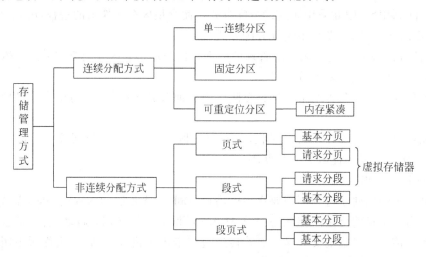

图 3-7 存储管理方式分类

连续分配方式要求为一个进程分配连续的内存空间,包括单一连续分区存储管理、固定分区管理和可变分区管理。连续分配方式会形成许多"碎片",通过"紧凑"方法将碎片拼接成可用的大块空间,但要为移动大量信息花去不少的处理机时间,代价较高。根据非连续分配时所用基本单位的不同,又可把非连续分配方式分为页式存储管理、段式存储管理和段页式存储管理。

**1. 单一连续存储管理**

这种方案中,地址转换有静态定位法和动态定位法两种方法。任意时刻主存中只有一道用户程序,只需对操作系统占用的主存区域加以保护。

**2. 多连续区存储管理**

多连续区存储管理是把主存空间划分成若干连续的区域。分区方法分为固定分区和可变分区。固定分区下,区域的大小事先已经确定,因此,当一个程序作业很小时会造成很大的"主存零头"使主存利用率降低,可变分区可以避免这种情况。地址转换及存储保护的基本技术与单一连续存储管理下的两种定位方法类似。

**3. 页式存储管理**

页式存储管理是在多连续分区管理的基础上发展起来的一种存储管理技术,它是解决内存碎片问题的一种更为有效的方案。

一个程序作业可分布在不连续的多个区域中。给信息共享提供了条件。

**4. 段式存储管理**

以段作为基本单位的主存管理方法。每个用户程序可由若干段组成,段间地址可以是不连续的,但每一段内的地址是连续的段的静态链接和动态链接。

#### 5. 段页式存储管理

段页式管理方式用分段方法来分配和管理虚拟存储器,而用分页方法来分配和管理实存储器。程序对主存的调入调出是按页面进行的,它又可以按段实现共享和保护。因此,它可以兼备页式和段式系统的优点。其缺点是在地址映像过程中需要多次查表。

#### 6. 虚拟存储器

为了使一个大的用户程序能在较小的内存空间中运行,提高内存的利用率,实现从逻辑上扩充内存的功能,引入了虚拟存储器。可分为以下两种。

(1) 请求分页系统。

(2) 请求分段系统。

不管是上述哪种方式,虚拟存储器都不要求程序一次性地全部装入内存,而是只需将当前要运行的那部分程序和数据装入内存即可,以后可以边运行边装入。

无论哪种存储管理方式,存储管理程序的主要功能如下。

① 随时记住内存的状态:哪些存储区(块)已被分配,哪些尚未分配。

② 当作业提出请求分配内存时,确定分配策略:分配给谁,分配多少,何时分配,分配在何处。

③ 实施分配,并修改分配记录(即有关表格数据,如页表)。

④ 作业运行完毕,回收作业所释放的存储区,并修改分配记录。

实际上,对包括内存在内的任何资源的管理,都要解决上述 4 个问题。

## 3.2  程序的装入和链接

多道程序环境下,程序是并发执行的,所以要使程序运行必须为之创建进程,而创建进程的第一件事就是分配内存,将程序和数据装入内存,从而把用户程序变为内存可执行程序。

用户源程序到内存可执行程序通常经过 3 个步骤:编译(Compile)→链接(Link)→装入(Load),如图 3-8 所示。此过程涉及的程序和数据地址转换情况如图 3-9 所示。

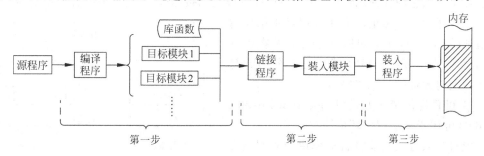

图 3-8  程序的执行过程

编译：由编译程序将用户源代码编译成若干个目标模块。

在图 3-9 中，用户程序 S 编译为目标模块后，会对模块内部（程序数据等）进行编址，此时编好的地址叫作逻辑地址或相对地址，都是相对于本模块的起始地址（一般从 0 开始）计算的。进行链接后某些模块的相对地址会发生变化，地址都变为相对于装入模块的起始地址进行计算。

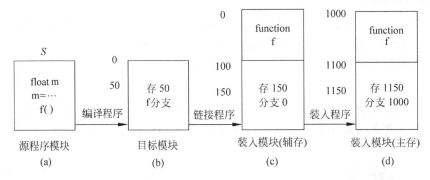

图 3-9 指令和数据地址转换

所以地址变换过程如下：

符号名地址 S(a)→独立的逻辑地址(b)→统一的逻辑地址(c)→物理地址(d)。图中，(a)→(b)处于编译阶段，生成目标文件，而(b)→(c)属于链接阶段，生成可执行文件，(c)→(d)为装入阶段，装入内存。

**1. 程序的装入（加载）**

装入：由装入程序将装入模块装入主存的过程。

创建进程的第一件事是将程序和数据装入内存。将程序（模块）装入内存时，可以有 3 种方式，即绝对装入方式、可重定位装入方式（静态重定位）、动态运行时装入方式（动态重定位）。

1）绝对装入方式（Absolute Loading Mode）（适合单道程序环境）

这种装入方式事先确定了程序将驻留在内存中的位置，即在内存中的绝对地址。装入模块被装入内存后，由于程序中的逻辑地址与实际内存地址完全相同，故不需对程序和数据的地址进行修改。

程序中所使用的绝对地址，既可在编译或汇编时给出，也可由程序员直接赋予。后者要求程序员熟悉内存使用情况，并且一旦程序或数据被修改后，需要改变程序中的所有地址。所以通常程序员更倾向于在程序中采用符号地址（图 3-10），如果知道程序将驻留在内存中的位置，在编译或汇编时，再将这些符号地址转换为绝对地址的目标代码。

2）可重定位装入方式（Relocation Loading Mode）（可用于多道程序环境）

绝对装入方式只能将目标模块装入到内存中事先指定的位置。在多道程序环境下，不可

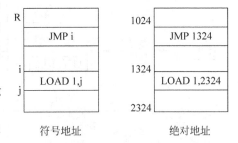

图 3-10 符号地址和绝对地址

能预知目标模块放在内存中的地址,因而不可使用绝对装入方式。

可重定位装入方式中,目标模块的地址通常从0开始,其他地址都是相对于0计算的。

如图3-11所示,把在装入时对目标程序中指令和数据的修改过程称为重定位,又因为地址变换通常是在装入时一次完成的,以后不再改变,故又称为静态重定位。

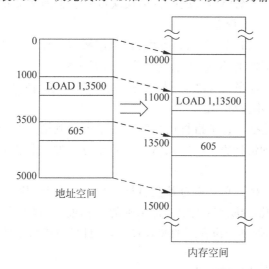

图3-11 作业装入内存时的情况

静态重定位的特点是方法简单、由软件完成、不需要硬件支持、不能在内存中移动、要求地址连续。不足之处在于,要不断地分配和回收内存,造成内存中碎片很多。虽然总空闲空间量够,但分配不了。

3) 动态运行时装入方式(Dynamic Run-Time Loading)(可用于多道程序环境)

可重定位方式不允许程序运行时在内存中移动位置。对于动态重定位装入方式,装入程序时在把装入模块装入内存后的所有地址都是相对地址,只有在程序执行过程中,在CPU访问内存之前,将要访问的程序或数据地址转换成内存地址,如图3-12所示。

动态重定位特点:在内存中可移动,依靠硬件地址变换机构完成动态重定位。

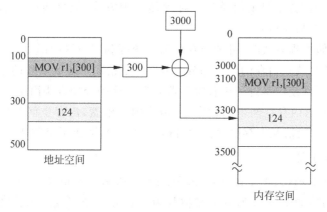

图3-12 动态重定位示意图

动态重定位可以对内存进行非连续分配；提供了实现虚拟存储器的基础；有利于程序段的共享。

**2. 程序的链接**

链接：由链接程序将编译后形成的目标模块以及它们所需要的库函数链接在一起，形成一个装入模块，即可执行文件。

源程序经编译后，可得到一组目标程序，再利用链接程序将这组目标模块链接，形成装入模块。根据链接时间的不同，可把链接分为以下 3 种。

（1）静态链接。在程序运行之前，先将各目标模块及它们所需的库函数链接成一个完整的装配模块，以后不再拆开。

（2）装入时动态链接。它是指将用户源程序编译得到的一组目标模块，在装入内存时采用边装入边链接的链接方式。装入时动态链接方式便于软件版本的修改和更新，便于实现目标模块共享。

（3）运行时动态链接。它是指对某些目标模块，是在程序执行中需要该目标（模块）时才对它进行链接。凡在执行过程中未被用到的目标模块，都不会被调入内存和被链接到装入模块上，这样不仅可加快程序的装入过程，而且可节省大量的内存空间。

# 3.3 连续分配方式

内存分配的主要目标是给多个进程分配内存空间，并且使尽可能多的进程被分配到尽可能多的内存空间。不同的操作系统采用不同的内存分配方案，这也是区别各种操作系统最明显的标志之一。

连续分配方式主要包括以下几类。

**1. 单一连续分配**

分区管理方式曾被广泛应用于 20 世纪六七十年代的操作系统中，至今仍在内存分配方式中占一席之地。单一连续分配方式为一个用户程序分配一个连续的内存空间（图 3-13）。这种分配方案是最简单的一种存储管理方式，但只能用于单用户、单任务的操作系统中，如 CP/M、DOS 2.0 以下。

采用这种存储管理方式时，可把内存分为系统区和用户区两部分，系统区仅提供给操作系统使用，通常是放在内存的低址部分；用户区是指除系统区以外的全部内存空间，提供给用户使用。硬件使用基址—限长寄存器实现。这种分配方法简单易行，易于管理，系统开销小；但对要求内存空间少的程序，会造成内存浪费，内存空间利用率低（一次只能装入一个作业）；一般情况下存储器保护机构不健全，易造成系统破坏。

**2. 固定分区分配**

固定分区分配（Fixed Partition：Shelving the Boxes）是最简单的一种可运行多道程序的存储管理方式，如图 3-14 所示。又称其为定长分区分配或静态分区分配，把内存用户空间划分为若干个固定大小的连续区域，每个分区中只装入一道作业。划分的分区可大小相等，也可大小不等，即根据程序大小决定所使用的分区：好比大班在大教室、小班在小教室。固定分区是应用在多道程序设计系统中最简单的一种方式,如 20 世纪 60 年代的 IBM 360 上的 MFT。

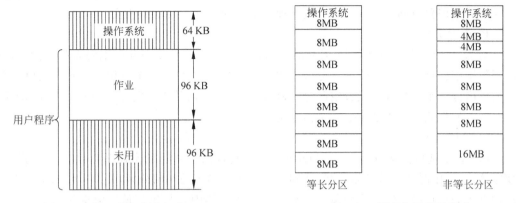

图 3-13　单一连续分配方式　　　　　　　　图 3-14　固定分区分配方式

　　固定分区分配使一个进程只能装入一个分区,不能装入两个或多个相邻的分区。一个分区只能装入一个进程,并且只有分区大小满足要求时进程才能装入;通过对"分区说明表"的改写,来实现主存的分配与回收。进程在执行时,不会改变存储区域,所以采用静态地址重定位方式。此方法易于实现,系统开销小;当分区较大而进程较小时,仍然浪费许多主存空间,很难避免内部碎片。并且分区总数固定,限制了并发执行的进程数目。

　　所用数据结构为内存分配表(分区说明表)和进程表。分区说明表描述内存中每一分区的情况,内容包括分区号、分区大小、起始地址和分区的使用状态。通过分区说明表进行内存的分配释放、存储保护及地址变换;进程表描述存放在分区中进程的信息,包括进程名、进程大小、进程占用的分区号。

　　当有用户程序要装入内存时,由内存分配程序检索该表,从中找出一个能满足要求的、尚未分配的分区,将其分配给该程序,然后将该表项中的状态置为"已分配";否则拒绝为该用户程序分配内存。

　　固定分区分配方式会产生碎片,包括内部碎片和外部碎片(图 3-15)。内部碎片指分配给作业的存储块大于作业实际需要的部分。外部碎片指因为长度小于作业的实际需要而未能分配的存储块。这种分配方式内存利用率低。

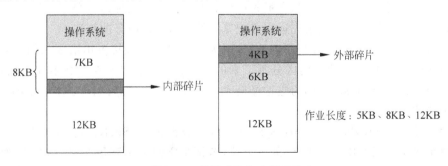

图 3-15　外部碎片与内部碎片

### 3. 动态分区分配

在作业执行前并不直接建立分区,在作业的处理过程中,根据进程的实际需要,动态地为之分配内存空间。分区大小可随作业或进程对内存的要求而改变。

1) 内存分配

动态分区分配(Dynamic Partition:Stacking the Boxes)使用分区说明表和空闲分区链等数据结构对内存进行管理。分区说明表与固定分区方式的作用相同。此外,把内存中的可用分区单独构成可用分空闲分区链,以描述系统内的内存资源。与此相对应,请求内存资源的作业或进程也构成一个内存资源请求表。

2) 分区分配算法

(1) 首次适应算法(First-Fit Algorithm)。首次适应算法的空闲分区链以地址递增顺序链接,分配时从链首开始查找,找到一个大小可满足的空闲分区,划出一块给请求者。这种方法的优点是分配算法简单;优先利用低地址空闲区,保留高地址大空闲区,为大进程装入提供条件。然而会造成在低地址部分有很多难以利用的小空闲分区,查找效率低。

(2) 循环首次适应算法(Next-Fit Algorithm)是由首次适应算法演变而来的。每次分配时从上一次找到空闲分区的下一个空闲区开始查找。这种方法减少了查找空闲分区开销,空闲分区分布更均匀,但缺乏大的空闲区。

(3) 最佳适应算法(Best-Fit Algorithm)。空闲分区链按容量由小到大顺序链接,每次分配时把能满足要求且最小的分区分配给进程。从头开始,第一次找到满足要求的空闲分区,必然是最优的,避免了"大材小用"。这种分配方法解决了大进程的分配问题;每次总是最小的,容易产生不可利用的小碎片;收回主存时,要按分区大小递增顺序插入空闲分区表中;查找效率低。

(4) 最差适应算法(Worst-Fit Algorithm)。空闲区按容量由大到小排序。每次分配时总是把能满足要求且最大的分区分配给作业。这种分配方法将剩余的空间最大化,不会出现太小的"零头"。申请时,查找容易,因此速度快。但是缺乏大的空闲区。这种分配算法对中小型作业是有利的。

从搜索空闲区速度及主存利用率来看,首次适应算法性能最好、最快,其次是循环首次适应算法,最佳适应算法、最差适应算法(每次分配后剩下的小碎片难以再分,不得不经常压缩内存,反而浪费 CPU)。

如果空闲区按从小到大排列,则最先适应分配算法等于最优适应分配算法;反之,如果空闲区按从大到小排列,则最先适用分配算法等于最坏适应分配算法。

最优适应分配算法的主存利用率最好,因为它把刚好或最接近申请要求的空闲区分给作业;但是它可能会导致空闲区分割下来的部分很小。在处理某种作业序列时,最坏适应分配算法可能性能最佳,因为它选择最大空闲区,使得分配后剩余下来的空闲区不会太小,仍能用于再分配。

(5) 伙伴系统(Buddy System:Splitting & Merging the Shelves)。伙伴系统的思想是,把整个可用空间看作大小为 $2^u$ 的单个块,若请求空间大小满足 $2^{u-1}<s\leq2^u$,则将整个块分配给请求者;否则,将整个块均分为两个大小相同的伙伴;过程继续,直至最小的块不小于生成的 $s$。两个伙伴的大小必须相同,物理地址必须连续。

在伙伴系统中,其分配和回收的时间性能取决于查找空闲分区的位置和分割、合并空闲分区所花费的时间。与前面所述的多种方法相比较,由于该算法在回收空闲分区时需要对空闲分区进行合并,所以其时间性能比前面所述的分类搜索算法差,但比顺序搜索算法好,而其空间性能则远优于前面所述的分类搜索法,比顺序搜索法略差。

需要指出的是,在当前的操作系统中,普遍采用的是下面将要讲述的基于分页和分段管理的虚拟内存机制,该机制较伙伴算法更为合理和高效,但在多处理机系统中,伙伴系统仍不失为一种有效的内存分配和释放方法,得到了大量应用。

# 3.4 基本分页存储管理方式

前面的分区存储管理方法中,进程使用的地址都是物理地址,并且每道程序总是要求占用内存的一个连续存储区域,这不仅不方便,而且开销不小。采用分页存储器既可增加灵活性,又可尽量减少内存零头。

在分页存储管理方式中,如果不具备页面交换功能,则称为基本的(纯)分页管理方式,它不支持实现虚拟存储器的功能,它要求把每个作业全部装入内存后方能运行。

## 1. 分页存储的基本原理

将各作业(进程)的逻辑地址空间划分成若干个长度相等的页(称为页或虚页),内存空间分成与页大小相等的若干个存储块(称为实页),称为物理块或页框,然后建立页式虚拟地址与内存地址一一对应的页表。在为进程分配内存时,以块为单位,将进程中的若干页分别装入多个块中。

如图 3-16 所示,将用户进程的逻辑地址空间划分成若干大小相等的片,称为页面或页,并对其进行编号,从 0 开始编制页号,页内地址是相对于 0 编址。内存按页的大小划分成大小相同的区域,称为物理块,并对之进行编号。若页面太小,虽然可减少内存碎片,

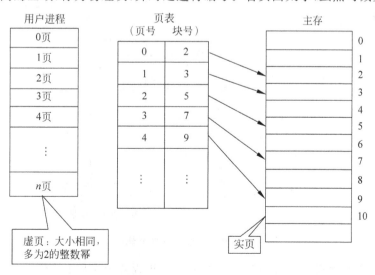

图 3-16 基本分页存储示意图

却会使同一进程需要更多的页面,从而使页表过长;而页面太大则会使内存碎片增多。因而页面大小应适中,一般选为 2 的整数幂,通常为 512B~8KB。

### 2. 地址结构

分页存储的地址结构如图 3-17 所示。它包括页号 P 和页内地址 W(或称为位移量)两部分。图中的地址长度为 32 位,其中 0~11 位为页内地址,即每页的大小为 4KB;12~31 位为页号,用户进程的逻辑地址空间最多允许有 1MB 个页。

图 3-17　分页存储的地址结构示意图

例如,假设系统的页面大小 L 为 1KB,设用户程序的逻辑地址空间 A=2170B,则由式 P=INT[A/L]和 W=[A]MOD L 可以求得 P=INT[2170/1024]=2,W=122。故页面编号 P 为 0~2,页内偏移量 W=2170 MOD 1024 =122。

页表可由一组专门的寄存器来实现。一个页表项用一个寄存器。由于寄存器具有较高的访问速度,因而有利于加快地址变换过程。但由于寄存器成本较高,且大多数现代计算机的页表又可能很大,使用寄存器来实现全部页表项是不现实的,因此,页表大多驻留在内存中。

在系统中只设置一个页表寄存器(Page-Table Register,PTR),在其中存放页表在内存的始址和页表的长度。进程未执行时,页表的始址和页表长度存放在本进程的 PCB 中。当调度程序调度到某进程时,才将这两个数据装入页表寄存器中。因此,在单处理机环境下,虽然系统中可以运行多个进程,但只需一个页表寄存器。

### 3. 地址变换过程

分页存储的地址变换过程如图 3-18 所示。查找页表,虚页号 0 对应内存中的实页号 2,……,虚页号 3 对应内存中的实页号 4,由地址寄存器完成用户进程的虚地址到内存的实地址的转换。

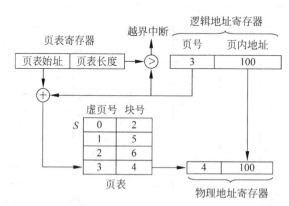

图 3-18　分页存储的地址变换过程

分页存储的地址变换过程如图 3-18 所示。当进程要访问某个逻辑地址中的数据时,地址变换机构会自动地将逻辑地址分为页号和页内地址两部分,再根据页号去检索页表。

查找操作由硬件执行。在执行检索之前,先将页号与页表长度进行比较,如果页号不小于页表长度,则表示本次所访问的地址已超出进程的地址空间范围。

这一错误将被系统发现并产生地址越界中断。若未出现越界错误,则将页表始址与页号和页表长度的乘积相加,便得到该表项在页表中的位置,可从中得到该页的物理块号,将之装入物理地址寄存器中。与此同时,再将逻辑地址寄存器中的页内地址送入物理地址寄存器的块内地址字段中。这样便完成了从逻辑地址到物理地址的转换。

从分页存储的地址变换过程可以看出,如果把页表全部放在内存,那么存取一个数据时至少要访问两次内存。一次是访问页表,形成实际内存地址;另一次是根据形成的内存地址存取数据。显然,这比通常执行指令的速度要慢得多,使计算机的运行速度几乎降低一半。

分页存储管理的优点是,无外碎片,每个内碎片不超过页大小;一个程序不必连续存放。便于改变程序占用空间的大小。缺点是程序需要全部装入内存。

## 3.5 基本分段存储管理方式

3.4 节介绍的分页存储管理的主要目的是提高内存利用率,而本节介绍的分段存储管理的主要目的是满足用户和程序员的下列需要。

1) 方便编程

把用户的作业按照逻辑关系划分为若干个段,用户程序在执行中可用段名和段内地址进行访问。可以分别对各段进行编写和编译。

包括通过动态链接进行代码共享。

2) 信息共享

通常,共享程序和数据时都是以信息的逻辑单位为基础的。为了实现共享,也希望存储管理能按段为单位来进行代码共享。

3) 信息保护

在多道程序环境下,为了防止其他程序对某种程序在内存中的数据进行破坏,需要采取措施对信息的逻辑单位进行保护。而采用分段的组织和管理方式,可以针对不同类型的段采取不同的保护。

4) 动态增长

在实际使用中,往往有些段特别是数据段,会不断增长,而事先又无法确切知道数据段会增长到多大。这种动态增长的情况是其他几种存储管理方式都难以应付的;而分段存储管理方式却能较好地解决这一问题。

5) 动态链接

动态链接是指对某些模块的链接推迟到运行时才执行,凡在执行过程中未被用到的目标模块,都不会被调入内存和被链接到装入模块上,这样不仅可加快程序的装入过程,而且可节省大量的内存空间。

**1. 分段系统的基本原理**

分段存储管理方式中,把作业的地址空间分成若干个段,每段有自己的名字。一个用户作业或进程所包含的段对应一个二维线性虚拟空间,也就是一个二维虚拟存储器。段式管理程序以段为单位分配内存,然后通过地址映射机构把段式虚拟地址转换为实际内存物理地址。

**2. 地址结构**

分段式存储管理的地址具有以下结构。它包含段号 S 和段内地址 W(或称为位移量)两部分。图 3-19 所示的地址长度为 32 位,其中 0~11 位为段内地址,即每段的大小为 4KB;12~31 位为段号,地址空间最多允许有 1MB 个段。段式管理把一个进程的虚地址空间设计成二维结构,即段号 S 与

图 3-19 分段管理的地址结构示意图

段内相对地址 W。段具有以下特征:段号与段号之间无顺序关系,段的长度不固定,每个段定义一组逻辑上完整的程序或数据,每个段是一个首地址为零的、连续的一维线性空间,段长可根据需要动态增长。

在分段式存储管理系统中,为每个段分配一个连续的分区,而进程中的各个段可以不相邻地装入内存中的不同分区。系统为每个进程建立一张段映射表,简称为段表。每个段在段表中占一个表项,其中记录了该段在内存中的起始地址(又称为基址)和段的长度。

在分段存储管理方式中,作业的地址空间被划分为若干个段,每个段定义了一组逻辑信息,如有段 $S_0$、段 $S_1$、段 $S_2$ 及段 $S_3$ 等,如图 3-20 所示。每个段都有自己的名字。为了使实现简单,通常可用一个段号来代替段名,每个段都从 0 开始编址,并采用一段连续的地址空间。段的长度由相应的逻辑信息组的长度决定,因而各段长度不等。整个作业的地址空间是二维的,即它的逻辑地址由段号(段名)和段内地址组成。

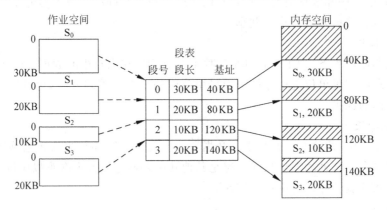

图 3-20 分段式存储的地址结构

**3. 地址变换过程**

分段存储的地址变换过程如图 3-21 所示。系统中设置了段表寄存器,实现从进程的逻辑地址到物理地址的转换。段表寄存器包括段表始址和段表长度两部分。

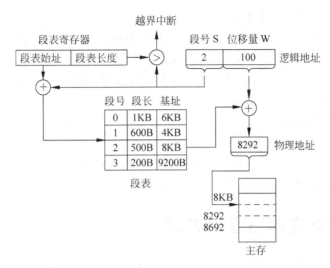

图 3-21　分段存储的地址变换过程

在进行地址变换时,系统将逻辑地址中的段号与段表长度进行比较。若前者大于后者,则表示段号越界,产生越界中断;若未越界,则根据段表的始址和该段的段号,计算出该段对应段表项的位置,从中读出该段在内存的起始地址,然后,再检查段内地址是否超过该段的段长。若超过,同样发出越界中断信号;若未越界,则将该段的基址与段内地址相加,即可得到要访问的内存物理地址。

**4. 段式管理的特点**

段式管理属于不连续内存分配技术。其最大特点在于他按照用户观点,即按程序段、数据段等有明确逻辑含义的“段”,分配内存空间。克服了页式的、硬性的、非逻辑划分给保护和共享与支态伸缩带来的不自然性。

段的最大好处是可以充分实现共享和保护,便于动态申请内存,管理和使用统一化,便于动态链接;其缺点是有碎片问题。

与分页系统类似,当段表放在内存中时,每要存取一个数据,都须访存两次,从而极大地降低了计算机的速率。解决的方法可以再增设一个联想存储器,用于保存近期常用的段表项。由于一般情况下段比页大,因而段表项的数目比页表项的数目少,其所需的联想存储器也相对较小,从而可以显著地减少数据存取时间,与没有地址变换的常规存储器相比较,它的存取速度仅慢 $10\%\sim15\%$。

**5. 页式管理和段式管理的主要区别**

可以看出,分页管理和分段管理系统有许多相似之处。比如,两者都采用非连续内存分配方式,且都要通过硬件机构来实现地址变换。但二者在概念上完全不同,主要表现在以下 3 个方面。

(1) 页是信息的物理单位,分页的目的是消除内存的外部碎片,提高内存的利用率。分页是系统管理的需要而非用户的需要。段则是信息的逻辑单位,它含有一组其意义相对完整的信息。分段的目的是更好地满足用户和程序员的需要。页一般不能共享,分段利于共享,执行时按需动态链接装入。

(2) 页的大小固定且由系统决定,分页用户看不见,由系统把逻辑地址划分为页号和页内地址两部分,是由硬件自动实现的,因而在系统中只能有一种大小的页面;而段的长度却不固定,段长可动态增长,取决于用户所编写的程序,通常由编译程序在对源程序进行编译时,根据信息的性质来划分段。

(3) 分页的作业地址空间是一维的,即线性地址空间,程序员只需利用一个助记符,即可表示一个地址;而分段的作业地址空间则是二维的,程序员在标识一个地址时,既需给出段名,又需给出段内地址。分段管理形式上像页式,但概念不同,分页管理往往需要多次缺页中断才能把所需信息完整地调入内存。

# 3.6　段页式存储管理方式

分段式和分页式存储管理方式各有利弊,分段能很好地满足用户的需要,易于实现共享、保护及动态链接,但内存碎片很多,系统的效率低。而分页式存储系统中,内存划分规整,易于管理。于是人们将二者结合起来,取长补短,形成了段页式存储管理方式。

**1. 段页式管理的基本原理**

在这种方式中,用分段方法来分配和管理虚拟存储器,而用分页方法来分配和管理实存储器。程序对主存的调入调出是按页面进行的,它又可以按段实现共享和保护。因此,它可以兼备页式和段式系统的优点。其缺点是在地址映像过程中需要多次查表。

**2. 段页式管理的地址结构**

段页式管理系统中,地址机构由段号 S、段内页号 P 及页内地址 W 三部分组成,如图 3-22 所示。每道程序可由若干段组成。而每段又由若干页组成,由段表指明该页表的起始地址,由页表指明该段各页在主存中的位置以及是否已装入等控制信息。

| 段号S | 段内页号P | 页内地址W |
|---|---|---|

图 3-22　段页式管理的地址结构示意图

在段页式管理系统中,需同时配置段表和页表,实现从逻辑地址到物理地址的转换。

**3. 段页式管理的地址变换过程**

在段页式系统中,每道程序通过一个段表和一组页表来进行定位的。段表中的每个表目对应一个段,每个表目有个指向该段的页表起始地址(页号)及该段的控制保护信息。由页表指明该段各页在主存中的位置以及是否已装入、已修改等状态信息。计算机中一般都采用这种段页式存储管理方式。

图 3-23 所示为段页式系统中的地址变换机构。在段页式系统中,为了便于实现逻辑地址到内存地址的变换,需配置一个段表寄存器,其中存放段表始址和段表长。进行地址变换时,首先利用段号,将它与段表长进行比较。若前者大于后者,表示越界,产生越界中断;否则,利用段表始址和段号来求出该段所对应的段表项在段表中的位置,从中得到该段的页表始址,并利用逻辑地址中的段内页号 P 来获得对应页的页表项位置,从中读出

该页所在的物理块号 b,再利用块号 b 和页内地址来构成物理地址。

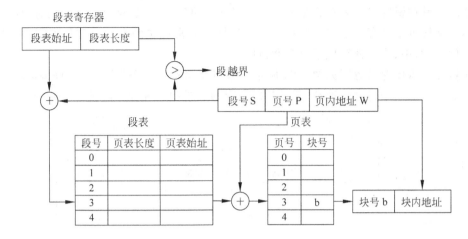

图 3-23 段页式系统中的地址变换过程

在段页式系统中需 3 次访存:访问内存中的段表;访问内存中的页表;从第二次访问所得的地址中取出指令或数据。由于它的基本原理与分页及分段时的情况相似,故在此不再赘述。

**4. 段页式存储管理的特点**

段页式存储管理兼具段式管理和页式管理的优点,由用户在编写程序时分段,使用二维地址空间,有利于存储共享。这种分段方法便于动态扩充段,有利于实现动态数据结构。对于大型软件,不必把整个程序链接为一个线性空间,而是在运行中动态链接需要的段。因为在内存分配上采用页式存储管理技术,把零头转换为页内零头,有利于提高存储空间的利用率。

不过,段页式管理需要管理软件参与,其复杂性也随之增加。另外,需要的硬件以及占用的内存开销也需要增加。并且,如果不采用相连存储器就会大大降低访存效率。

# 3.7 虚拟存储器的基本概念

**1. 虚拟存储器的引入**

前面所介绍的存储管理方式有一个共同点,即都要求将一个作业全部装入内存后方可运行,于是出现了下面的情况。

(1)有的作业很大,其所占空间超过了内存总容量,作业无法全部被装入内存,致使该作业无法运行。另外,还有许多作业在每次运行时,并非会用到其全部程序和数据。如果一次性地装入全部程序,也是一种内存空间的浪费。

(2)有大量作业要求运行,但由于内存容量不足以容纳所有这些作业,只能将少数作业装入内存让它们先运行,而将其他大量的作业留在外存上等待。作业装入内存后,便一直驻留在内存中,直至作业运行结束。这会使许多在运行中不用或暂不用的程序占据了大量的内存空间,使得一些需要运行的作业无法装入运行。

虚拟存储器是指具有请求调入功能和对换功能,能从逻辑上扩充内存容量的一种存储器系统。其逻辑容量由内存容量和外存容量之和决定,其运行速度接近于内存,而每位的成本却又接近于外存。虚拟存储技术是一种性能非常优越的存储管理技术,故而被广泛地应用于大、中、小型计算机系统和微机中。

虚拟存储器概念示意图如图 3-24 所示。虚拟存储器是一个逻辑模型,而非实际的物理存储器。它的作用是分隔地址空间、解决主存的容量问题和程序的重定位问题。

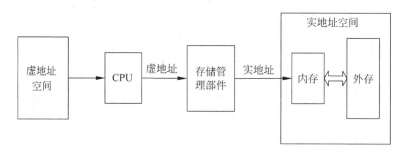

图 3-24　虚拟存储器概念示意图

**2. 虚拟存储器的实现方法**

虚拟存储器的实现都是建立在非连续存储管理方式基础上的,主要有请求分页系统和请求分段系统。

1) 请求分页系统

请求分页系统是在基本分页系统的基础上,增加了请求调页功能和页面对换功能所形成的页式虚拟存储系统。它允许只装入少数页面的程序(及数据)便可启动运行。以后,再通过调页功能及页面对换功能,陆续地把即将要运行的页面调入内存,同时把暂不运行的页面换出到外存上。对换时以页面为单位。为了能实现请求调页和对换功能,系统必须提供必要的硬件支持和相应的软件。

请求分页系统在硬件上主要需要下列支持:①请求分页的页表机制,它是在基本分页的页表机制上增加若干项而形成的,作为请求分页的数据结构;②缺页中断机构,即每当用户程序要访问的页面尚未调入内存时便产生一缺页中断,以请求操作系统将所缺的页调入内存;③地址变换机构,它同样是在基本分页地址变换机构的基础上发展形成的。

软件上需要用于实现请求调页的软件和实现页面对换的软件。在硬件支持下,将程序正在运行时所需的页面(尚未在内存中的)调入内存,再将内存中暂时不用的页面从内存对换到磁盘上。

2) 请求分段系统

请求分段系统是在基本分段系统的基础上,增加了请求调段及分段对换功能后所形成的段式虚拟存储系统。它允许只装入少数段(而非所有的段)的用户程序和数据,即可启动运行。以后再通过调段功能和段的置换功能将暂不运行的段调出,同时调入即将运行的段。置换是以段为单位进行的。为了能实现请求分段和对换功能,系统必须提供必要的硬件支持。

(1) 请求分段的段表机制。这是在基本分段的段表机制基础上,增加若干项而形成的。

(2) 缺段中断机构。每当用户程序所要访问的段尚未调入内存时,产生缺段中断,请求操作系统将所缺的段调入内存。

(3) 地址变换机构。与请求调页类似,实现请求调段和对换功能也需要得到操作系统的支持。

**3. 虚拟存储器的特征**

虚拟存储器最基本的特征是非连续性,在此基础上又形成了多次性及对换性的特征。其所表现出来的最重要的特征是虚拟性。

(1) 多次性。一个作业的各个部分被分成多次调入内存运行,即在运行时没有必要将作业全部装入内存,只需将当前要运行的那部分程序和数据装入即可;当要运行到未调入的那部分程序时再将它调入。多次性是虚拟存储器最重要的特征,任何其他的存储管理方式都不具有这一特征。

(2) 对换性。允许在作业的运行过程中进行换进、换出,在进程运行期间,允许将那些暂不使用的程序和数据,从内存换至外存的对换区,待以后需要时再将它们从外存换进内存;甚至还允许将暂不运行的进程调至外存,待它们具备运行条件时再调入内存。对换能提高内存利用率。

(3) 虚拟性。能够从逻辑上扩充内存容量,使用户所看到的内存容量远大于实际内存容量。需要注意的是,虚拟性以多次性和对换性为基础;而多次性和对换性又必须建立在非连续分配的基础上。

以 CPU 时间和外存空间换取昂贵内存空间,这是操作系统中的资源转换技术。

一个虚拟存储器的最大容量是由计算机的地址结构决定的。例如,若 CPU 的有效地址长度为 32 位,则程序可以寻址范围是 $0 \sim (2^{32}) - 1$,即虚存容量为 4GB。

# 3.8 请求分页存储管理方式

**1. 请求分页存储管理的基本原理**

请求分页存储管理方式也叫虚拟页式分配。请求分页管理不把作业信息(程序和数据)全部装入主存,仅装入立即使用的页面。在执行过程中,可使用请求调入中断动态装入要访问但又不在内存的页面;当内存空间已满,而又需要装入新的页面时,可根据置换功能适当调出某个页面,以便腾出空间而装入新的页面。

与基本分页存储管理不同,请求式分页存储管理只需将作业的部分页面调入内存就可以运行了。为了实现页式虚存,系统需要解决的问题如下。

(1) 系统如何感知进程当前所需页面不在主存。

(2) 当发现缺页时,如何把所缺页面调入主存。

（3）当主存中没有空闲的物理块时，为了接受一个新页，需要把旧的一页置换出去，根据什么策略选择欲淘汰的页面。

以上 3 个问题归结起来就是页表机制问题、缺页中断结构和页面置换算法。

**2. 请求分页存储管理的硬件需求**

1）页表机制

请求分页存储管理需要的主要数据结构是页表，用来将用户地址空间中的逻辑地址转换为内存空间中的物理地址。由于只将应用程序的一部分调入内存，还有一部分仍在磁盘上，故需在页表中再增加若干项，供程序（数据）在换进、换出时参考。请求分页存储管理系统中的每个页表项如图 3-25 所示。

| 页号 | 块号 | 状态位P | 访问字段A | 修改位M | 外存地址 |
|------|------|---------|-----------|---------|----------|

图 3-25　页表项结构

其中各字段意义如下。

（1）状态位 P：用于指示该页是否已调入内存，供程序访问时参考。

（2）访问字段 A：用于记录本页在一段时间内被访问的次数，或记录本页最近已有多长时间未被访问，供选择换出页面时参考。

（3）修改位 M：表示该页在调入内存后是否被修改过。1 表示该页内容已被修改；0 相反。

（4）外存地址：用于指出该页在外存上的地址，通常是外存而非内存的物理块号，供调入该页时参考。

2）缺页中断机构

在请求分页存储管理系统中，程序在执行时，首先检查页表，当状态位指示该页不在主存时，则引起一个缺页中断发生，便产生一个缺页中断，请求操作系统将所缺的页调入内存。此时应将缺页的进程阻塞（调页完成后再唤醒），若内存中有空闲块，则将缺的那页调入并装入该块，同时修改页表中相应页表项，若内存中没有空闲块，则要根据某个原则淘汰某页（若被淘汰页在内存期间被修改过，则要将其写回外存）。

作为中断，缺页中断同样要经历，如保护 CPU 现场、分析中断原因、转入缺页中断处理程序、恢复 CPU 现场等几个步骤。但与一般的中断相比较，它有以下两个明显的区别。

（1）与通常情况不同，不是在某条指令执行完后，再检查是否有中断请求。而是在指令执行期间产生和处理中断信号，属于内部中断。缺页中断的处理过程是由硬件和软件共同实现的。

（2）在一条指令执行期间，可能产生多次缺页中断。如图 3-26 所示，一个涉及多次中断例子。执行指令 COPY A TO B 时，可能要产生 5 次缺页中断，其中该指令本身跨了两个页面，A 和 B 又分别是一个数据块，其中 A 跨了两个页面。

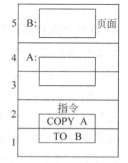

图 3-26　涉及 5 次缺页中断的指令

基于这些特征,系统硬件机构应能保存多次中断时的现场,并保证最后能恢复现场,返回断点继续执行。

3)地址变换机构

请求分页存储管理系统的地址变换机构,是在基本分页系统地址变换机构的基础上再增加某些功能而形成的,如产生和处理缺页中断,以及从内存中换出一页的功能等。图 3-27 所示为系统中的地址变换过程。

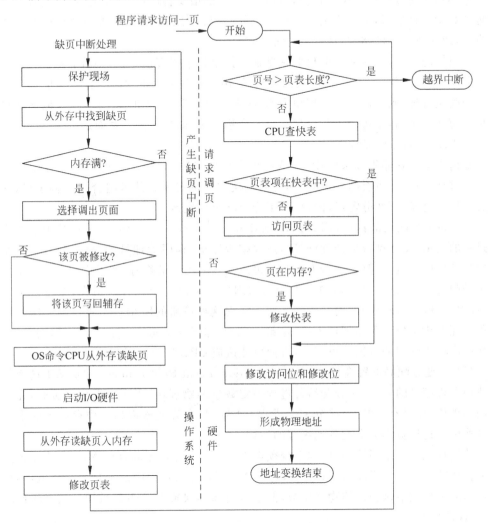

图 3-27　请求分页中的地址变换过程

在进行地址变换时,先检索快表。若找到要访问的页,便修改页表项中的访问位(写指令则还需将修改位置"1"),然后利用页表项中给出的物理块号和页内地址形成物理地址;若未找到该页的页表项,应到内存中去查找页表,再对比页表项中的状态位 P,看该页是否已调入内存,未调入则产生缺页中断,请求操作系统从外存把该页调入内存。

### 3. 内存分配策略和分配算法

内存分配策略分配给一个进程的存储量越小,内存中容纳的进程数越多,但是进程缺页异常也就越频繁。同时给进程分配一定数量的物理块后,由于局部原理,给该进程分配更多的页物理块对该进程的缺页率无影响。

#### 1) 最小物理块数的确定

最小物理块数是指能保证进程正常运行所需的最少物理块数。当系统为进程分配的物理块数少于该值时,进程将无法运行。进程应获得的最少物理块数与计算机的硬件结构有关,取决于指令的格式、功能和寻址方式。

一般情况下,若某些简单的机器是单地址指令且采用直接寻址,则所需最少物理块数为 2。其中,一块用于存放指令的页面,另一块用于存放数据的页面;若单地址指令且允许采用间接寻址,则所需最少物理块数为 3;某些功能较强的机器,指令及源地址和目标地址均跨两个页面,则每个进程最少需要 6 个物理块,即装入 6 个页面。

#### 2) 物理块的分配策略

在请求分页存储管理系统中,有两种内存分配策略,即固定分配策略和可变分配策略。在进行置换时,也有两种策略,即全局置换和局部置换。共可组合出 3 种策略,即固定分配局部置换、可变分配局部置换和可变分配全局置换。

(1) 固定分配局部置换(Fixed Allocation、Local Replacement)。是指基于某种原则如进程的类型(交互型或批处理型等),或根据程序员、程序管理员的建议,分配给每个进程的物理块的数量,在整个运行期间都不再改变。采用该策略时,如果进程在运行中发现缺页,则只能从该进程自己在内存占用的物理块中选出一个页替换出去,然后再调入缺页,以保证分配给该进程的内存空间不变。实现这种策略的困难在于难以确定应为每个进程分配多少个块。若物理块太少,会缺页频繁,系统的吞吐量降低;若物理块太多,又必然使内存中驻留的进程数目减少,进而可能造成 CPU 空闲或其他资源空闲。

(2) 可变分配局部置换(Variable Allocation、Local Replacement)。是基于进程的类型或根据程序员的要求,先分配给各进程一定数量的物理块,当进程发生缺页时,先检查空闲物理块,如果有空的,直接分配给进程;否则,只允许从该进程在内存的页面中选出一页换出。这样就不会影响其他进程的运行。

若进程在运行中频繁缺页,则系统须再为该进程分配若干附加的物理块,直至该进程的缺页率减少到适当程度为止;反之,若一个进程在运行过程中的缺页率特别低,则此时可适当减少分配给该进程的物理块数,但不应引起其缺页率的明显增加。该算法比较复杂,但性能较好。

(3) 可变分配全局置换(Variable Allocation、Global Replacement)。先为系统中的每个进程分配一定数量的物理块,而操作系统本身也维持一个空闲物理块队列。一旦进程发生缺页,由系统从空闲物理块队列中取出一个物理块分配给该进程,并将欲调入的页装入其中。这样,凡产生缺页的进程,都将获得新的物理块。仅当空闲物理块队列中的物理块用完时,操作系统才从内存中选择一页调出,该页可以是系统中任一进程的页,这样,自然又会使那个进程的物理块减少,进而使其缺页率增加。

这是一种最易于实现的物理块分配和置换策略,已应用于若干个操作系统中。

3）物理块分配算法

通常有以下几种页面分配算法。

（1）平均分配算法。是将系统中所有可供分配的物理块平均分配给各个进程。例如,当系统中有 100 个物理块,有 4 个进程在运行时,每个进程可分得 25 个物理块。这种方式看似公平,但实际上是不公平的,因为它未考虑各进程本身的大小。若一个进程大小为 200 页,只分配给它 25 个块,它必然会有很高的缺页率；而另一个进程只有 10 页,却有 15 个物理块闲置未用。

（2）按比例分配算法。指根据进程的大小按比例分配物理块的算法。如果系统中共有 $n$ 个进程,每个进程的页面数为 $S_i$,则系统中各进程页面数的总和为

$$S = \sum_{i=1}^{n} S_i$$

又假定系统中可用的物理块总数为 $m$,则每个进程所能分到的物理块数为 $b_i$,将有

$$b_i = \frac{S_i}{S} \times m$$

$b_i$ 应该取整,它必须大于最小物理块数。

（3）按优先级分配算法。在实际应用中,为了保证重要的、紧迫的作业能尽快地完成,应为它分配较多的内存空间。常用的方法是把内存中可供分配的所有物理块分成两部分：一部分按比例地分配给各进程；另一部分则根据各进程的优先权,适当地增加其相应份额后分配给各进程。在有的系统中,如重要的实时控制系统,则可能是完全按优先权来为各进程分配物理块的。

**4. 调页策略**

1）调入页面的时机

（1）预调页策略。若进程的许多页是存放在外存的一个连续区域中,则一次调入多个相邻的页,会比一次调入一页的效率更高。以预测为基础的预调页策略,将那些预计在不久之后便会被访问的页面预先调入内存,目前预调页的成功率约为 50%。故这种策略主要用于首次调入进程时,由程序员指出应先调入哪些页。

（2）请求调页策略。当进程运行过程中需要访问某部分程序和数据时,若发现其所在的页面不在内存,则请求操作系统将缺页（1 页）调入内存。由请求调页策略所确定调入的页,是一定会被访问的,并且请求调页策略较易于实现,因而目前的虚拟存储器中大多采用此策略。但此种策略每次仅调入一页,它的系统开销费较大,增加了磁盘 I/O 的启动频率。

2）确定从何处调入页面

如图 3-28 所示,请求分页系统的外存分为两部分,即用于存放文件的文件区和用于存放对换页面的对换区。通常,由于对换区采用连续分配方式,而文件区采用非连续分配方式,所以对换区的磁盘 I/O 速度比文件区的高。这样,一旦发生缺页请求时,系统应从何处调入缺页,具体可分为以下 3 种情况。

（1）系统拥有足够的对换区空间时,可从对换区调入所需全部页面,以提高调页速度。为此,需在进程运行前,将与该进程有关的文件从文件区复制到对换区。

（2）系统缺少足够的对换区空间时，凡是不会被修改的文件都直接从文件区调入；而当换出这些页面时，由于它们未被修改而不必再将它们换出，以后再调入时，仍从文件区直接调入。但对于那些可能被修改的部分，在将它们换出时，便需调到对换区，以后需要时再从对换区调入。

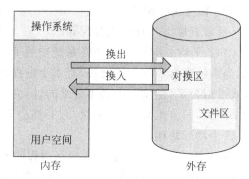
图 3-28 对换区与文件区

（3）UNIX 方式。由于与进程有关的文件都放在文件区，因而凡是未运行过的页面，都应从文件区调入。而对于曾经运行过但又被换出的页面，由于是被放在对换区，因此在下次调入时，应从对换区调入。由于 UNIX 系统允许页面共享，因此，某进程所请求的页面有可能已被其他进程调入内存，此时也就无须再从对换区调入。

3）页面调入过程

当所要访问的页面不在内存时，便向 CPU 发出一缺页中断信号，中断处理程序首先保留 CPU 现场，分析中断原因后转入缺页中断处理程序。该程序通过查找页表，得到该页在外存的物理块后，若此时内存能容纳新页，则启动磁盘 I/O 将所缺页调入内存，然后修改页表。

若内存已满，则需先按照某种置换算法从内存中选出一页淘汰出去；若该页未被修改过，可不必将该页写回磁盘；否则若此页已被修改，则必须将它写回磁盘，然后再把所缺的页调入内存，并修改页表中的相应表项，置其状态位为"1"，并将此页表项写入快表中。在缺页调入内存后，利用修改后的页表，去形成所要访问数据的物理地址，再去访问内存数据。整个页面的调入过程对用户是透明的。

# 3.9 请求分段存储管理方式

## 1. 请求分段存储管理的基本原理

请求分段存储系统是在纯分段存储管理系统的基础上，增加了请求调段及分段置换功能后所形成的段式虚拟存储系统。它把作业的所有分段的副本都存放在辅助存储器中，当作业被调度投入运行时，允许只装入少数段（而非所有的段）的用户程序和数据，即可启动运行。以后在执行过程中访问到不在主存的段时再把它们装入。置换是以段为单位进行的。

## 2. 请求分段存储管理的硬件支持

实现请求分段系统需要硬件支持：①段表机制，这是在纯分段的段表机制基础上，增加若干项而形成的；②缺段中断机构，当用户程序所要访问的段尚未调入内存时，产生缺段中断，请求操作系统将所缺的段调入内存；③地址变换机构，与请求调页类似，实现请求调段和置换功能也需要得到操作系统的支持。

1) 段表机制

段表项结构如图 3-29 所示。

| 段名 | 段长 | 段基址 | 存取方式 | 存在位P | 访问字段A | 修改位M | 增补位 | 外存始址 |
|---|---|---|---|---|---|---|---|---|

图 3-29　段表项结构

其中各字段意义如下。

(1) 存取方式：指存取属性(执行、只读、允许读/写)。

(2) 存在位 P：指示该段是否在内存中。

(3) 访问字段 A：用于记录该段被访问的频度。

(4) 修改位 M：表示该段在进入内存后是否被修改过。1 表示该页内容已被修改；0 相反。

(5) 增补位：表示在运行过程中,该段是否做过动态增长。

(6) 外存始址：表示该段在外存中的起始地址。

2) 地址变换机构

在基本分段系统地址变换机构的基础上,请求分段存储系统增加了分段不在内存时的缺段中断请求。请求分段系统的地址变换过程见图 3-30。先访问请求分段 S 的段号,看是否超过段长,若超过则发越界中断信号,否则再看存取方式是否合法,若不合法则采取分段保护,转中断处理。若存取方式合法,则判断段 S 是否在主存,若不在,转缺段中断处理程序进行处理(图 3-30)。否则,修改访问字段,形成该段的物理地址,地址变换过程结束。

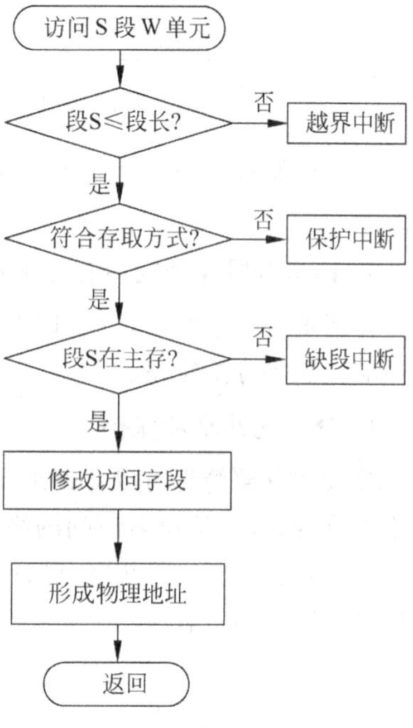

越界中断处理过程：进程在执行过程中,有时需要扩大分段,如数据段。由于要访问的地址超出原有的段长,所以发越界中断信号。操作系统处理中断时,首先判断该段的"扩充位",若可扩充,则增加段的长度;否则按出错处理。

3) 缺段中断机构

在请求分段系统中,当要被访问的段不在内存中时,CPU 硬件逻辑要根据段表表项进行地址变换或产生缺段中断。

图 3-30　请求分段中的地址变换过程

相应的缺段中断的处理过程如图 3-31 所示。若请求的虚分段 S 不在内存,则阻塞请求进程,检查看内存是否有合适的空区容纳该段,若有,从外存中调入该段,若无空区,则替换出去一个或几个实段,以形成适合虚段 S 的空区;若空区容纳不下该段则将若干小的空区拼接以容纳虚段 S。空区准备好后,将段 S 从外存中读入,修改相应的段表和内存空区链,将请求进程唤醒,返回断点处继续执行程序。

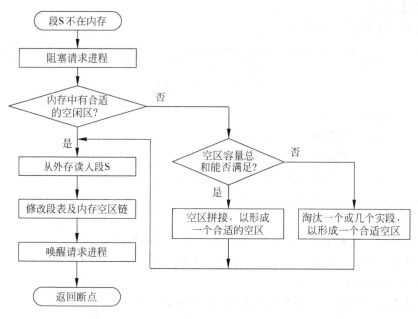

图 3-31　请求分段系统的缺段中断处理过程

分段存储管理与请求分页存储管理不同之处在于指令和操作数必定不会跨越在段边界上。

**3. 请求分段系统的内存分配策略**

在请求分段系统中,对物理内存进行分配可采用与动态分区类似的最佳适应算法、首次适应算法等分配策略。

**4. 分段的共享和保护**

分段式存储管理可以方便地实现内存信息共享和内存保护。这是因为段是按逻辑意义来划分的,可以按段名访问的缘故。

(1) 为了实现分段共享,设置一个数据结构——共享段表,如图 3-32 所示,以及对共享段进行操作的过程。

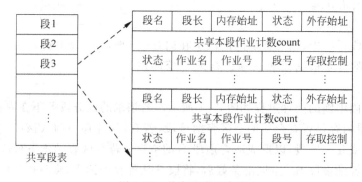

图 3-32　共享段表示意图

共享段表记录了所有的共享段对应的表项。其中,共享进程计数器 count 记录有多少个进程需要共享该分段,设置一个整型变量 count;存取控制字段设定存取权限;对于一个共享段,不同的进程可以使用不同的段号去共享该段。

(2) 共享段的分配与回收。由于共享段可供多个进程共享,所以,对共享段的内存分配不同于非共享段的内存分配方法,必须采取适当的措施允许进程共享该段数据并进行有效的记录及其他处理;在回收共享段时,应保证已没有进程使用该段数据。

① 共享段的分配过程。在为共享段分配内存时,对第一个请求使用该段的进程,由系统为其分配一物理区,再把共享段调入该区,同时将该区的始址填入请求进程的段表的相应项中,还须在共享段表中增加一表项,填写有关数据,把 count 置为 1;之后,当又有其他进程需要调用该共享段时,由于该共享段已被调入内存,故此时无须再为该段分配内存,而只需在调用进程的段表中增加一表项,填写该共享段的物理地址;在共享段的段表中填上调用进程的进程名、存取控制等,再执行 count:=count+1 操作,以表明有两个进程共享该段。

② 共享段的回收过程。当共享此段的某进程不再需要该段时,应将该段释放,包括撤销该进程段表中共享段所对应的表项,以及执行 count:=count-1 操作。若结果为 0,则须由系统回收该共享段的物理内存,以及取消在共享段表中该段所对应的表项,表明此时已没有进程使用该段;否则(减 1 结果不为 0),只是取消调用者进程在共享段表中的有关记录。

(3) 分段保护。在分段系统中,由于每个段在逻辑上是相互独立的,因而比较容易实现信息保护。目前分段保护主要有 3 种方式。

① 地址越界保护。先将逻辑地址中的段号与段表寄存器中的段表长度比较,若段号越界则产生越界中断;再利用段表项中的段长与逻辑地址中的段内位移进行比较,若段内位移大于段长,也会产生越界中断。需要注意的是,在段可动态增长的系统中,允许段内位移大于段长。

② 存取控制保护。在段表中设置一个存取控制字段,用于限定对该段的访问方式。

③ 环保护机构。环保护机构如图 3-33 所示。环的构成:操作系统内核在内环;重要的实用程序和操作系统服务在中间环;一般应用程序在外环。

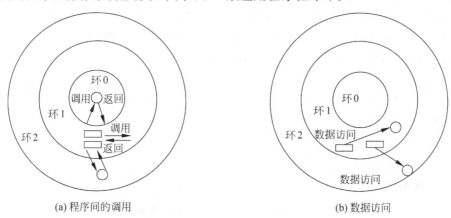

(a) 程序间的调用　　　　　　　　(b) 数据访问

图 3-33　环保护机构

环保护机构包括多个环,分别具有不同的存储访问特权级别,通常是级别高的在内环,编号小(如 0 环)级别高。在环系统中,程序的访问和调用应遵循一定的规则:一个程序可访问同环或较低特权的数据;可调用同环或较高特权环的服务。

**5. 请求分段的优点与缺点**

请求分段可提供大容量的虚存,允许动态增加段的长度,便于段的动态链接,便于实现程序段的共享和存储保护。

## 3.10　页面置换算法

由于内存容量是有限的,进程运行时,若其访问的页面不在内存而需将其调入,而内存已满时,就需要从内存中淘汰一页程序或数据,送入磁盘的对换区。

淘汰页面的算法就称为页面置换算法。好的页面置换算法应有较低的页面更换频率,也就是说,应将以后不会再访问或者以后较长时间内不会再访问的页面先调出。

常见的页面置换算法如下所述。

**1. 最佳(Optimal)置换算法**

最佳置换算法是由 Belady 于 1966 年提出的一种理论上的算法。它所选择的被淘汰页面,将是以后永不使用的,或许是在未来最长时间内不再被访问的页面,因而该算法可保证获得最低的缺页率。但由于人们目前还无法预知一个进程的访问串情况,该算法无法实现,但是可作为其他算法的衡量标准。

假定系统为某进程分配了 3 个页框,并考虑有以下的页号访问串:

7,0,1,2,0,3,0,4,2,3,0,3,2,2,1,0,1,0,7,1

进程运行时,先将 7、0、1 这 3 个页面依次装入内存。之后,当进程要访问页面 2 时,页面 2 不在内存,产生缺页中断。操作系统根据最佳置换算法,将选择页面 7 予以淘汰。因为页面 0 将作为第 5 个被访问的页面,页面 1 作为第 15 个被访问的页面,而页面 7 则要在第 19 次页面访问时才需调入。下次访问页面 0 时,由于已在内存而直接对其访问。当进程访问页面 3 时,又将引起页面 1 被淘汰;因为,它在现有的 1、2、0 这 3 个页面中,将是以后最晚才被访问的。采用最佳置换算法置换页面的过程如图 3-34 所示。从图中可看出,采用最佳置换算法发生了 6 次页面置换。

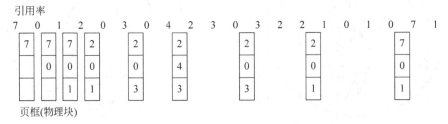

图 3-34　利用最佳页面置换算法时的置换过程

### 2. 先进先出(FIFO)置换算法

如图 3-35 所示,先进先出置换算法是最早出现的置换算法。该算法总是淘汰最先进入内存的页面,即选择在内存中驻留时间最久的页面予以淘汰。该算法实现简单,只需把一个进程已调入内存的页,按先后次序链接成一个队列,并设置一个指针,称为替换指针,使它总是指向最旧的页。但该算法与进程实际运行的规律不符,性能差、有异常现象(Belady 现象)。

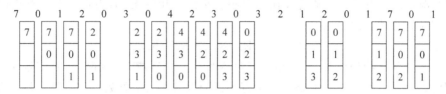

图 3-35 利用 FIFO 置换算法时的置换过程

因为在进程中,有些页面经常被访问,如含有全局变量、常用函数、例程等页面,FIFO 算法并不能保证这些页面不被淘汰。该算法适合具有线性特征的程序,对其他特性程序效率不高。

### 3. 最近最久未使用(LRU)置换算法

1) LRU(Least Recently Used)置换算法描述

FIFO 置换算法性能较差,其原因在于它淘汰页所依据的标准是各个页调入内存的时间,而页调入的先后顺序并不能反映它的使用情况。LRU 的页面置换算法的基本思想是,如果某一页被访问了,那么它很可能马上又被访问;反过来,如果某一页很长时间没有被访问,那么最近也不太可能会被访问。

这种算法考虑了程序设计的局部性原理。其实质是,当需要置换一页时,选择在最近一段时间最久未使用的页予以淘汰。实现这种算法可通过周期性地对"引用位"进行检查,并利用它来记录一页自上次被访问以来所经历的时间 $t$,淘汰现有页中其 $t$ 值最大的,即最近最久未使用的页予以淘汰。

利用 LRU 算法对上例进行页面置换的结果如图 3-36 所示。当进程第一次对页 2 进行访问时,由于页 7 是最近最久未被访问的,故将它置换出去。当进程第一次对页 3 进行访问时,第 1 页成为最近最久未使用的页,将它换出。由图可以看出,前 5 个时间的图像与最佳置换算法时的相同,但这只是巧合,并非必然的结果。因为,最佳置换算法是从"向后看"的观点出发的,即它是依据将来各页的使用情况;而 LRU 算法则是"向前看"的,即根据各页以前的使用情况来判断,而二者之间并无必然的联系。

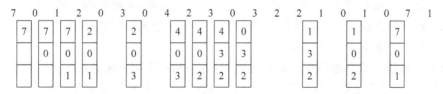

图 3-36 LRU 页面置换算法

该算法特点是：效率较高,实现复杂,软件实现的系统"非生产性"开销过大;硬件成本增加。

2) LRU 置换算法的硬件支持

LRU 置换算法性能较好,但对系统的硬件要求较多。为了了解一个进程在内存中的各个页各有多少时间未被进程访问,以及如何快速地知道哪一页是最近最久未使用的页,需要寄存器或栈来实现。

(1) 寄存器。为了记录某进程在内存中各页的使用情况,需为每个在内存中的页配置一个移位寄存器,可表示为

$$R = R_{n-1}R_{n-2}R_{n-3}\cdots R_2R_1R_0$$

当进程访问某物理块时,要将相应寄存器的 $R_{n-1}$ 位置成 1。此时,定时信号将每隔一定时间将寄存器右移一位。如果把 n 位寄存器的数看作一个整数,那么,具有最小数值的寄存器所对应的页就是最近最久未使用的页。

(2) 栈。可利用一个特殊的栈来保存当前使用的各个页的页号。当进程访问某页时,将该页的页号从栈中移出,将它压入栈顶。因此,栈顶是最新被访问页面的编号,而栈底则是最近最久未使用页的页号。假定现有一进程所访问的页的页号序列为

4,7,0,7,1,0,1,2,1,2,6

随着进程的访问,栈中页号的变化情况如图 3-37 所示。在访问页 6 时发生了缺页,此时页 4 是最近最久未被访问的页,应将它淘汰出去。

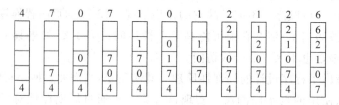

图 3-37  用栈保存当前使用页时栈的变化情况

### 4. Clock 置换算法

1) 简单的 Clock 置换算法

LRU 算法是一种较好的算法,但由于它有较多的硬件要求,故在实际应用中大多采用 LRU 的近似算法。Clock 算法就是用得较多的一种 LRU 近似算法。

使用简单 Clock 算法时,把所有的页都保存在一个类似钟面的循环队列链表中,一个表针指向最老的页,为每页设置一位访问位 R。如图 3-38 所示。当发生缺页中断时,算法首先检查表针指向的页,如果它的 R 位是 0 就淘汰该页,并把新的页插入这个位置,然后把表针前移一个位置;如果 R 位是 1 就清除 R 位并把表针前移一个位置,重复这个过程直至找到了一个 R 位为 0 的页为止。

由于该算法是循环地检查各页面的使用情况,故称为 Clock 算法。但因该算法只有一位访问位,只能用它表示该页是否已经使用过,而置换时是将未使用过的页淘汰出去,故又把该算法称为最近未用算法(Not Recently Used,NRU)。

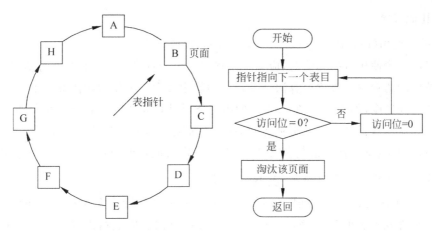

图 3-38 简单 Clock 置换算法概念及算法流程

2）改进型 Clock 置换算法

在淘汰一页时,如果该页已被修改,则需将该页重新写回到磁盘上;但如果该页未被修改过,则不必将它写回磁盘。在改进型 Clock 算法中,除需考虑页的使用情况外,还须再考虑一个因素,即置换代价,这样,选择页面淘汰时,既要是未使用过的页面,又要是未被修改过的页面。把同时满足这两个条件的页作为首选淘汰的页。由访问位 A 和修改位 M 可以组合成下面 4 种类型的页。

1 类(A＝0,M＝0):表示该页最近既未被访问,又未被修改,是最佳淘汰页。

2 类(A＝0,M＝1):表示该页最近未被访问,但已被修改,并不是很好的淘汰页。

3 类(A＝1,M＝0):表示该页最近已被访问,但未被修改,该页有可能再被访问。

4 类(A＝1,M＝1):表示该页最近已被访问且被修改,该页可能再被访问。

在内存中的每个页必定是这四类页之一,在进行页置换时,可采用与简单 Clock 算法相类似的算法,其差别在于该算法须同时检查访问位与修改位,以确定该页是四类页中的哪一种。其执行过程可分为以下 3 步。

（1）从指针所指示的当前位置开始,扫描循环队列,寻找 A＝0 且 M＝0 的第一类页,将所遇到的第一个页作为所选中的淘汰页。在第一次扫描期间不改变访问位 A。

（2）如果第(1)步失败,即查找一周后未遇到第一类页面,则开始第二轮扫描,寻找 A＝0 且 M＝1 的第二类页,将所遇到的第一个这类页作为淘汰页。在第二轮扫描期间,将所有扫描过的页的访问位都置 0。

（3）如果第(2)步也失败,即未找到第二类页,则将指针返回到开始的位置,并将所有的访问位置 0。然后重复第(1)步,如果仍失败,必要时再重复第(2)步,此时就一定能找到被淘汰的页。

与简单 Clock 算法比较,该算法可减少磁盘的 I/O 操作次数。但为了找到一个可置换的页,可能须经过几轮扫描,增加了系统开销。并且需要使用访问位和修改位两个指标判断置换页面与否。

### 5. 其他置换算法

1）最少使用(Least Frequently Used,LFU)置换算法

在采用最少使用置换算法时,应为在内存中的每个页设置一个移位寄存器,用来记录该页面被访问的频率。该置换算法选择在近期使用最少的页作为淘汰页。由于存储器具有较高的访问速度,如100ns,在1ms时间内可能对某页连续访问成千上万次,因此,通常不能直接利用计数器来记录某页被访问的次数,而是采用移位寄存器方式。每次访问某页时,便将该移位寄存器的最高位置1,再每隔一定时间(如100ms)右移一次。这样,在最近一段时间使用最少的页将是 $\sum R_i$ 最小的页。

LFU置换算法的页面访问图与LRU置换算法的访问图完全相同。换句话说,利用这样一套硬件既可实现LRU算法,又可实现LFU算法。应该指出,LFU算法并不能真正反映出页面的使用情况,因为在每一时间间隔内,只是用寄存器的一位来记录页的使用情况。因此,访问一次和访问1000次是等效的。

2）页面缓冲算法(Page Buffering Algorithm,PBA)

虽然LRU和Clock算法都比FIFO算法好,但它们都需要一定的硬件支持,开销较多,而且置换一个已修改的页比置换未修改页的开销要大。页面缓冲算法(PBA)则既可改善分页系统的性能,又可采用一种较简单的置换策略。VAX/VMS操作系统便是使用页面缓冲算法。它采用可变分配和局部置换方式,采用FIFO算法置换页。

该算法规定将一个被淘汰的页放入两个链表中的一个,即如果页面未被修改,就将它直接放入空闲链表中;否则,便放入已修改页面的链表中。须注意的是,这时页面在内存中并不做物理上的移动,而只是将页表中的表项移到上述两个链表之一中。

空闲页面链表,实际上是一个空闲物理块链表,其中的每个物理块都是空闲的,因此,可在其中装入程序或数据。当需要读入一个页面时,便可利用空闲物理块链表中的第一个物理块来装入该页。当有一个未被修改的页要换出时,实际上并不将它换出内存,而是把该未被修改的页所在的物理块挂在自由页链表的末尾。类似地,在置换一个已修改的页面时,也将其所在的物理块挂在修改页面链表的末尾。利用这种方式可使已被修改的页面和未被修改的页面仍然保留在内存中。当该进程以后再次访问这些页面时,只需花费较小的开销,使这些页面又返回到该进程的驻留集中。

## 3.11 抖动问题

有了页面置换策略,还需要解决一个问题,即给进程分配多少页合适。分配得太多,请求调页导致的内存高效利用就失去作用了;分配得太少,会导致系统内进程增多,每个进程的缺页率增大。当缺页率增大到一定程度,进程总等待调页完成,导致CPU利用率降低。以此类推,会造成恶性循环。称这一现象为颠簸(Thrashing),又称为"抖动"。简单地说,导致系统效率急剧下降的主存和辅存之间的频繁页面置换现象称为"抖动"。CPU利用率与进程个数之间的关系如图3-39所示。

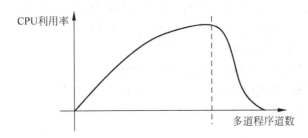

图 3-39 CPU 利用率与进程个数之间的关系

## 综合练习题

1. 存储管理的主要功能是什么?

2. 什么是虚拟存储器? 其特点是什么?

3. 实现地址重定位的方法有哪几类? 形式化地描述动态重定位过程。

4. 常用的内存信息保护方法有哪几种? 它们各自的特点是什么?

5. 如果把 DOS 的执行模式改为保护模式,应做怎样的修改?

6. 动态分区式管理的常用内存分配算法有哪几种? 比较它们各自的优、缺点。

7. 分区式管理可以实现虚存吗? 如果不能,需要怎样修改?

8. 令 buddyk($x$)表示大小为 2KB、地址为 $x$ 的块的伙伴系统地址,试写出 buddyk($x$)的通用表达式。

9. 分区存储管理中常用哪些分配策略? 比较它们的优、缺点。

10. 在系统中引入对换后可带来哪些好处?

11. 为实现对换,系统应具备哪几方面的功能?

12. 在以进程为单位进行对换时,每次是否都将整个进程换出? 为什么?

13. 为实现分页存储管理,需要哪些硬件支持?

14. 较详细地说明引入分段存储管理是为了满足用户哪几方面的需要。

15. 在具有快表的段页式存储管理方式中,如何实现地址变换?

16. 为什么说分段系统比分页系统更易于实现信息的共享和保护?

17. 分页和分段存储管理有何区别?

18. 试全面比较连续分配和离散分配方式。

19. 虚拟存储器有哪些特征? 其中最本质的特征是什么?

20. 实现虚拟存储器需要哪些硬件支持?

21. 实现虚拟存储器需要哪几个关键技术?

22. 在请求分页系统中,页表应包括哪些数据项? 每项的作用是什么?

23. 在请求分页系统中,应从何处将所需页面调入内存?

24. 在请求分页系统中,常采用哪几种页面置换算法?

25. 在请求分页系统中,通常采用哪种页面分配方式? 为什么?

26. 在一个请求分页系统中,采用 FIFO 页面置换算法时,假如一个作业的页面走向为 4、3、2、1、4、3、5、4、3、2、1、5,当分配给该作业的物理块数 $M$ 分别为 3 和 4 时,试计算在访问过程中所发生的缺页次数和缺页率,并比较所得结果。

27. 实现 LRU 算法所需的硬件支持是什么?

28. 试说明改进型 Clock 置换算法的基本原理。

29. 说明请求分段系统中的缺页中断处理过程。

30. 如何实现分段共享?

# 第 4 章

# 设 备 管 理

本 章 导 读

设备是指计算机系统中除 CPU、内存和系统控制台以外的所有设备,设备管理程序是用于对这类设备进行控制和管理的一组程序,设备管理是 OS 中最复杂且与硬件紧密相关的部分。

## 4.1 设备管理概述

### 4.1.1 设备分类

I/O 设备种类繁多,各类设备之间的差异很大,操作方式的区别也很大,从而使得操作系统的设备管理变得十分复杂。本小节先从不同角度将各种设备进行简单分类。

按设备的使用特性可分为存储设备、输入/输出设备、终端设备及脱机设备等,如图 4-1 所示。

**1. 按设备的数据传输速率分类**

(1) 低速设备。其传输速率为每秒几个字节至数百个字节的,如键盘、鼠标、语音的输入和输出等设备。

(2) 中速设备。其传输速率为每秒数千字节至数十千字节,如行式打印机、激光打印机等。

(3) 高速设备。其传输速率为数百千字节至数兆字节,如磁带机、磁盘机、光盘机等。

**2. 按设备进行信息交换的单位分类**

(1) 块设备。信息的处理以字符块为单位,如磁盘、磁带等,块大小通常为 512B～32KB,块设备的特征是速率高(每秒几兆字节)、可随机访问任一块、用 DMA 方式驱动。

(2) 字符设备。信息的处理以字符为基本单位,如交互式终端(键盘、显示器)、打印机等,字符设备的特征是速率较低、不可寻址、中断驱动。

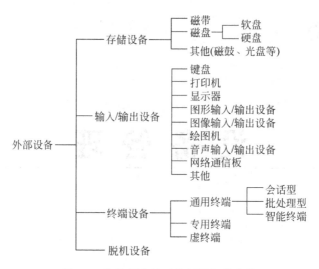

图 4-1　按使用特性对外部设备的分类

**3. 按设备的共享属性分类**

（1）独占设备。在任一时间内最多有一个进程占用它，属独占型设备，即临界资源，如字符设备及磁带机。

（2）共享设备。多个进程对它可进行交叉访问，共享设备必须是可寻址和可随机访问的设备，如磁盘。

（3）虚拟设备。它是指通过虚拟技术将一台独占设备变换为若干台逻辑设备，供若干个用户或进程同时使用，这种经虚拟技术处理后的设备称为虚拟设备，如打印机。

## 4.1.2　设备管理的功能和任务

设备管理是对计算机输入/输出系统的管理，这是操作系统中最具有多样性和复杂性的部分，在整个操作系统中占有很大的比例，其主要任务如下。

（1）选择和分配输入/输出设备以便进行数据传输操作。

（2）控制输入/输出设备和 CPU（或内存）之间交换数据。

（3）为用户提供一个友好的透明接口，把用户和设备硬件特性分开，使得用户在编制应用程序时不必设计具体设备，系统按用户要求控制设备工作。另外，这个接口还为新增加的用户设备提供一个和系统核心相连接的入口，以便用户开发新的设备管理程序。

（4）提高设备和设备之间、CPU 和设备之间以及进程和进程之间的并行操作度，以使操作系统获得最佳效率。

为了完成上述主要任务，设备管理程序一般要提供下述功能。

1）监视系统中所有设备的状态

系统中存在许多设备，在系统运行期间这些设备都在处理各自所承担的工作，并处于各种不同的状态，系统要有效地管理和使用这些设备就必须监视它们的工作状态。

系统为每个设备设置设备控制块（Device Control Block，DCB），在 DCB 中登记了设备的状态信息，系统是经过对 DCB 的查询来监视设备活动的。

2）进行设备的分配

按照设备类型和相应的分配算法决定将 I/O 设备分配给哪一个要求该设备的进程。

在多用户或多进程的环境中，每个用户在完成各自的任务时总是要使用外设，为用户或进程分配设备是设备管理的主要功能之一。

设备分配包括相关数据结构、设备分配策略、分配的方式以及分配技术和算法等。

3）完成 I/O 操作，尽量实现设备与 CPU、设备与设备之间的并行

这需要有相应的硬件支持。除了装有控制状态寄存器、数据缓冲寄存器等控制器之外，对应于不同的输入/输出控制方式，还需要有 DMA（Directed Memory Access）通道等硬件。从而，在设备分配程序根据进程要求分配了设备、控制器和通道（或 DMA）等硬件之后，通道（或 DMA）将自动完成设备和内存之间的数据传送工作，从而完成并行操作的任务。在没有通道（或 DMA）的系统中，则由设备管理程序利用中断技术来完成上述并行操作。

4）进行缓冲区的管理

一般来说，CPU 的执行速度和访问内存速度都比较高，而外部设备的数据流通速度则低得多（如键盘），为了减少外部设备和内存与 CPU 之间的数据流通速度不匹配的问题，系统中一般负责完成缓冲区的分配、释放及有关的管理工作。

## 4.1.3 设备独立性

为了提高操作系统的可适应性和可扩展性，在现代操作中都毫无例外地实现了设备独立性，也称为设备无关性。

其基本含义是：应用程序独立于具体使用的物理设备。为了实现设备独立性而引入了逻辑设备和物理设备这两个概念。在应用程序中，使用逻辑设备名称来请求使用某类设备；而系统在实际执行时，还必须使用物理设备名称。因此，系统需具有将逻辑设备名称转换为某物理设备名称的功能，这非常类似于存储器管理中所介绍的逻辑地址和物理地址的概念。

设备独立性带来的好处是：用户与物理的外围设备无关，系统增减或变更外围设备时程序不必修改；易于对付输入/输出设备的故障。例如，某台行式打印机发生故障时，可用另一台替换，甚至可用磁带机或磁盘机等不同类型的设备代替，从而提高了系统的可靠性，增加了外围设备分配的灵活性，能更有效地利用外围设备资源，实现多道程序设计技术。

操作系统提供了设备独立特性后，程序员可利用逻辑设备进行输入/输出，而逻辑设备与物理设备之间的转换通常由操作系统的命令或语言来实现。由于操作系统大小和功能不同，具体实现逻辑设备到物理设备的转换就有差别，一般使用以下方法：利用作业控制语言实现批处理系统的设备转换；利用操作命令实现设备转换；利用高级语言的语句实现设备转换。

设备独立性是指操作系统把所有外部设备统一当作文件来看待，只要安装它们的驱动程序，任何用户都可以像使用文件一样操纵、使用这些设备，而不必知道它们的具体存在形式。

设备驱动程序(Device Driver)是一个允许高级计算机软件与硬件交互的程序,这种程序建立了一个硬件与硬件,或硬件与软件沟通的界面,经由主板上的总线或其他沟通子系统与硬件形成连接的机制,这样的机制使硬件设备上的数据交换成为可能。

设备驱动程序与一般的应用程序及系统程序之间存在下列明显差别。

(1) 驱动程序主要是在请求 I/O 的进程与设备控制器之间的一个通信程序。

(2) 驱动程序与 I/O 设备的特性紧密相关。

(3) 驱动程序与 I/O 控制方式紧密相关。

(4) 由于驱动程序与硬件紧密相关,因而其中的一部分程序必须用汇编语言书写。

### 4.1.4 设备控制器

I/O 设备一般由机械和电子两部分组成。通常将这两部分分开处理,以提供更为模块化、更通用的设计。设备控制器或适配器(Adapter)是 I/O 设备的电子部分,它是 CPU 与 I/O 设备之间的接口,它接收从 CPU 发来的命令,并控制 I/O 设备工作。通常一台控制器可控制多台同一类型的设备。在微型计算机中,设备控制器常做成印制电路卡的形式,如 I/O 卡。机械部分就是设备本身。

**1. 设备控制器的组成**

设备控制器是 CPU 与 I/O 设备之间的接口,它接收从 CPU 发来的命令,并去控制 I/O 设备工作,使 CPU 从设备控制事务中解脱出来。它是一个可编址设备,当仅控制一个设备时,只有一个唯一的设备地址,若控制器连接了多个设备时,就具有多个设备地址,使每一个地址对应一个设备。大多数设备控制器由三部分组成,如图 4-2 所示。

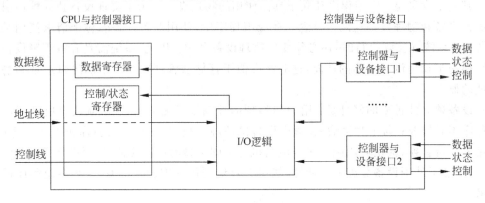

图 4-2 设备控制器的组成

(1) 设备控制器与处理机的接口,用于实现 CPU 与设备控制器之间的通信。有三类信号线,即数据线、地址线和控制线。

每个控制器通常有几个寄存器用于与 CPU 进行通信,这些寄存器分为两类,即数据寄存器和控制/状态寄存器。数据寄存器用于存放从设备送来的数据(输入),或从 CPU 送来的数据(输出);控制/状态寄存器用于存放从 CPU 送来的控制信息或设备的状态信息。

(2) 设备控制器与设备的接口。一个设备控制器上可连接一个或多个设备,相应地,在控制器中要有多个设备接口,一个接口连接一台设备。每个接口中都存在数据、状态和控制 3 种类型的信号。

数据信号:输入时,由设备发送给设备控制器(至 CPU);输出时,由设备控制器所接收的比特流(来自 CPU)。

状态信号:用于指示设备的当前状态,如指示设备正在读或写、指示设备已读完或写完并准备好新的数据传送。

控制信号:是设备控制器发送给设备的、用于规定设备执行读或写操作的信号或执行其他操作的信号,如移动磁头的信号。

控制器中的 I/O 逻辑根据 CPU 发来的地址信号,选择一个设备接口。

(3) I/O 逻辑。用于实现对设备的控制。它通过一组控制线与处理机交互,处理机利用该逻辑向控制器发送 I/O 命令,I/O 逻辑对收到的命令进行译码。

每当 CPU 启动一个设备时,一方面将启动命令发送给控制器;另一方面同时通过地址线把地址发送给控制器,由控制器的 I/O 逻辑对收到的地址进行译码,再根据译出的命令对所选的设备进行控制。

**2. 设备控制器的功能**

1) 接收和识别命令

CPU 可以向控制器发送多种命令,设备控制器为了接收和识别这些命令,在控制器中有相应的控制寄存器,用来存放接收的命令和参数,并对接收的命令进行译码。

2) 数据交换

为了实现 CPU 与控制器、控制器与设备之间的数据交换,控制器中设置有数据寄存器。CPU 通过数据线将数据写入控制器的数据寄存器,或从控制器中读出;而设备将数据输入控制器的数据寄存器,或从控制器读出数据。

3) 了解设备的状态

控制器要记下设备的状态供 CPU 了解。例如,当设备就绪时,CPU 才能启动控制器从设备中读出数据。为此,在控制器中设置有状态寄存器,用其中的每一位反映设备的某一种状态。当 CPU 将该寄存器的内容读入后,便可以了解设备的状态。

4) 地址识别

系统中的每一个设备都有一个地址,而设备控制器必须能够识别它所控制的每个设备的地址。此外,为了使 CPU 能从控制器的寄存器中读出数据,这些寄存器也应具有唯一的地址。

## 4.1.5　设备通道

虽然有控制器可以对设备进行控制,已能大大地减少 CPU 的干预,但当计算机配置的外设很多时,CPU 负担过重,为此在许多计算机系统中 CPU 与控制器之间增加通道。增加通道的目的是"建立独立的 I/O 操作",不仅使数据的传送能独立于 CPU,而且有关 I/O 操作的组织、管理及结束也尽量独立,以保证 CPU 有更多的时间进行数据处理。

设置通道后,CPU 只需向通道发出一条 I/O 指令。通道接收到该指令后,便从内存中取出本次要执行的通道程序,然后执行该通道程序,仅当通道完成了规定的 I/O 任务后,才向 CPU 发出中断信号。通道实际上是一种特殊的处理机,专门负责输入/输出工作。但又与一般的处理机不同,表现在以下两个方面。

(1) 它指令类型单一,一般只有数据传送指令、设备控制指令等。

(2) 没有自己的内存,通道所执行程序是存放在主机的内存中的,即它与 CPU 共享内存。

## 4.1.6 I/O 系统结构

不同规模的计算机系统,其 I/O 系统的结构是不同的。通常把 I/O 系统的结构分成两类,即微型计算机 I/O 系统和主机 I/O 系统。

**1. 微型计算机 I/O 系统**

微型计算机 I/O 系统多采用总线型 I/O 系统结构,如图 4-3 所示。总线(Bus)是一组线和一组严格定义的可以描述在线上传输信息的协议。CPU 和内存是直接连接到总线上,I/O 设备是通过设备控制器连接到总线上。PCI(Peripheral Component Interface,外部元件接口)总线用于连接处理器、内存及快速设备。扩展总线用于连接串行、并行端口及相对较慢的设备。CPU 通过设备控制器与 I/O 设备进行通信,并控制相应的设备。根据设备的类型而配置相应的控制器,如磁盘控制器用于控制磁盘、图形控制器控制监视器等。

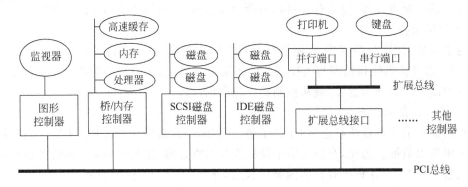

图 4-3 总线型 I/O 系统结构

**2. 主机 I/O 系统**

通常为主机系统所配置的 I/O 设备较多,特别是配有较多的高速外设,如果都通过一条总线直接与主机通信,则总线和主机的负担过重。解决的方法是在 I/O 系统中不采用单总线结构,而是增加一级 I/O 通道,用以代替主机与各设备控制器进行通信,并实现对它们的控制。图 4-4 所示为具有通道的 I/O 系统结构,其中 I/O 系统分为 4 级:最低一级为 I/O 设备,次低级为设备控制器,次高级为 I/O 通道,最高级为主机。

通道价格昂贵,通道数量远比设备少,成为 I/O 的"瓶颈"问题,造成整个系统吞吐量的下降。解决"瓶颈"问题的最有效的方法是增加设备到主机间的通路,而不增加通道,即把一个设备连接到多个控制器上,而一个控制器又连接到多个通道上,这样既增加了灵活性又增强了可靠性。

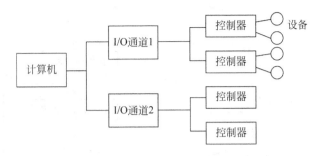

图 4-4　具有通道的 I/O 系统结构

# 4.2　I/O 控制方式

设备管理的任务之一是控制设备和内存或 CPU 之间传送数据,本节介绍几种常用的数据传送控制方式。

选择和衡量数据传送控制方式有以下几条原则。

(1) 数据传送速度足够高,能满足用户的需要而又不丢失数据。

(2) 系统开销小,需要的处理控制程序少。

(3) 能充分发挥硬件资源的能力,使得 I/O 设备尽可能忙,CPU 等待时间尽量少。为了控制 I/O 设备和内存之间的数据交换,每台外围设备都是按照一定的规律编码的。而且,设备和内存与 CPU 之间有相应的硬件接口支持同步控制、设备选择及中断控制等。因此,假定本节的数据传送控制方式都是基于这些硬件基础的,从而不再讨论有关硬件部分。

I/O 数据控制方式的发展经历了 4 个阶段。

(1) 程序直接控制方式。

(2) 中断控制方式。

(3) DMA 控制方式。

(4) 通道方式。

在 I/O 控制的整个发展过程中,始终贯穿着一条宗旨,即尽量减少主机对 I/O 控制的干预,把主机从繁杂的 I/O 控制事物中解脱出来,以便更多地去完成数据处理任务。

## 4.2.1　程序直接控制方式

程序直接控制方式也称询问方式,它是早期计算机系统中的一种 I/O 操作控制方式。在这种方式下,利用输入/输出指令或询问指令测试一台设备的忙/闲标志位,根据设备当前的忙或闲的状态,决定是继续询问设备状态还是由主存储器和外围设备交换一个字符或一个字。程序直接控制方式的流程如图 4-5 所示,其中图 4-5(a)所示为 CPU 的工作情况,图 4-5(b)所示为外设的工作情况。

当在 CPU 上运行的现行程序需要从 I/O 设备读入一批数据时,CPU 程序首先设置交换的字节数和数据读入主存的起始地址,然后向 I/O 设备发送读指令或查询标志指

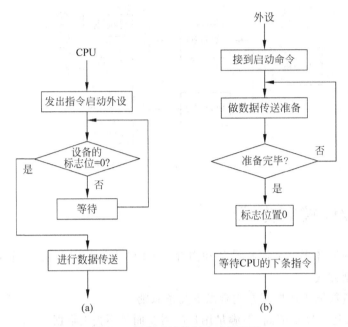

图 4-5　程序直接控制方式的流程

令,I/O 设备将当前的状态返回给 CPU。如果 I/O 设备返回的当前状态为忙或未就绪,则测试过程不断重复,直到 I/O 设备就绪,开始进行数据传送,CPU 从 I/O 接口读一个字或一个字符,再写入主存。如果传送还未结束,再次向设备发出读指令,重复上述测试过程,直到全部数据传输完成再返回现行程序执行。

忙—等待方式:CPU 与外围设备之间进行数据传送时,只有数据装入数据寄存器后,控制/状态寄存器的忙/闲位的值才发生变化。

因为数据寄存器每次只能存放 1B 的数据,因此每次数据传送的单位是 B。

程序直接控制方式实现简单,硬件开销小,但它存在以下明显缺点。

(1) CPU 与外围设备只能串行工作。由于 CPU 的处理速度要大大高于外围设备的数据传送和处理速度,所以,CPU 的大量时间都处于等待和空闲状态。这使得 CPU 的利用率大大降低。

(2) CPU 在一段时间内只能与一台外围设备交换数据信息,因此多台外围设备也是串行工作。

(3) 由于程序直接依靠测试设备的状态来控制数据传送,因此无法发现和处理由于设备或其他硬件所产生的错误。

缺点:CPU 和外围设备只有串行工作,CPU 一直处于空闲状态,利用率相当低,尤其在循环测试中 CPU 浪费了大量的时间。

所以,程序直接控制方式只适用于那些 CPU 执行速度较慢且外围设备较少的系统。

## 4.2.2　中断控制方式

为了减少程序直接控制方式中 CPU 的等待时间,提高系统的并行工作程度,在现代计算机系统中,中断(Interrupt)方式被广泛采用以控制外围设备和内存与 CPU 之间的数据传送。这种方式要求 CPU 与设备控制器之间有相应的中断请求线,设备控制器的控制/状态寄存器中有相应的中断允许位。中断控制方式的传送结构如图 4-6 所示。

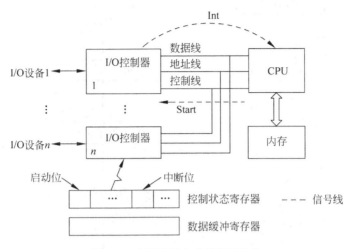

图 4-6 中断控制方式的传送结构

数据的输入过程如下。

(1) 进程需要数据时,通过 CPU 发出 Start 指令启动外围设备准备数据。该指令同时还将控制/状态寄存器中的中断允许位打开,以便在需要时中断程序可以被调用执行。

(2) 在进程发出指令启动设备之后,该进程放弃处理机,等待输入完成。从而,进程调度程序调度其他就绪进程占据处理机。

(3) 当输入完成时,I/O 设备控制器通过中断请求线向 CPU 发出中断信号。CPU 在接收到中断信号之后,转向预先设计好的中断处理程序对数据传送工作进行相应的处理。

(4) 在以后的某个时刻,进程调度程序选中提出请求并得到了数据的进程,该进程从约定的内存特定单元中取出数据继续工作。

中断控制方式的流程如图 4-7 所示。从图中可以看出,CPU 发出启动设备的指令后,并没有像程序控制方式那样循环测试控制/状态寄存器的忙/闲标志位。相反,CPU 已被进程调度程序分配给其他进程。当设备将数据发送到控制器的数据寄存器后,控制器发出中断信号。CPU 接到中断信号后进行中断处理。

从中断控制方式可以看出,在设备输入数据的过程中,无须 CPU 的干预,因而使 CPU 与设备可以并行工作。仅当输入完一个数据时,CPU 才花费很短的时间进行中断处理。这样,设备与 CPU 都处于忙碌状态,从而使 CPU 的利用率大大提高,并且能支持多道程序和设备的并行工作。

与程序直接控制方式相比,中断控制方式可以成百倍地提高 CPU 的利用率,但还存在以下问题。

(1) 设备控制器的数据寄存器装满数据后,发生中断。而数据寄存器通常只能存放 1B 的数据,因此在进程传送数据的过程中,发生中断的次数可能过多,这将耗费 CPU 的大量处理时间。

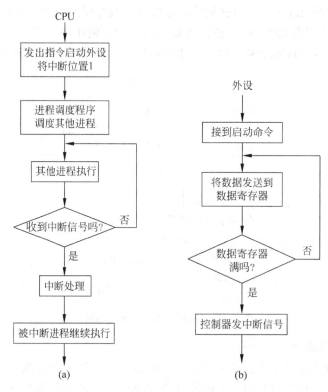

图 4-7　中断控制方式的流程

（2）计算机通常配置各种各样的外围设备，如果这些外围设备都通过中断的方式进行数据传送，则由于中断次数的急剧增加会造成 CPU 无法及时响应中断，出现数据丢失现象。

**思考**：中断方式下，为了从磁盘中读出 1KB 的数据，需要中断多少次 CPU?

## 4.2.3　DMA 方式

DMA（Direct Memory Access）方式又称直接存取方式，其基本思想是在外围设备和内存之间开辟直接的数据交换通路。在 DMA 方式中，I/O 控制器具有比中断方式和程序直接控制方式时更强的功能。

与前面介绍的控制器类似，DMA 控制器也由三部分组成，即主机与 DMA 控制器的接口、DMA 控制器与设备的接口、I/O 控制逻辑。DMA 方式传送结构如图 4-8 所示。

为了实现控制器与主机之间成块数据的直接交换，必须在 DMA 控制器中设置以下四类寄存器。

（1）控制/状态寄存器 CR，用于接收从 CPU 发来的 I/O 命令或有关控制信息，或 CPU 用于了解设备的状态。

（2）内存地址寄存器 MAR，用于存放数据从设备传送到内存的目标地址，或由内存到设备的内存源地址。

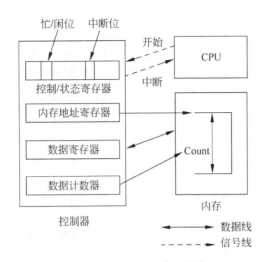

图 4-8 DMA 方式传送结构

（3）数据寄存器 DR，用于暂存从设备到内存或从内存到设备的数据。

（4）数据计数器 DC，存放本次 CPU 要读或写数据的字节数。

由于在 DMA 控制器中增加了内存地址寄存器和数据寄存器，DMA 控制器可以代替 CPU 控制内存与设备之间进行成块的数据交换。成块数据的传送由数据计数器进行计数，由内存地址寄存器确定内存的地址。除了在数据块的传送开始时需要 CPU 发出启动指令及在整块数据传送完毕时需要发出中断通知 CPU 进行中断处理之外，DMA 方式不像中断控制方式那样需要 CPU 的频繁干预。

DMA 方式的数据输入过程如下。

（1）当进程要求设备输入一批数据时，CPU 将准备存放输入数据的内存始址以及要传送的字节数分别送入 DMA 控制器中的内存地址寄存器和数据计数器，并将控制/状态寄存器中的中断位置为"允许"，忙/闲标志位置为 0，以启动设备开始进行数据输入并允许中断。

（2）发出数据要求的进程进入等待状态，进程调度程序调度其他进程占据 CPU。

（3）输入设备不断地挪用 CPU 工作周期，将数据寄存器中的数据源源不断地写入内存，直到所要求的字节全部传送完毕。

（4）DMA 控制器在传送字节数完成时通过中断请求线发出中断信号，CPU 收到中断信号后转中断处理程序，唤醒等待输入完成的进程，并返回被中断程序。

（5）在以后的某个时刻，进程调度程序选中提出请求输入的进程，该进程从指定的内存始址取出数据做进一步处理。

DMA 方式的数据传送处理过程如图 4-9 所示。

DMA 方式的特点如下。

（1）数据传输的基本单位是数据块，即 CPU 与 I/O 设备之间，每次传送一个数据块的数据。

（2）所传送的数据是从设备直接到内存或者从内存直接到设备。

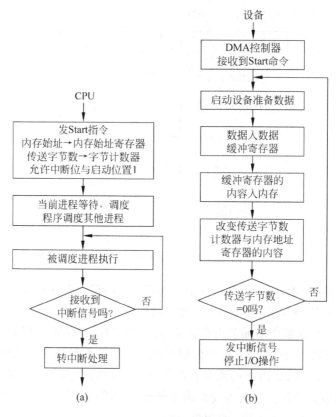

图 4-9　DMA 方式的流程

（3）仅在传送一个或多个数据块的开始或结束时，才需要 CPU 的干预，整块数据的传送是在控制器的控制下完成的。

DMA 方式仍存在一定的局限性。首先，DMA 方式对外围设备的管理和某些操作仍由 CPU 控制。在大、中型计算机中，系统所配置的外围设备种类越来越多，数量也越来越大，因而，对外围设备管理的控制也就越来越复杂。多个 DMA 控制器的同时使用显然会引起内存地址的冲突并使得控制过程进一步复杂化。同时，多个 DMA 控制器的同时使用也是不经济的。因此，在大、中型计算机中，除了设置 DMA 器件之外，还设置专门的硬件装置——通道。

### 4.2.4　通道方式

DMA 方式比中断控制方式、程序直接控制方式已显著地减少了 CPU 的干预，即从以字节为单位的干预减少到以数据块为单位的干预。而且，每次干预时并无数据传送的操作，即不必把数据从控制器传送到内存或从内存传送到控制器。在 DMA 方式中，每发出一个 I/O 指令，能读（写）一个连续的数据块，当需要一次去读多个离散的数据块且将它们分别传送到不同的内存区域时，则需多条 I/O 指令和多次中断才能完成。

通道控制（Channel Control）方式是 DMA 方式的发展，它可进一步减少 CPU 的干预，即把对一个数据块的读或写为单位的干预，减少为对一组数据块的读或写及有关的控制和管理为单位的干预,同时,又可实现 CPU、通道和 I/O 设备三者的并行工作,从而更有效地提高了整个系统的资源利用率。例如,当 CPU 要完成一组相关数据块的读或写操作时,只需要向通道发出一条 I/O 指令,给出所要执行的通道处理程序的地址和要访问的 I/O 设备,通道接到该指令后,通过执行通道处理程序便可完成 CPU 指定的 I/O 任务。

通道是一个专管输入/输出操作控制的硬件,是一个独立于 CPU 的专管输入/输出控制的处理机,它控制设备与内存直接进行数据交换。它有自己的通道指令,这些通道指令由 CPU 启动,并在操作结束时向 CPU 发中断信号。

在通道控制方式中,CPU 只需发出启动指令,指出要求通道执行的操作和使用的 I/O 设备,该指令就可以启动通道并使该通道从内存中调出相应的通道程序执行。

通道指令一般包含被交换数据在内存中应占据的位置、传送方向、数据块长度以及被控制的 I/O 设备的地址信息、特征信息(如是磁带设备还是磁盘设备)等,通道指令在通道中没有存储部件时存放在内存中。

通道指令的格式一般由操作码、计数、内存地址和结束位构成。

(1) 操作码——规定了指令所要执行的操作,如读、写等。

(2) 计数——表示本条指令要读(写)数据的字节数。

(3) 内存地址——数据要送入的内存地址或从内存何处取出数据。

(4) 通道程序结束位 P——表示通道程序是否结束。P=1 表示本条指令是通道程序的最后一条指令。

(5) 记录结束位 R——R=0 表示本条通道指令与下一条通道指令所处理的数据属于一个记录,R=1 表示该指令处理的数据是最后一条记录。

通道指令在进程要求数据时由系统自动生成,通道指令示例:

```
操作码   P  R   计数   内存地址
write    0  0   250    1850
write    1  1   250     720
```

这是两条把一个记录的 500 个字符分别写入从内存地址 1850 开始的 250 个单元和从内存地址 720 开始的 250 个单元中。其中假定 write 操作码后的 1 是通道指令结束标志,而另一个 1 则是记录结束标志。该指令中省略了设备号和设备特征。

通道控制方式的数据输入处理过程可描述如下。

(1) 当进程要求输入数据时,CPU 发出启动指令指明 I/O 操作、设备号和对应通道。

(2) 对应通道接收到 CPU 发来的启动指令之后,把存放在内存中的通道指令程序读出,并开始执行通道程序。

(3) 执行一条通道指令,设置对应设备控制器中的控制/状态寄存器。

(4) 设备根据通道指令的要求,控制设备将数据传送到内存中指定的区域。如果本指令不是通道处理程序的最后一条指令,取下一条通道指令,并转(3)继续执行;否则执行(5)。

(5) 若数据传送结束,通道向 CPU 发出中断信号请求。CPU 收到中断请求信号后转中断处理程序,唤醒等待输入完成的进程,并返回被中断程序。

(6) 在以后的某个时刻,进程调度程序选中提出请求输入的进程,该进程从指定的内存始址取出数据做进一步处理。

## 4.3 中断技术

从4.2节可以看出,除了程序直接控制方式外,无论是中断控制方式、DMA方式还是通道控制方式,都需要在设备和CPU之间进行通信,由设备向CPU发中断信号之后,CPU接收相应的中断信号进行处理。这几种方式的区别只是中断处理的次数、数据传送方式以及控制指令的执行方式等。在计算机系统中,除了上述I/O中断之外,还存在着许多其他的突发事件,如电源掉电、程序出错等,这些也会发出中断信号通知CPU做相应的处理。本节进一步讨论中断问题。

### 4.3.1 中断的基本概念

中断是指计算机系统内发生了某一急需处理的事件,使得CPU暂时中止当前正在执行的程序而转去执行相应的事件处理程序,待处理完毕后又返回到原来被中断处继续执行。引起中断发生的事件称为中断源。中断源向CPU发出的请求中断处理的信号称为中断请求。而CPU收到中断请求后转向相应事件处理程序的过程称为中断响应。

在有些情况下,尽管产生了中断源和发出了中断请求,但CPU内部的处理机状态字(Processor Status Word,PSW)的中断允许位已被清除,从而不允许CPU响应中断。这种情况称为禁止中断,CPU禁止中断后只有等到PSW的中断允许位被重新设置后才能接收中断。禁止中断也称为关中断,PSW的中断允许位的重新设置也被称为开中断。开中断和关中断是为了保证某段程序执行的原子性。

另一个比较常用的概念是中断屏蔽。中断屏蔽是指在中断请求产生之后,系统有选择地封锁一部分中断而允许另一部分中断优先得到响应。不过,有些中断请求是不能屏蔽甚至不能禁止的,也就是说,这些中断具有最高优先级,只要这些中断请求被提出,CPU就必须立即响应。例如,电源掉电事件所引起的中断就是不可禁止和不可屏蔽的。

中断是用来提高计算机工作效率、增强计算机功能的一项重要技术。例如,打印输出中,CPU传送数据的速度快,而打印机打印的速度慢,如果不采用中断技术,CPU将经常处于等待状态,效率极低。当采用了中断方式后,CPU可以进行其他工作,只在打印机缓冲区中的当前内容打印完毕发出中断请求后,才予以响应,暂时中断当前工作而转去执行向缓冲区传送数据的任务,数据传送完成后又返回执行原来的程序。这样就大大提高了计算机系统的运行效率。

### 4.3.2 中断的分类与优先级

根据系统对中断处理的需要,操作系统一般对中断进行分类并对不同的中断类型赋予不同的处理优先级,以便不同的中断同时发生时,按轻重缓急进行处理。

根据中断源产生的条件,可把中断分为外中断和内中断。

（1）外中断是指来自处理机和内存外部的中断，包括I/O设备发出的I/O中断、外部信号中断（如用户按 Esc 键），各种定时器引起的时钟中断以及调试程序中设置的断点等引起的调试中断等。外中断在狭义上一般称为中断。

（2）内中断主要指在处理机和内存内部产生的中断。内中断一般称为陷阱或异常。它包括程序运算引起的各种错误，如地址非法、校验错、页面失效、存取访问控制错、算术操作溢出、数据格式非法、除数为零、非法指令、用户程序执行特权指令、分时系统中的时间片中断以及从用户态到核心态的切换等都是陷阱的例子。

为了按中断源的轻重缓急处理相应中断，操作系统为不同的中断赋予了不同的优先级。例如，在 UNIX 系统中，外中断和陷阱的优先级共分为 8 级。为了禁止中断或屏蔽中断，CPU 的处理机状态字中也设有相应的优先级。如果中断源的优先级高于 PSW 的优先级，则 CPU 响应该中断源的请求；反之，CPU 屏蔽该中断源的中断请求。各中断源的优先级在系统设计时给定，在系统运行时是固定的。而处理机的优先级则根据执行情况由系统程序动态设定。

### 4.3.3 软中断

软中断的概念主要源于 UNIX 系统。软中断是对应于硬中断而言的。通过硬件产生相应的中断请求，称为硬中断。而软中断则不然，它是在通信进程之间通过模拟硬中断而实现的一种通信方式。中断源发出软中断信号后，CPU 或者接收进程在"适当的时机"进行中断处理或者完成软中断信号所对应的功能。

这里"适当的时机"表示接收软中断信号的进程需等到该接收进程得到处理机之后才能进行。如果该接收进程是占据处理机的，那么，该接收进程在接收到软中断信号后将立即转去执行该软中断信号所对应的功能。

### 4.3.4 中断处理过程

I/O 中断处理层的主要工作有进行进程上下文切换、对处理中断信号源进行测试、读取设备状态和修改进程状态等。由于中断处理与硬件紧密相关，对用户及用户程序而言，应该尽可能加以屏蔽，故应该放在操作系统的底层进行中断处理。对于每一类设备设置一个 I/O 进程的设备处理方式，图 4-10 给出了中断处理流程。

其中断处理程序的处理过程分为以下几个步骤。

（1）唤醒被阻塞的驱动程序进程。当中断处理程序开始执行时，必须唤醒被阻塞的驱动程序进程。

（2）对被中断进程的 CPU 环境进行保护。中断发生时，应保护被中断进程的 CPU 现场信息，以便中断完成后继续执行被中断的进程。

（3）分析中断原因，转入相应的设备中断处理程序。由 CPU 确定引起本次中断的设备，然后转到相应的中断处理程序执行。

（4）进行中断处理。设备中断处理程序从设备控制器中读出设备状态，判断设备中断是正常结束还是异常结束。若为正常结束，则设备驱动程序便可以做结束处理；若为异常结束，则根据发生异常的原因做出相应处理。

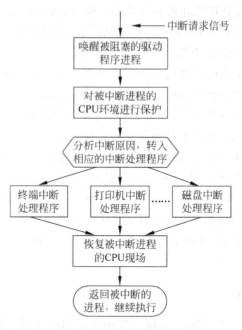

图 4-10 中断处理流程

(5) 恢复被中断进程的 CPU 现场。当中断处理完成后,便可以恢复现场信息,使被中断的进程得以继续执行。

在上述步骤中,除了第(4)步外,其余各步骤对所有 I/O 设备都是相同的,在某些系统中,如 UNIX 系统,把这些相同的部分集中起来,形成中断总控程序。每当需要中断处理时,都要首先进入中断总控程序。

# 4.4　缓冲技术

## 4.4.1　缓冲技术的引入

随着计算机技术的发展,外设也在迅速发展,速度也在不断提高,但它与 CPU 的速度仍相差甚远。CPU 的速度是以 ms 甚至 μs 计算,而外设一般的处理速度是以 ms 甚至 s 计算。这样就出现了 CPU 处理数据的速度与外设 I/O 速度不匹配现象。

例如,一般程序都是时而计算时而进行输入/输出的,当正在计算时,没有数据输出,打印机空闲;当计算结束时产生大量的输出结果,而打印机却因为速度慢,根本来不及在极短的时间内处理这些数据而使得 CPU 停下来等待。由此可见,系统中各个部件的并行程度仍不能得到充分发挥。

引入缓冲可以进一步改善 CPU 和 I/O 设备之间速度不匹配的情况。在上述例子中如果设置了缓冲区,则程序输出的数据先送到缓冲区,然后由打印机慢慢输出。于是,CPU 不必等待,而可以继续执行程序,使 CPU 和打印机得以并行工作。事实上,凡是数据输入速率和输出速率不相同的地方都可以设置缓冲区,以改善速度不匹配的情况。

其次,虽然通道技术和中断技术为计算机系统的并行活动提供了强有力的支持,但往往由于通道数量不足而产生"瓶颈"现象,使得 CPU、通道和 I/O 设备之间的并行能力并未得到充分发挥。因此,缓冲技术的引入还可以减少占用通道的时间,从而缓和"瓶颈"现象,明显提高 CPU、通道和 I/O 设备的并行程度,提高系统的处理能力和设备的利用率。

例如,卡片输入机把一张卡片的内容送到内存大约占用通道 60ms,若设置一个 80B 的缓冲区,那么卡片机可预先把这张卡片内容送入这个缓冲区中,当启动通道请求读入卡片信息时,便可把缓冲区中的内容高速地送到内存,仅需要约 100s 的通道时间。

另外,缓冲技术的引入还可以减少对 CPU 的中断次数,放宽 CPU 对中断响应时间的限制。例如,从远程终端发来的数据若仅用一位缓冲寄存器来接收,则必须在每收到一位数据后便中断 CPU 一次,而且在下次数据到来之前,必须将缓冲寄存器中的内容取走;否则会丢失数据。如果设置一个 16 位的缓冲寄存器来接收信息,则仅当 16 位都装满时才中断 CPU 一次,从而把中断的频率降低为原来的 1/16。

总之,引入缓冲技术的优点如下。

(1) 缓和 CPU 与 I/O 设备之间速度不匹配的矛盾。

(2) 提高 CPU、通道与 I/O 设备间的并行性。

(3) 减少对 CPU 的中断次数,放宽 CPU 对中断响应时间的要求。

缓冲技术的实现主要是设置合适的缓冲区。缓冲区可以用硬件寄存器来实现硬缓冲,如打印机等都有这样的缓冲区,它的速度虽然快,但成本很高,容量也不会很大,而且具有专用性,故采用不多。另一种较经济的办法就是设置软缓冲,即在内存中开辟一片区域充当缓冲区,缓冲区的大小一般与盘块的大小一样。缓冲区的个数可根据数据输入/输出的速率和加工处理的速率之间的差异情况来确定。

## 4.4.2 缓冲的种类

根据系统设置的缓冲器的个数,可把缓冲技术分为单缓冲、双缓冲和循环缓冲及缓冲池几种。

### 1. 单缓冲

单缓冲是操作系统提供的一种简单的缓冲技术。每当一个用户进程发出一个 I/O 请求时,操作系统在主存的系统区中开设一个缓冲区。

对于块设备输入,单缓冲机制首先从磁盘把一块数据传送到缓冲区,接着操作系统把缓冲区数据送到用户区。由于这时缓冲区已空,操作系统可预读紧接的下一块数据,单缓冲工作示意图如图 4-11(a)所示。对于块设备输出,单缓冲机制的工作方式类似,先把数据从用户区复制到系统缓冲区,用户进程可以继续请求输出,直到缓冲区填满后才启动 I/O 将数据写到磁盘上。

显然,单缓冲机制在某一时刻只能实现单方向的数据传输,如果需要同时进行双方向的数据传输则可能出现数据丢失的情况。

### 2. 双缓冲

为了加快 I/O 的执行速度,实现 I/O 的并行工作和提高设备利用率,需要引入双缓冲工作方式,又称缓冲交换(Buffer Swapping)。如图 4-11(b)所示,在输入数据时,首先

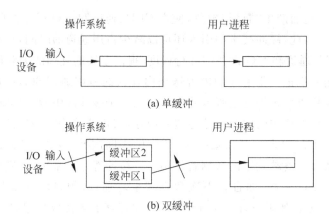

图 4-11　单缓冲和双缓冲工作示意图

填满缓冲区 1,操作系统可以从缓冲区 1 把数据送到用户进程区,用户进程便可对数据进行加工计算;与此同时,输入设备填充缓冲区 2。

　　当缓冲区 1 空出后,输入设备再次向缓冲区 1 输入数据。此时,操作系统又可以把缓冲区 2 的数据传送到用户进程区,用户进程开始加工缓冲区 2 的数据。两个缓冲区交替使用,使 CPU 和 I/O 设备、I/O 设备和用户进程的并行性进一步提高,仅当两个缓冲区都为空,进程还要提取数据时它才被迫等待。双缓冲机制可以同时实现双向的数据传输,一个缓冲区用作发送缓冲区,另一个缓冲区用作接收缓冲区。

　　单缓冲和双缓冲可以使用在控制器和驱动程序中。例如,双缓冲使用在驱动程序中用来存储数据,其中一个缓冲用于等待更高层的应用读取数据,另一个缓冲用于存储从低层模块(控制器)输送来的数据。在这种情况中,驱动程序中的每个缓冲区都需要足够大的空间,以存储整个块的数据,而不仅是单个字节。

**3. 循环缓冲**

　　当输入与输出的速度基本相匹配时,采用双缓冲能获得较好的效果,可使得输入与输出基本上能并行操作。但如果两者速度相差甚远,双缓冲的效果则不够理想,不过随着缓冲区数量的增加,情况会有所改善。例如,"生产者"进程和"消费者"进程共同对一个循环缓冲进行操作,其中"生产者"进程向第 $i$ 个缓冲区写入数据,而"消费者"进程从第 $j$ 个缓冲区读取数据。

　　此时 $n$ 个缓冲区组成的循环缓冲中 0 到 $i-1$ 的缓冲区以及 $j$ 到 $n-1$ 的缓冲区是满的,而 $i$ 到 $j-1$ 的缓冲区为空。"生产者"进程可以填写 $i$ 到 $j-1$ 的缓冲区,"消费者"进程可以读取 0 到 $i-1$ 的缓冲区以及 $j$ 到 $n-1$ 的缓冲区。

　　1) 循环缓冲的组成

　　可以将多个缓冲组织成循环缓冲形式,对于用作输入的循环缓冲,通常是提供给输入进程或计算进程使用。其中输入进程不断向空缓冲区输入数据,计算进程则从中提取数据进行计算。作为输入缓冲的多缓冲区可以分为三类:用于装输入数据的空缓冲区 R、已装满数据的缓冲区 G 以及计算进程正在使用的现行工作缓冲区 C。

　　作为输入缓冲区可设置 3 个指针:用于指示计算进程下一个可用缓冲区 G 的指针

Nextg、指示输入进程下次可用的空缓冲区 R 的指针 Nexti 以及用于指示计算进程正在使用的缓冲区的指针 Current。

2) 循环缓冲区的使用

计算进程将数据从缓冲区中 G 取出进行计算,图 4-12(a)给出了当前循环缓冲区的初始情况,调用 Nextg 指针,将其当前指向的缓冲区 C 变为工作缓冲区,得到图 4-12(b)所示的结果。

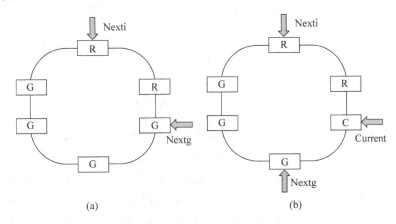

图 4-12　循环缓冲区的使用

输入进程将输入数据写入缓冲区,利用 Nexti 指针指向的缓冲区进行操作。

### 4. 缓冲池

当系统较大时,将会有许多循环缓冲区,此时需要消耗大量的内存空间,而且其利用率不高。为了提高缓冲区的利用率,目前广泛采用公用缓冲池的方法。

缓冲池由内存中的一组缓冲区构成。操作系统与用户进程将轮流地使用各个缓冲区,以改善系统性能。缓冲池中多个缓冲区可供多个进程使用,既可用于输出又可用于输入,是现代操作系统经常采用的一种公用缓冲技术。

1) 缓冲池的组成

缓冲池中的缓冲区一般包含 3 种类型,即空闲缓冲区、装满输入数据的缓冲区、装满输出数据的缓冲区。为了管理方便,系统将同一类型的缓冲区连成一个队列,形成以下 3 个队列。

(1) 空闲缓冲区队列 emq:由空闲缓冲区所连成的队列。

(2) 输入队列 inq:这是由装满输入数据的缓冲区所连成的队列。

(3) 输出队列 outq:这是由装满输出数据的缓冲区所连成的队列。

除了上述 3 个队列外,还应具有 4 种工作缓冲区。

(1) 用于收容输入数据的工作缓冲区。

(2) 用于提取输入数据的工作缓冲区。

(3) 用于收容输出数据的工作缓冲区。

(4) 用于提取输出数据的工作缓冲区。

2) 缓冲池管理的基本操作——Getbuf 过程和 Putbuf 过程

Getbuf(type):用于从 type 所指定的队列的队首摘下一个缓冲区。

Putbuf(type,number)：用于将由参数 number 所指示的缓冲区挂在 type 队列上。

3）缓冲池的工作方式

缓冲池工作在收容输入、提取输入、收容输出和提取输出 4 种方式下，如图 4-13 所示。

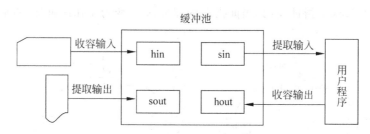

图 4-13　缓冲池的工作方式

（1）收容输入工作方式。在输入进程需要输入数据时，调用 Getbuf(emq)过程，从空缓冲区队列 emq 的队首摘下一个空缓冲区，把它作为收容输入工作缓冲区。然后，把数据输入其中，装满后再调用 Putbuf(inq,hin)过程，将该缓冲区挂在输入队列 inq 的队尾。

（2）提取输入工作方式。当计算进程需要输入数据时，调用 Getbuf(inq)过程，从输入队列取得一个缓冲区作为提取输入工作缓冲区，计算进程从中提取数据。计算进程用完该数据后，再调用 Putbuf(emq,sin)过程，将该缓冲区挂到空缓冲队列 emq 上。

（3）收容输出工作方式。当计算进程需要输出时调用 Getbuf(emq)过程，从空缓冲队列 emq 的队首取得一个空缓冲，作为收容输出工作缓冲区 hout。当其中装满输出数据后，又调用 Putbuf(outq,hout)过程，将该缓冲区挂在输出队列 outq 末尾。

（4）提取输出工作方式。当要输出时，由输出进程调用 Getbuf(outq)过程，从输出队列的队首取一个装满输出数据的缓冲区，作为提取输出工作缓冲区 sout。在数据提取完后，再调用 Putbuf(emq,sout)过程，将它挂在空缓冲队列 emq 的末尾。

## 4.5　设备分配

前面已经介绍了 I/O 数据传送控制方式及与其紧密相关的中断技术与缓冲技术。在讨论这些问题时，已经做了以下假定：每一个准备传送数据的进程都已经申请到了它所需要的外围设备、控制器和通道。

事实上，由于设备、控制器和通道资源的有限性，不是每一个进程随时随地都能得到这些资源。进程必须首先向设备管理程序提出资源申请，然后由设备分配程序根据相应的分配算法为进程分配资源。如果申请进程得不到它所申请的资源时，将被放入资源等待队列中等待，直到所需要的资源被释放。

下面讨论设备分配和管理的数据结构、分配策略原则以及分配算法等。

### 4.5.1　设备分配所用的数据结构

为了及时掌握设备情况以便分配设备控制器和通道，设备管理系统必须建立相应的数据结构。在这些数据结构中,记录了相应设备或控制器等状态,以及对它们进行控制所需要的信息。在进行设备分配时所需的数据结构主要有设备控制表(Device Control Table,DCT)、控制器控制表(Controller Control Table,COCT)、通道控制表(Channel Control Table,CHCT)、系统设备表(System Device Table,SDT)。图4-14列出了各自的主要组成部分,下面对它们做一简要介绍。

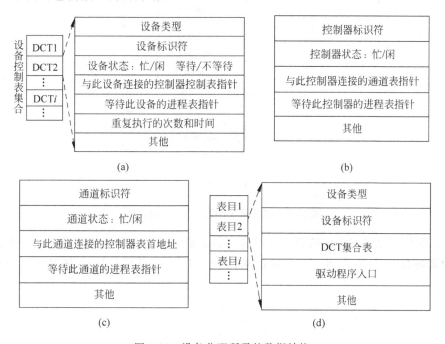

图4-14 设备分配所需的数据结构

### 1. 设备控制表 DCT

系统为每一个设备都配置了一张设备控制表 DCT,用来记录设备的特性、设备和 I/O 控制器的连接情况以及设备的分配和使用情况,如图 4-14(a)所示。DCT 在系统生成时或在该设备和系统连接时创建,但表中的内容则可根据系统执行情况动态修改。它主要包括以下内容。

(1)设备标识符。该设备的设备名或设备号,用来标识设备。

(2)设备类型。用来表示设备的特性,如是块设备还是字符设备等。

(3)设备地址。每个设备都有相应的地址。这个地址既可以与内存统一编址,也可以单独编址。

(4)设备状态。它是指设备处于等待还是不等待状态,忙还是闲的状态。当设备自身正处于使用状态时,应将设备的忙标志置"1"。若与该设备相连接的控制器或通道正忙,不能启动该设备,则此时将设备的等待标志置"1"。

(5)与设备连接的控制器表指针。该指针指向该设备所连接的控制器控制表。在有多条通路的情况下,一个设备将与多个控制器相连,如图4-15所示,与设备A连接的控制器有B和C。在该项内置入与此设备相连的控制器控制表首地址,因为控制器B和C连到同一设备 A 上,所以控制器 B 和 C 的 COCT 也连接在一起。

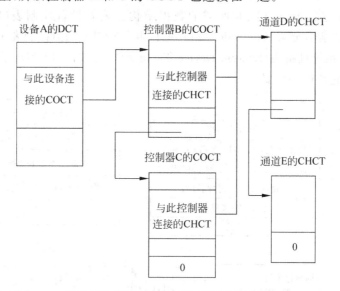

图 4-15    DCT 和 COCT、CHCT 的连接

（6）等待该设备的进程队列。凡因请求本设备而未得到满足的进程,其 PCB 都按照一定的策略排成一个队列——设备请求队列。其队首指针指向队首 PCB,如图 4-16 所示。

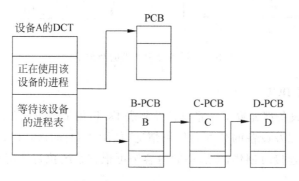

图 4-16    DCT 和 PCB 的连接

（7）重复执行次数或时间。由于外部设备在传送数据时,较易发生信息传送错误,因而在许多系统中,如果发生传送错误,并不立即认为传送失败,而是令它重新传送,并由系统规定设备在工作中发生错误时应重复执行的次数。在重复执行时,若能恢复正常传送,则仍认为传送成功,仅当屡次失败致使重复执行次数达到规定值而传送仍不成功时,才认为传送失败。

（8）其他信息,如一些释放信息等。

**2. 控制器控制表 COCT**

系统为每个控制器都设置了一个 COCT,用它来反映 I/O 控制器的使用情况以及所连接的通道情况,如图 4-14(b)所示。COCT 中各相应项意义与 DCT 类似。

### 3. 通道控制表 CHCT

此表存在于设置有通道的系统中,每个通道也都配有一张通道控制表,如图 4-14(c)所示。它与 DCT 类似,包括通道标识符、通道忙/闲标识符等,在此不再赘述。

### 4. 系统设备表 SDT

此表记录系统中设备资源的状态,即反映出系统中有多少设备,其中有多少是空闲的,而又有多少已分配给了哪些进程。在整个系统中设置唯一的系统设备表 SDT 是系统范围数据结构,记录了系统中全部设备情况,并为每个设备设置了一个表项,如图 4-14(d)所示。SDT 的每个表项主要包括以下内容。

(1) 设备类型和设备标识符,含义同 DCT。

(2) 正在使用设备的进程标识。

(3) 指向有关设备的设备控制表——DCT 指针。

除了以上 4 种主要的数据结构外,还有设备数据块(Device Data Block,DDB)、设备分配块(Device Allocation Block,DAB)和 I/O 请求包(I/O Request Package,IRP)等。设备数据块 DDB 用以描述同类设备的公共属性以及与该类设备有关的处理程序等信息(如分配程序的地址、设备中断处理程序的地址、启动 I/O 例程的地址等),系统为每一类外设建立了一个 DDB。

设备分配块 DAB 描述的是当进程请求分配设备时,若得到了所需设备时写入设备及控制器、通道的有关信息(DCT、COCT、CHCT 的地址信息等)。I/O 请求包 IRP 存放当进程发出 I/O 请求时的有关 I/O 信息(请求 I/O 的进程标识符、I/O 操作的 I/O 功能码、请求 I/O 时进程的优先级、缓冲区始址等)。IRP 是动态建立的,并且它将被连接到 DCT 中。有了这些数据结构后,对于配置有通道的计算机系统,设备分配程序还应考虑至少以下 3 个问题。

(1) 是否有能用来为 I/O 请求提供服务的通路?

(2) 是否有多条通路可用?

(3) 如果当前没有可用通路,那么通路何时才能空闲?

所以设备分配程序一方面要随时记录设备、控制器和通道的状态信息,另一方面还要构成设备到内存的通路。

根据所请求的 I/O 设备,由系统设备表找到该设备的设备控制表 DCT,然后检查 DCT。例如,所要求的设备是图 4-15 中的设备 A,于是 I/O 设备分配程序检查设备 A 的 DCT,从中找到与此设备相连的 COCT,发现控制器 B、C 与 A 相连。如果控制器 B 不忙,则从控制器 B 的 COCT 中找出与此控制器相连的通道。其结果是:通道 D 和 E 与控制器 B 的 COCT 相连。如果通道 D 正忙,而通道 E 空闲,那么便可构成一条 I/O 通路:通道 E→控制器 B→设备 A。

对于所请求的 I/O 设备,根据上述的查找方法,可能出现 3 种情况。

(1) 对于所请求的 I/O 设备,仅有一条通路可用,如通道 E→控制器 B→设备 A。

(2) 对于所请求的 I/O 设备,可以找出一条以上的可用通路,如上例中,最多可找出 4 条可用通路:

通道 D→控制器 B→设备 A；

通道 D→控制器 C→设备 A；

通道 E→控制器 B→设备 A；

通道 E→控制器 C→设备 A。

（3）对于所请求的 I/O 设备，没有一条可用的通路。若通道 D、E 都处于忙状态，则对于设备 A，就没有可用通路。

在 I/O 繁忙的情况下，暂时没有可用通路是完全可能的。但是当 I/O 完成后就会有一个或多个部件（设备、控制器和通道）被释放，于是此时 I/O 设备分配程序又会构成 I/O 通路。因此，当有进程提出 I/O 请求后，如果有可用通路，则在 DCT、COCT、CHCT 中将进程名（或进程 PCB 的首地址）登记在表示正在使用该设备（或控制器或通道）的状态表项内；如果没有一个可用的通路，则进行排队等候，如图 4-16 所示。

至此，上述 3 个问题都已解决，设备分配程序就可以按照一定的策略进行设备分配。至于分配时该按照什么样的原则和算法，下面将具体讲解。

## 4.5.2　设备分配原则

设备分配的原则是根据设备特性、用户要求和系统配置情况决定的。设备分配的总原则是：充分发挥设备的使用效率，尽可能地让设备忙碌，但又要避免由于不合理的分配方法造成进程死锁。

由于在多道程序系统中，进程数多于资源数，会引起资源的竞争。因此，要有一套合理的分配原则。主要考虑的因素有 I/O 设备的固有属性、I/O 设备的分配算法、设备分配的安全性以及与设备无关性。

### 1. 设备的固有属性

在分配设备时需要考虑设备的固有属性。例如，有的设备在一段时间内仅能给一个进程使用，而有的设备可以被多个进程共享。按照设备自身的使用性质可以分为以下 3 种。

1) 独占设备的分配

独占设备的分配有两种方式，一种是静态分配方式，另一种是动态分配方式。

（1）静态分配方式是在用户作业开始执行前，由系统一次性分配该作业所要求的全部设备、控制器（和通道）。一旦分配后，这些设备、控制器（和通道）就一直为该作业所占用，直到该作业被撤销。静态分配方式不会出现死锁，但设备的使用效率低。

（2）动态分配方式是在进程执行过程中根据执行需要进行分配。当进程需要设备时，通过系统调用命令向系统提出设备请求，由系统按照事先规定的策略给进程分配所需要的设备和 I/O 控制器，一旦用完之后便立即释放。动态分配方式有利于提高设备的利用率，但如果分配算法使用不当，则有可能造成进程死锁。

2) 共享设备分配

对于共享设备，由于同时有多个进程访问且访问频繁，有可能影响设备的使用效率，从而影响系统效率。因此要考虑多个访问请求到达时服务的顺序，使平均服务时间越短越好。

3) 虚拟设备分配

虚拟设备分配的实现过程是：当进程申请独占设备时，系统给它分配共享设备上的部分存储空间，当进程要与设备交换信息时，系统就把要交换的信息存放在这部分存储空间中，在适当时将设备上的信息传输到存储空间中或将存储空间中的信息传送到设备。

**2. I/O设备的分配算法**

对设备进行分配的算法，与进程调度的算法有些相似之处，但前者相对简单，通常采用以下两种分配算法。

1) 先来先服务

当有多个进程对同一设备提出I/O请求时，该算法是根据各个进程对某设备提出请求的先后次序，将进程对设备的请求形成I/O请求块，将多个I/O请求块链接成请求队列，设备分配程序总是将设备首先分配给队首进程。

2) 优先级最高者优先

优先级最高者优先策略是将I/O请求队列中的进程按照优先级排序，根据进程的优先级高低来进行设备的分配，这种方法有助于优先级高的进程最先完成运行。

**3. 设备分配的安全性**

设备分配的安全性是指设备分配时应保证不发生进程的死锁。在进行静态设备分配时不会出现死锁，但设备的使用效率低。进行动态设备分配时，可以分为两种方式，即安全分配方式和不安全分配方式。

安全分配方式是指每当进程发出一个I/O请求后，便进入阻塞状态，直到其I/O操作完成时才被唤醒。进程运行时不保持任何设备资源，打破了产生死锁的"请求和保持"条件，因此这种分配方式是安全的。但这种分配算法使得CPU与I/O设备串行工作，设备的利用率比较低。

不安全分配方式是进程发出一个I/O请求后仍可以继续运行，需要时再发送第二个I/O请求、第三个I/O请求等。只有当进程所请求的设备已被另一个进程占用时，进程才进入阻塞状态。

**4. 与设备无关性**

为了方便用户使用设备，用户在程序中使用逻辑设备名，使用户程序与所使用的物理设备无关。系统中必须有一张联系逻辑设备名称和物理设备名称的映像表，即进程连接表（Process Attachment Table，PAT）。

## 4.5.3　设备分配程序

当系统具备了上述数据结构，并且确定了一定的分配原则时，如果某个进程提出了I/O请求，则设备分配程序即按照以下步骤进行设备的分配，如图4-17所示。

（1）根据进程提出的物理设备名检索系统设备表SDT，从中找到该物理设备的设备控制表DCT。

（2）检查DCT中的状态信息字段，了解该设备是否处于"忙"状态。若是，则将该进

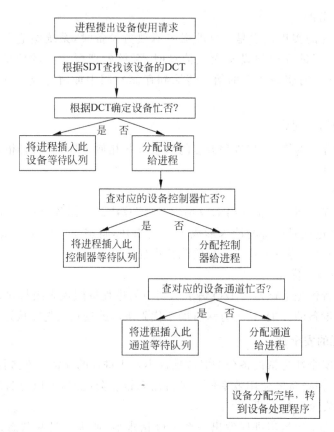

图 4-17　设备分配过程

程插入该设备的等待队列中等待；若该设备空闲,系统按照一定的算法计算分配设备的
安全性;如果分配不会产生死锁,则调用分配子程序分配该设备给进程,否则,仍将该进
程插入等待队列中。

（3）当设备分配给请求 I/O 的进程后,可从该设备的设备控制表（DCT）中与该设备
相连的控制器表指针一栏找到与此设备相连的控制器控制表（COCT）。

（4）检查 COCT 中的状态信息字段,从而判断控制器是否处于"忙"状态。若是,则把
请求 I/O 的进程插入该控制器的等待队列中;否则,分配控制器给进程。

（5）通过 COCT 中的通道表指针,检查与此控制器相连的通道状态。若通道处于
"忙"状态,则将请求 I/O 的进程插入该通道的等待队列中等待;若不忙,则分配通道给
进程。

至此,如果某个进程在经过上述过程处理后,获得了设备、控制器和通道,则可在设备
处理程序的控制下,启动 I/O 设备,开始进行信息的传送。多通路 I/O 系统中的设备分
配程序的分配过程大体上和上述过程一致,只是一台 I/O 设备可连接几个控制器,一个
控制器又可连接几个通道。考虑用户程序与设备的无关性,系统可选取该类设备中的任
意一个设备分配给进程。因此,只有此类设备中的所有设备都忙,才将进程插入该设备的
等待队列中。

## 4.5.4　SPOOLing 技术

所有的字符设备都是独占设备并且属于慢速设备,本质上属于顺序存取设备。因此,如果一个进程需要某台字符设备与内存进行数据交换时,由于字符设备传送数据速度慢,进程常常要等待较长时间,并且在该数据交换完成之前,其他进程是不能在同一时刻访问这台设备的,即使设备利用率较高的动态分配也不能真正提高这类设备的利用率。如果一个进程正在使用这类设备进行大量的数据交换,其他需要同时访问该设备的进程就需要等待较长的时间后,才能进行输入或输出的数据交换,显然,这降低了整个系统的并行处理能力。

SPOOLing(Simultaneous Peripheral Operating On-Line)技术,即同时联机外围操作技术,它是关于慢速字符设备如何与计算机主机进行数据交换的一种技术,通常又称假脱机技术。在多道程序环境下,利用多道程序中的一道或两道程序来模拟脱机 I/O 中的外围控制机的功能,以达到“脱机”I/O 的目的。利用这种技术可把独占设备转变成可共享的虚拟设备,从而提高独占设备的利用率和进程的推进速度。假脱机技术如图 4-18 所示。

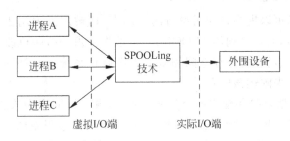

图 4-18　假脱机技术示意图

SPOOLing 系统是对脱机 I/O 工作的模拟,它必须有大容量的且可随机存取的外存储器的支持。其主要思想是在联机的条件下,进行两个方向的操作,在数据输入时,将数据从输入设备传送到磁盘或磁带(块设备),然后把这些块设备与主机相连;反过来,在数据输出时,将输出数据传送到磁盘或磁带上,再从磁盘或磁带传送到输出设备。这样,可以将一台独占的物理设备虚拟为并行使用的多台逻辑设备,从而使该物理设备被多个进程共享。

### 1. SPOOLing 系统的组成

SPOOLing 系统通常由以下三部分组成,如图 4-19 所示。

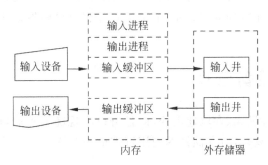

图 4-19　SPOOLing 系统的组成

（1）输入井和输出井是采用 SPOOLing 技术的系统在外存储器（通常为磁盘）上开辟的两个存储空间。输入井是在模拟脱机输入时要使用的、外存储器上的一个存储空间，它用于收容（或暂存）I/O 设备输入的数据。输出井是在模拟脱机输出时要使用的块设备上另一个存储空间，用于收容（或暂存）用户程序的输出数据。

（2）输入缓冲区和输出缓冲区是采用 SPOOLing 技术的系统在内存中开辟的两个缓冲区。其中，输入缓冲区用来暂存输入设备传送来的数据，以后再分批传送到输入井。输出缓冲区用来暂存从输出井成批传送来的数据，以后再慢慢传送给输出设备。

（3）输入进程（SPOOLing Process Input，SPI）和输出进程（SPOOLing Process Output，SPO）是采用 SPOOLing 技术的系统在内存中的两个执行进程。输入进程 SPI 是模拟脱机输入时的外围控制机，它将用户要求处理的数据从输入设备通过输入缓冲区再送到输入井，当 CPU 处理这些输入数据时，就直接从输入井读入内存。输出进程 SPO 是模拟脱机输出时的外围控制机，把用户要求输出的数据，先从内存送到输出井，待输出设备空闲时，再将输出井中的数据通过输出缓冲区传送到输出设备上。

**2. 利用 SPOOLing 技术实现打印机共享**

共享打印机技术可以提高打印机设备的利用率，已被广泛地用于多用户系统和计算机局域网络中，它实际上就是利用 SPOOLing 技术将独占的打印机改造为一台供多个用户共享的设备，只要有足够的外存空间和多道程序操作系统的支持即可。下面从请求打印和实际打印两方面来阐述该问题。

（1）当用户进程请求打印输出时，SPOOLing 系统立即同意为该进程执行打印输出，但并不是真正地把打印机分配给该用户进程，而只是为该进程做两项工作：一项工作是由输出进程 SPO 在输出井中为之申请一个空闲的存储空间，并将要打印的数据传送其中存放；另一项工作是由输出进程 SPO 再为用户进程申请一张空白的用户请求打印表，并将用户的打印要求填入其中，然后将该表挂到打印机的请求打印队列上。这时，如果还有另一个进程请求打印机时，则系统仍同意为该进程执行打印输出，系统所做的工作仍是以上两项。

（2）在打印机执行实际打印时，如果打印机空闲，输出进程 SPO 将从请求打印队列的队首取出一张请求打印表，根据表中的要求将要打印的数据从输出井传送到内存输出缓冲区，再传送到打印机进行打印。打印完后，输出进程 SPO 将再检查请求打印队列中是否还有待打印的请求表，若有则再取出一张请求打印表，按新打印表的要求继续打印。如此反复，直到请求打印队列为空为止，输出进程才将自己阻塞起来，并在下次再有打印请求时被唤醒。

# 4.6　磁盘设备管理

磁盘存储器不仅容量大、存取速度快，而且可以实现随机存取，但磁盘设备与其他外部设备相比，运行相对复杂，对存储器的使用管理也相对特殊。

## 4.6.1 存储设备的物理结构

磁盘可包括一个或多个盘片,每片分两面,每面可分成若干条磁道,各磁盘之间留有必要的间隙。在每条磁道上可存储相同数目的二进制位。每条磁道又分为若干个扇区,每个扇区的大小相当于一个盘块,各扇区之间保留一定的间隙。

### 1. 磁盘技术

磁盘设备可以包括一个或多个物理盘片,每个磁盘片分为一个或两个存储面,每个磁盘面被组织成若干个磁道,磁盘驱动器的结构如图 4-20 所示。

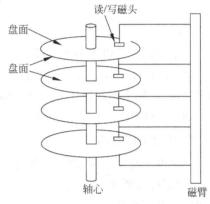

图 4-20 磁盘驱动器的结构

1)磁头

磁头是磁盘中对盘片进行读/写工作的工具,是磁盘中最精密的部位之一。磁头是用线圈缠绕在磁芯上制成的。磁盘在工作时,磁头通过感应旋转的盘片上磁场的变化来读取数据,通过改变盘片上的磁场来写入数据。为避免磁头和盘片的磨损,在工作状态时,磁头悬浮在高速转动的盘片上方,而不与盘片直接接触,只有在电源关闭之后磁头才自动回到在盘片上的固定位置。

2)磁道

当磁盘旋转时,若磁头保持在一个位置上,则每个磁头都会在磁盘表面画出一个圆形轨迹,这些圆形轨迹就叫作磁道。这些磁道仅是盘面上以特殊方式磁化了的一些磁化区,磁盘上的信息便是沿着这样的轨道存放的。相邻磁道之间并不紧挨着,这是因为磁化单元相隔太近时磁性会产生相互影响,同时也为磁头的读/写带来困难。一张 1.44MB 的 3.5 英寸软盘,一面有 80 个磁道,而硬盘上的磁道密度则远远大于此值,通常一面有成千上万个磁道。

3)扇区

磁盘上的每个磁道被等分为若干个弧段,这些弧段是磁盘的扇区,每个扇区可以存放 512B 的信息,磁盘驱动器在向磁盘读取和写入数据时,要以扇区为单位。

4)柱面

磁盘通常由重叠的一组盘片构成,每个盘面都被划分为数目相等的磁道,并从外缘的"0"开始编号,具有相同编号的磁道形成一个圆柱,称为磁盘的柱面。磁盘的柱面数与一个盘面上的磁道数是相等的。由于每个盘面都有自己的磁头,因此,盘面数等于总的磁头数。硬盘的 CHS 是指 Cylinder(柱面)、Head(磁头)、Sector(扇区),只要知道了硬盘的 CHS 的数目,即可确定硬盘的容量,硬盘的容量=柱面数×磁头数×扇区数×512B。

为了在磁盘上存储数据,必须先将磁盘格式化。图 4-21 给出了磁盘中一条磁道格式化后的情况。其中每条磁道包含 30 个固定大小的扇区,每个扇区容量为 600B,其中 512B 存放数据,其余字节用于存放控制信息。

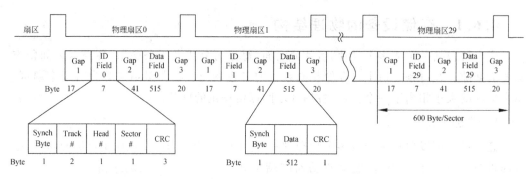

图 4-21　磁盘的格式化

每个扇区包括以下两个字段。

（1）标识符字段。其中一个字节的 Synch 具有特定的位图像，作为该字段的定界符，利用磁道号、磁头号及扇区号三者来标识一个扇区，CRC 字段用于段校验。

（2）数据字段。存放 512B 的数据。

**2. 磁盘访问时间**

磁盘设备在工作时，以恒定的速率旋转，为了读和写，磁头必须能移动到所要求的磁道上，并等待所要求的扇区的开始位置旋转到磁头下，然后再开始读和写，因此磁盘访问时间包括以下 3 个部分。

（1）寻道时间：磁头移动到指定柱面的机械运动时间。

（2）旋转延迟时间：磁盘旋转到指定扇区的机械运动时间。

（3）数据传输时间：从指定扇区读/写数据的时间。

考虑一个典型的磁盘，平均寻道时间为 10ms，转速为 10000r/min，每个磁道有 320 个扇区，每个扇区 512B。假设读取一个包含 2560 个扇区的文件，文件大小为 1.3MB，计算磁盘的访问时间可分两种情况进行讨论。

1）文件紧致存放

假设文件尽可能紧致地保存在磁盘上，文件占据了 8 个相邻磁道中的所有扇区，那么读第一个磁道的平均寻道时间需 10ms，旋转延迟时间需 3ms，读 320 个扇区需 6ms，I/O 操作对随后的磁盘访问不需要寻道就可以直接访问，因此从第二个磁道开始只需要计算旋转延迟时间和数据传输时间，整个文件的访问时间的计算方法如下：

$$访问时间 = 第一磁道的访问时间 + 2 \sim 8 磁道的访问时间$$
$$= [(10 + 3 + 6) + 7 \times (3 + 6)] = 82(\text{ms})$$

2）文件随机存放

假设文件随机松散地存放在磁盘上，平均分配在磁盘上的各扇区中，读每个扇区的平均时间需 0.01875ms（6ms/320 个扇区），整个文件的访问时间如下：

$$访问时间 = 2560 \times (10 + 3 + 0.01875)\text{ms} = 33328\text{ms} = 33.328\text{s}$$

根据实际系统使用情况发现，磁盘读扇区的顺序对磁盘访问时间的影响很大，追溯起来主要是寻道时间的影响。因此为了提高磁盘访问速度，需要有效地缩短寻道时间。

## 4.6.2　磁盘调度

### 1. 先来先服务

先来先服务(First Come First Served,FCFS)磁盘调度算法根据进程请求访问磁盘的先后次序进行调度。该算法的优点是实现简单,每个进程的请求都能依次得到处理,不会出现某一进程长期得不到响应的情况。该算法的主要不足是未对寻道方法进行优化,使得平均寻道时间比较长。

例如,磁盘请求队列中所涉及的柱面号为 98、183、37、122、14、124、65、67(请求顺序),磁头的初始柱面位置为 53。

使用先来先服务调度算法根据磁盘请求的顺序,对柱面 98、183、37、122、14、124、65、67 进行访问,磁头移动过程如图 4-22 所示。磁头共移动 640 个磁道。

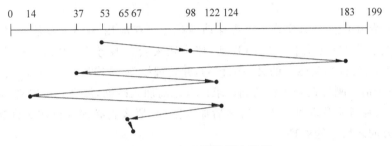

图 4-22　FCFS 调度算法示例

图 4-22 中从柱面 122 到 14 再到 124 的大摆动,可以发现该算法的调度不够优化。如果对柱面 37 和 14 的请求一起处理,那么总的磁头移动会大大减少,且性能也会因此得到改善。

### 2. 最短寻道时间优先

最短寻道时间优先(Shortest Seek Time First,SSTF)是指磁盘调度算法每次选择要求访问的磁道与当前磁头所在的磁道距离最近的进程,这样就可以确保每次的寻道时间最短。如图 4-23 所示,按 SSTF 算法进行调度时,各进程被调度的顺序,磁头共移动 236 个磁道。由于寻道时间与两次服务之间的磁道数目成正比,所以最短寻道时间优先调度算法能有效地减少寻道时间。

最短寻道优先调度算法的缺点是可能导致队列中某些寻道请求长时间得不到服务而发生"饥饿"现象。因为只要不断有新进程的请求到达,且其所有要访问的磁道与磁头当前所在的磁道的距离较近,这种新进程的磁盘请求必然被优先满足。

比较图 4-22 和图 4-23 可以看出,SSTF 算法的平均每次磁头移动距离明显低于FCFS 的距离,因而 SSTF 与 FCFS 相比有较好的寻道性能。但是 SSTF 仍不是最优算法,在上例中,如果磁头从柱面 53 先移动到 37,然后再移动至 14,最后才返回访问 65、67、98、122、124 和 183,则磁头移动只有 208 磁道,效果要好于 SSTF 算法。

### 3. 扫描算法

扫描算法 SCAN 不仅考虑欲访问的磁道与当前磁道间的距离,更优先考虑磁头当前

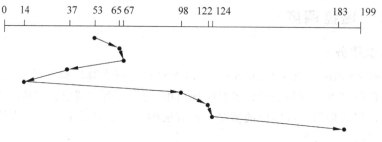

图 4-23 SSTF 调度算法示例

的移动方向。该算法是将磁头从磁盘的一端开始向另一端移动,沿途响应访问请求,直至到达了磁盘的另一端,此时磁头反向移动并继续响应服务请求,有时也称为电梯算法。该算法能有效地避免"饥饿"现象。该算法的主要缺点是不利于远离磁头一端的访问请求。

图 4-24 给出了按 SCAN 算法磁头移动的顺序。在应用 SCAN 算法时,需要知道磁头移动的方向。如果磁头朝 0 方向移动,那么磁头会先服务 37,然后访问 14。在柱面 0 时,磁头会调转方向,朝磁盘的另一端移动,并处理柱面 65、67、98、122、124、183 上的请求。如果一个请求刚好在磁头移动到请求位置之前加入队列,那么它可以立即得到处理;如果一个请求在磁头移动到请求位置之后加入队列,那么它必须等待磁头到达磁盘的另一端,调转方向之后才能处理。

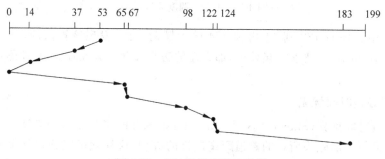

图 4-24 SCAN 调度算法示例

### 4. 循环扫描算法

SCAN 算法既能获得较好的寻道性能又能防止"饥饿"现象,因此被广泛用于磁盘调度中。但是 SCAN 算法中当磁头移动越过请求位置之后又有新进程加入请求该位置的队列中,进程必须等待,导致该进程的请求被延迟。为了减少这种延迟,可以采用循环扫描算法(C-SCAN)。

该算法是 SCAN 算法的变形,能够提供一个更为均匀的等待时间。C-SCAN 算法是将磁头从磁盘一端移动到磁盘的另一端,随着移动不断地处理请求。当磁头移动到另一端时,它会立即返回到磁盘起始位置,然后依次移动处理。在返回到起始位置的过程中不处理任何请求,即规定磁头是单向移动的,最小磁道号紧接着最大磁道号构成循环,进行循环扫描。

图 4-25 给出了循环扫描算法的移动顺序。如果磁头朝着柱面 199 的方向移动,那么磁头将处理柱面 65、67、98、122、124、183 上的请求,在柱面 199 处理完成后返回到柱面 0 的位置,然后处理柱面 14 和 37 上的请求。

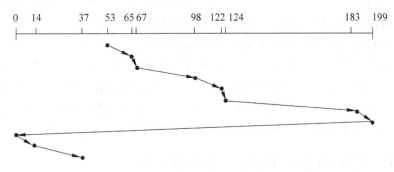

图 4-25　C-SCAN 调度算法示例

### 4.6.3　磁盘高速缓存

由于磁盘 I/O 速度远远低于对内存的访问速度,磁盘的 I/O 速度成为计算机系统的"瓶颈"。为提高磁盘的 I/O 速度,可以采用磁盘高速缓存(Disk Cache)技术。

**1. 磁盘高速缓存的形式**

磁盘高速缓存中存储了最近从磁盘读来的信息或上次被写入磁盘的信息。如果所需的信息已保留在磁盘高速缓存中,访问时间就相对较快,不必等待磁盘驱动器机械部分从磁盘中寻找信息。磁盘高速缓存利用了内存中的存储空间,暂存从磁盘中读出的一系列盘块中的信息。因此,这里的高速缓存是一组在逻辑上属于磁盘,而物理上是驻留在内存中的盘块。

高速缓存在内存中可以分成两种形式。第一种是在内存中开辟一个单独的存储空间作为磁盘高速缓存,其大小是固定的,不会受应用程序多少的影响;第二种是把所有未利用的内存空间变为一个缓冲池,供请求分页系统和磁盘 I/O 时(作为磁盘高速缓存)共享。此时高速缓存的大小,显然不再是固定的。当磁盘 I/O 的频繁程度较高时,该缓冲池可能包含更多的内存空间;而在应用程序运行得较多时,该缓冲池可能只剩下较少的内存空间。

**2. 置换算法**

和请求调度系统相似,在将磁盘中的盘块数据读入高速缓存时会出现空间不足需要置换的问题。因此,需要考虑使用哪种置换算法。较常见的置换算法是最近最久未使用算法、最近未使用算法和最少使用算法等。

为了确保数据的一致性,可以将系统中所有的盘块数据链接成一条 LRU 链,对将会严重影响数据一致性的数据和很久都可能不再使用的盘块数据都放在 LRU 头部,使它们能被优先写回磁盘,以减少发生数据不一致的概率,或者可以尽早地腾出高速缓存的空间。

**3. 周期性地写回磁盘**

若经常访问的数据一直保留在磁盘高速缓存中,长期不被写回磁盘,一旦系统出现故障,存在磁盘高速缓存中的数据将丢失。为了解决这一问题,在 UNIX 系统中专门增设了一个修改程序,使之在后台运行,该程序周期性地调用一个系统调用 SYNC。该系统调用的主要功能是强制性地将所有在高速缓存中已修改的盘块数据写回磁盘。

一般把两次调用 SYNC 的时间间隔定为 30s,因此由于系统故障所造成的工作损失不会超过 30s。而在 MS-DOS 中采用的方法是:只要高速缓存中的某盘块数据被修改,便立即将它写回磁盘,并将这种高速缓存称为"写穿透、高速缓存"(Write-Through Cache)。MS-DOS 采用的写回方式,几乎不会造成数据的丢失,但需频繁地启动磁盘。

## 4.6.4 提高磁盘 I/O 速度的其他方法

**1. 提前读**

用户经常采用顺序方式访问文件的各个盘块上的数据,在读当前盘块时已能知道下次要读出的盘块的地址,因此,可在读当前盘块的同时,提前把下一个盘块数据也读入磁盘缓冲区。这样一来,当下次要读盘块中的数据时,由于已经提前把它们读入了缓冲区,便可直接从缓冲区使用数据,而不必再启动磁盘 I/O,从而减少了读数据的时间,也就相当于提高了磁盘 I/O 速度。"提前读"功能已被许多操作系统如 UNIX、OS/2、Windows 等广泛采用。

**2. 延迟写**

在执行写操作时,磁盘缓冲区中的数据本来应该立即写回磁盘,但考虑该缓冲区中的数据不久之后很可能再次被输入进程或被其他进程访问,因此,并不马上把缓冲区中的数据写回磁盘,而是把它挂在空闲缓冲区队列的末尾。随着空闲缓冲区的使用,存有输出数据的缓冲区指针也不停地向队列头移动,直至移动到空闲缓冲区队列之首。

当再有进程申请缓冲区,且分到了该缓冲区时,才把其中的数据写回磁盘上,使得这个缓冲区可以作为空闲缓冲区进行分配。只要存有输出数据的缓冲区还在队列中,任何访问该数据的进程都可直接从中读出数据,不必再去访问磁盘。这样做可以减少磁盘的 I/O 时间,相当于提高了 I/O 速度。同样,在 UNIX、OS/2 和 Windows 中也采用了这一技术。

UNIX/Linux 提供了两种读盘方式和 3 种写盘方式。

(1) 正常读。把磁盘上的块信息读入内存缓冲区。

(2) 提前读。在读一个磁盘当前块时,把下一个磁盘信息块也读入内存缓冲区。

(3) 正常写。把内存缓冲区中的信息写到磁盘上,并且写进程应等待写操作完成。

(4) 异步写。写进程无须等待写盘结束就可返回工作。

(5) 延迟写。仅在缓冲区首部设置延迟写标志,然后,释放此缓冲区,并把该缓冲区链入空闲缓冲区链表的尾部。当有另外的进程申请到这个缓冲区时,才真正把缓冲区中的信息写入磁盘。

### 3. 优化物理块的分布

另一个提高对文件访问速度的重要措施,是优化文件物理块(即盘块)的分布,使磁头的移动距离最短。对文件盘块位置的优化,应在为文件分配盘块时进行。如果系统中的空白存储空间是采用位示图方式表示的,只需要从位示图中找到一片相邻接的多个空闲盘块,就可以将同属于一个文件的盘块安排在同一条磁道上或相邻的磁道上。当系统采用线性表(链)表示空闲存储空间时,可以将在同一条磁道上的若干个盘块组成一簇,在分配时以簇为单位进行分配。

### 4. 虚拟盘

虚拟盘是用内存空间去仿真磁盘,又叫 RAM 盘。该盘的设备驱动程序可以接受所有标准的磁盘操作,但这些操作的执行不是在磁盘上而是在内存中。操作过程对用户是透明的,即用户并不会发现这与真正的磁盘操作有什么不同,而仅仅是速度更快一些。

虚拟盘是易失性存储器,一旦系统或电源发生故障,或重新启动系统时,原来保存在虚拟盘中的数据会丢失。因此,该盘常用于存放临时文件。虚拟盘与磁盘高速缓存的主要区别在于:前者内容完全由用户控制,而后者的内容是由操作系统控制的。

## 4.6.5　独立磁盘冗余阵列

独立磁盘冗余阵列(Redundant Array of Independent Disks,RAID)概念是 1987 年由美国加利福尼亚大学 Berkeley 分校一个研究小组的论文中提出,现已被广泛地应用于大中型计算机和计算机网络系统。它利用一台磁盘阵列控制器统一管理和控制一组磁盘驱动器,组成一个速度快、可靠性高、性能价格比好的大容量外存储(磁盘)子系统。

RAID 的提出解决了 CPU 速度快与磁盘设备速度慢之间的问题,RAID 是一种把多块独立的硬盘(物理硬盘)按不同的方式组合起来形成一个硬盘组(逻辑硬盘),从而提供比单个硬盘更高的存储性能和数据备份技术。

组成磁盘阵列的不同方式称为 RAID 级别(RAID Levels)。在用户看来,组成的磁盘组就像是一个硬盘,用户可以对它们进行分区、格式化等。总之,对磁盘阵列的操作与单个硬盘操作一模一样。不同的是,磁盘阵列的存储速度要比单个硬盘高很多,而且可以提供自动数据备份。

通过并行处理,RAID 能有效地提高系统性能。例如,在存放一个文件时,可将该文件中的第一个数据子块放在第一个磁盘中,将文件的第二个数据子块放在第二个磁盘中,将第 $N$ 个数据子块放在第 $N$ 个磁盘中。当读取数据时,同时从 $1 \sim N$ 个数据子块读出数据,这样就可以把磁盘 I/O 的速度提高 $N-1$ 倍。磁盘系统的并行访问可以增加多个小访问的吞吐量,降低大访问的响应时间。

通过镜像技术,RAID 可以改善可靠性。例如,每个逻辑磁盘由两个物理磁盘组成,每次都要写在两个磁盘中。如果一个磁盘损坏,数据可以从另一个磁盘中恢复。只有两个磁盘都损坏了数据才会丢失。通过镜像技术完成了数据的备份,而数据备份的功能使用户数据一旦发生损坏后,利用备份信息可以使损坏数据得以恢复,从而保障了用户数据的安全性。

RAID 样式共有 6 级,即 RAID 0～RAID 5,后来又增加了 RAID 6 和 RAID 7,不同 RAID 级别代表不同的存储性能、数据安全性和存储成本。它们之间的主要差别在于冗余信息数量(增加磁盘的数量)和容错性级别(可纠正错位的数目),以及冗余信息是否分散在多个磁盘中。具体类型描述如下。

1) RAID 0

RAID 0 即数据分条(Data Stripping)技术,可以把多块硬盘连成一个容量更大的硬盘群,可以提高磁盘的性能和吞吐量。RAID 0 没有冗余或错误修复能力,成本低,要求至少两个磁盘,一般只是在那些对数据安全性要求不高的情况下才被使用。

2) RAID 1

采用镜像盘备份所有数据来提高容错性。当读取数据时,系统先从源盘读取数据,如果读取数据成功,则不去管备份盘上的数据;如果读取源盘数据失败,则系统自动转去读取备份盘上的数据,不会造成用户工作任务的中断。RAID 1 磁盘系统的可靠性好,但磁盘利用率不高。

3) RAID 2

采用数据字或字节方式交叉存放,并行存取以获得高性能,使用汉明校验码进行错误校正,以保证输出的正确。

4) RAID 3

使用一个专门的磁盘存放所有的校验数据,而在剩余的磁盘中进行分散数据的读写操作。从一个完好的 RAID 3 系统中读取数据,只需要在数据存储盘中找到相应的数据块进行读取操作即可。但当向 RAID 3 写入数据时,必须计算数据块的校验值,并将新值重新写入校验块中。RAID 3 常用于科学计算和图像处理领域。

5) RAID 4

RAID 4 即带奇偶校验码的独立磁盘结构,数据条带交叉存放,访问请求可以并行地获得满足,适合 I/O 请求速度要求较高的应用场合。

6) RAID 5

把校验块分散到所有的数据盘块中,具有独立传送的功能,各磁盘驱动器可独立读、写,常用于 I/O 较频繁的事务处理中。

7) RAID 6

带有两种分布存储的奇偶校验码的独立磁盘结构,设置了一个专用的、可快速访问的异步校验盘,该盘具有独立的数据访问通路。主要是用于要求数据绝对不能出错的场合。

8) RAID 7

RAID 7 即优化的高速数据传送磁盘结构,它所有的 I/O 传送均是同步进行的,可以分别控制,这样提高了系统的并行性和系统访问数据的速度,每个磁盘都带有高速缓冲存储器,实时操作系统可以使用任何实时操作芯片,达到不同实时系统的需要。

允许使用协议 SNMP 进行管理和监视,可以对校验区指定独立的传送信道以提高效率。可以连接多台主机,当多用户访问系统时,访问时间几乎接近于 0。但如果系统断电,在高速缓冲存储器内的数据就会全部丢失,因此需要和 UPS 一起工作,RAID 7 系统成本很高。

## 综合练习题

1. 为什么引入缓冲？

2. 有几种 I/O 控制方式？各自有何特点？

3. 说明设备分配的过程。

4. 什么是通道？通道有哪几种类型？

5. 什么是"设备独立性"？它有什么好处？如何实现？

6. 简述操作系统是如何使用 SPOOLing 技术实现虚拟打印的。

7. 什么是设备驱动程序？设备驱动程序的功能是什么？

8. 提高磁盘 I/O 速度的方法有哪些？分别加以简单地说明。

9. 若有以下请求磁盘服务的队列,要访问的磁盘柱面分别是 98、183、37、122、14、124、65、67,当前磁头在 53 道时,若按照最短寻道时间优先法,磁头的移动顺序是什么？移动道数是多少？

10. 若磁头的当前位置为 100 磁道,磁头正向磁道号增加的方向移动。现有一磁盘柱面读写请求队列 23、376、205、132、19、61、190、398、29、4、18、40。若采用先来先服务、最短寻道时间优先和扫描算法,说明各自的磁道移动情况。

# 第 **5** 章

# 文 件 管 理

本 章 导 读

　　现代计算机系统需要大量存储数据和程序,并且每个应用程序都会进行信息的存储和检索,随时存在大量的数据输入和输出。计算机内部存储的容量十分有限,并且内存中的数据在断电后不能保存,为了解决这个问题,人们采取将应用程序和运行数据以文件的形式保存在容量极大的外部存储器上,如光盘、磁盘等。

　　当程序运行时,程序和数据再由外存读入内存中,这样可以同时解决内部存储器容量有限和不能长期保存数据两大难题。新的困难又随之出现,即如此大量的程序和数据文件如何有效地组织和管理? 本章的文件管理将详细介绍操作系统如何对外部存储设备中的文件进行管理的过程。文件系统是操作系统中与用户交互最多的一部分,因此现代操作系统都提供完善的文件管理功能,以保证文件系统的安全性、可操作性,提高资源的利用效率。

## 5.1　文件系统概述

### 5.1.1　文件的概念

**1. 文件的定义**

　　文件(File)是具有符号名的一组相关信息的有序序列,是计算机系统中组织和管理信息的形式,目前并没有统一的标准定义,所有的定义大致分为以下两种有代表性的描述。

　　(1) 文件是具有符号名的并在逻辑上有完整意义的一组相关字符流信息(无结构的信息)的有序序列。

　　(2) 文件是具有符号名的并在逻辑上有完整意义的一组相关记录项(有结构的信息)的有序序列。

　　以上两种描述实际上定义了以下两种形式的文件。

第一种定义的文件是由字符流组成的,文件的基本单元是字节,这是一种无结构的文件,又被称为流式文件。流式文件在 MS-DOS 操作系统中被用作文件组织形式。流式文件采用的是字符流形式组织数据,与源程序、目标代码等在形式上是一致的,所以流式文件有较高的执行效率。流式文件在与用户交互方面有所不足,用户对于流式文件的结构不能总是形成直观的理解,因此在针对普通用户的交互所采用的文件大都是第二种文件形式。

第二种定义的文件是由记录组成的,记录又是由一组相关的数据项组成,文件的基本单元是数据项,这是一种有结构的文件。一个数据项既可以是单个字节,也可以是多个字节,这不同于流式文件的单个字节;所有的数据项既可以长度相等,也可以长度不等;同一文件的各个数据项之间是具有前后顺序关系的,这一点和数据库中的记录有所不同。通常对于记录式文件,文件系统为一个正常使用的文件定义了两个指针,一个是读指针,另一个是写指针。读指针用于记录文件当前的读取位置,它指向下一个将要读取的数据项;写指针用于记录文件当前的写入位置,下一个将要被写入的数据项将被写到指针所指向的位置。记录式文件有良好的人机交互性,所以被广泛应用在信息管理中。

对于现代计算机操作系统而言,为了方便用户和同一管理,不仅将程序和数据信息当作文件,把计算机设备也当作文件来管理,如键盘通常作为标准输入文件,显示器通常作为标准输出文件,此外还有鼠标、音响、耳机等。因此,可以简单地概括为文件就是对现代计算机中的所有资源(包括信息和设备)的统一的组织形式和管理单元。

### 2. 文件的命名

文件是一种对资源的抽象机制,该机制提供了把信息保存在磁盘上而且便于以后读取的手段,由于它隐蔽了硬件和实现细节,使得用户不需要了解存储信息的方法、位置以及磁盘设备等实际工作方式的细节,便可方便地存取信息。在任何抽象机制中最重要的就是对管理对象的命名方式,因此文件命名自然是文件中最重要的特性,根据文件的定义,每个文件必须有一个唯一的文件名。

当一个进程创建一个文件时,它给出这个文件的名字,以后当这个进程结束时,该文件将独立于创建进程而依旧存在,并且其他进程可以通过显式指出该文件名字而使用这一文件,根据该文件名,计算机操作系统也将对其进行控制和管理。

各类操作系统的文件命名规则都大同小异,即文件名字都是由字母、数字或一些特定字符组成的字符串,但它的格式和长度因系统而异。各类文件命名规则共同遵循的一个原则是:文件名和扩展名两部分构成文件名,中间用“.”分隔开,如 file name. doc。

文件名可以是任意字母或数字组成的字母数字串,为了方便对文件的使用,通常命名为一组有意义的字符串,扩展名也称为文件后缀名,它的组成是固定的,不同的扩展名代表不同的文件类型,可以反映文件的创建者和使用者信息,如扩展名为 txt 的文件类型是文本文件,表示文本数据;扩展名为 exe 的文件类型是可执行文件,表示编译、链接后可以直接运行的机器语言程序。

定义文件扩展名并不是源于 MS-DOS,它更多的是源于习惯。尽管一些操作系统的文件名中允许存在多个圆点,如 Windows,但是文件扩展名的定义习惯依然被大多数用户和应用所默认。

在不同操作系统中对文件名和扩展名的具体规范是不尽相同的。在 MS-DOS 系统中,文件名的长度不大于 8 个字符,扩展名长度不大于 3 个字符,并且文件名和扩展名均不区分大小写,可用字符包括字母、数字及一些特殊符号。在 Windows 系统中允许超长文件名,支持多达 256 个字符的文件名,不区分大小写,但是 Windows 的文件名和扩展名不能使用特殊字符(\/ <>|)。也有些操作系统在文件命名时需要区分大小写,如 Linux 和 UNIX 操作系统。

为了便于对一组文件同时进行批量处理,操作系统通常还提供通配符,通配符"?"代表文件名中所在位置的任何一个可用字符;通配符" * "代表文件名中所在位置的任何一个可用字符串。

**3. 文件的类型**

文件是各类纷繁复杂的计算机资源的一种抽象形式,虽然都叫作文件,但是其实质千差万别。因此为了更好地管理计算机的各类程序、数据和设备,需要将文件分成各种不同的类型。依据不同的原则有不同的分类方式,下面就介绍几种常用的文件分类方式。

1) 按文件的用途分类

(1) 系统文件。它是指用计算机操作系统的数据和其执行程序组成的文件,这类文件不对用户开放,仅提供给操作系统,用户可以通过操作系统提供的系统调用来使用这些文件。

(2) 库文件。它是指操作系统为用户提供的各类标准过程、标准库函数和应用程序等资源。用户可以直接使用这些文件,但是不能修改这些文件。

(3) 用户文件。它由用户的信息组成的文件,如用户自己编写的应用程序、用户创建的文档等,这种文件的创建权、使用权、修改权及删除权均属于用户。

2) 按文件的性质分类

在操作系统中,文件按照性质被分成普通文件、目录文件和特殊文件。

(1) 普通文件。其包括用户文件和系统文件,如操作系统自身文件、库文件以及用户建立的源程序文件、数据文档等都是普通文件,它们通常存储在外存储设备中,包括 ASCII 码文件和二进制文件。

(2) 目录文件。这是由文件目录项组成的系统文件,其作用是管理和实现文件系统,可以像普通文件一样对目录文件进行各类文件操作。

(3) 特殊文件。有的系统把设备当作文件统一管理和使用,为了区别,把设备文件称为特殊文件。

3) 按文件的存取属性分类

(1) 只执行文件。只执行文件仅供用户执行,而不允许修改或者读取文件的内容。

(2) 只读文件。只允许用户进行读操作,用户不能通过写操作修改文件的内容。

(3) 读写文件。允许用户进行读/写操作,用户可以修改文件的内容。

除了以上 3 种分类方式外,还有很多其他的分类方式。如按文件中的数据形式可分为源文件、目标文件和可执行文件;按文件的逻辑结构可分为有结构文件和无结构文件;按文件的物理结构可分为连续文件、链接文件和索引文件;按存储设备类型可分为磁盘文件、磁鼓文件和磁带文件等。

## 4. 文件的属性

文件的主体是文件名和数据,但是如果操作系统只能保存文件名和数据,就不能有效地管理文件,为了对文件进行更好的管理控制和安全保护,大多数操作系统采用专门的文件属性用于指定文件的类型、存取特性及创建日期等。文件属性又被称为元数据,虽然是文件的数据内容以外的附加信息,但对于文件系统的管理和控制却是十分重要的,这组属性包括以下内容。

(1) 文件的基本属性,包括文件名字、文件所有者、文件授权者、文件长度等。

(2) 文件的类型属性,如普通文件、目录文件、系统文件、隐式文件、设备文件等;也可按文件信息分为 ASCII 码文件、二进制码文件等。

(3) 文件的保护属性,如可读、可写、可执行、可更新、可删除等,可改变保护属性以及档案属性。文件的保护属性用于防止文件被破坏,称为文件保护。它包括两个方面:一是防止系统崩溃所造成的文件破坏;二是防止文件主和其他用户有意或无意的非法操作所造成的文件不安全。

(4) 文件的管理属性,如文件创建时间、最后存取时间、最后修改时间等。

(5) 文件的控制属性,包括逻辑记录长、文件当前长、文件最大长以及允许的存取方式标志、关键字位置、关键字长度等。

## 5. 文件的操作

采用文件的方式组织数据就是为了方便地进行信息的存储、读取和处理,不同系统提供给用户不同的操作方式。总的来说,用户通过两种方式与文件系统交互:一是与文件有关的操作命令,如 Windows 系统中的 cat、cd、find、rm 等,这些构成了必不可少的文件系统人机接口;二是提供给用户程序使用的针对文件的系统调用,构成了用户和文件系统的另一个接口,通过这些接口用户能获得文件系统的各种服务。一般地讲,文件系统提供的基本文件系统调用有以下几个。

(1) 建立文件(Create)。当用户要求把一批信息作为一个文件存放在存储器中时,使用建立文件操作向系统提出建立一个文件的要求。

(2) 打开文件(Open)。在使用已经建立好的文件时,首先要通过"打开"文件操作建立起文件和用户之间的联系。文件打开以后,文件的属性和磁盘地址被装入内存,这样做能减少查找目录的时间,加快文件存取速度,直至关闭之前,可被反复使用,不必多次打开,从而提高文件系统的运行效率。

(3) 读文件(Read)。文件打开以后,就可以对文件进行读操作,在使用读系统调用访问文件时,应给出以下参数:文件名、主存缓冲区地址、读取数据的起始位置以及读取数据的大小。

(4) 写文件(Write)。文件打开以后,就可以对文件进行写操作,在使用写系统调用访问文件时,应给出以下参数:文件名、主存缓冲区地址、写入数据在文件中的起始位置以及写入数据的大小,并且注意当写入的起始位置在文件中间时,将会覆盖当前数据。

(5) 关闭文件(Close)。文件被使用后,用户将文件关闭并让其他用户使用此类文件。关闭操作可以释放内部表空间,并且减少进程冲突的可能性,关闭文件的请求可以用

关闭操作直接向系统提出，也可用隐含方式实现。

（6）删除文件（Delete）。当一个文件不再需要时，可向系统提出删除文件，这样可以释放磁盘空间，提高资源利用效率。

除了以上的系统调用外，还有很多其他针对文件的系统调用。例如，文件控制操作，文件打开以后，把文件的读/写指针定位到文件中的特定位置，或执行前进、后退等控制操作，便于用户随机访问文件内容；文件复制操作，将文件数据转存到另一个新文件中，并保留原文件；文件重命名操作，改变现有的文件名。

在计算机系统中采用文件的形式来组织和管理程序和数据，主要基于以下两点需要。

（1）信息管理的需要。对用户的文件管理需求提供一种较为规格化的机制，方便用户存取文件，交流信息，提高用户的效率。

（2）操作系统本身需要。操作系统作为计算机软件系统的基础并没有长驻于内存中，也有大量的信息需要被存储于计算机外存储器。文件系统是连接用户和操作系统的桥梁，用户所有针对数据的操作都是通过文件系统进行的，而应用程序对数据的输入、处理及输出也都是通过文件系统进行的。因此，文件系统是操作系统中最为重要的组成部分之一，也是操作系统中最为复杂的部分。

## 5.1.2　文件的访问方式

### 1. 顺序访问

顺序访问（Sequential Access）是文件最简单的访问方式，文件信息按照记录顺序进行读/写操作，一个记录接着一个记录地加以处理。固定长记录的顺序存取是尤其简单的，顺序访问也是最为常见的访问方式，如编辑器和编译器的访问方式通常就是顺序访问。

文件访问的主要目的是读/写数据信息，文件操作中最多的也是读/写操作。读操作用于读取下一部分文件，每次读取文件的下一个记录，并且将文件记录读指针自动前移，用来确定下一次要读出的记录位置。如果文件是可读可写的，再设置一个文件记录写指针，与读操作类似，写操作会向文件尾部增加内容，它总是指向下一次要存入记录的存放位置，执行写系统操作时，总是将一个记录写到文件末尾，并自动将文件指针前移到新的文件结尾之后。

文件也可以重新设置开始位置，也就是允许对这种文件进行前进或后退 $N$（整数）个记录的操作，可以方便从文件的任意位置开始进行顺序访问。顺序存取主要应用在磁带文件中，但对磁盘上的顺序文件也可适用。对于记录的长度固定的顺序文件进行访问，当要读出第 $N$ 个记录时，可通过将记录长度乘以 $n$ 得到其逻辑地址。对于记录长度可变的顺序文件，在记录前面一部分位置中存放每个记录的长度信息，它的存取操作分两步进行：读取文件时，存放记录长度的单元可以通过读指针值获得，得到当前记录长度后，再读取当前记录信息。为了加速文件的输入/输出效率，对于采用顺序结构组织的顺序文件，可采用成组和分解操作进行。

### 2. 直接访问

直接访问(Direct Access)也叫作随机访问(Random Access)，就是可以无序地存取文件的信息，每次存取操作时必须首先确定要存取的位置。直接访问是基于磁盘存取介质的，因为磁盘介质允许对任意文件块进行随机的读/写。对于直接访问，文件可以作为块或记录的编号序列，所以直接访问文件允许对任意的对象进行读/写，并且读写顺序可以是任意顺序。比如，用户可以用读操作读块 15，然后通过写操作写块 19，再读块 30 等。

在很多实际应用中，都需要能以任意次序快速地直接读/写某个记录信息。例如，学生信息查询系统，把每个学生的所有信息用学号做标识，存放在某物理块中，需要查询某个学生的信息时，直接通过学号将这个学生的信息取出。对于直接访问，文件是以块为单位，而不是以字节为单位，一个文件可以看作由顺序编号的物理块组成的，这些块通常划分为相等长度，作为读取、检索和存储的一个基本单位，如以 512B、1024B 为一个块，视系统和应用而定。

这些只是逻辑上的分块方法，并不代表实际的物理地址，文件真正的物理地址是由操作系统根据磁盘空间的不同情况进行分配的，也就是说，在编号中的第一块的物理地址可能是 15678，而第二块的地址可能是 5687，这种分块是一种逻辑上的分块。

直接访问文件并不限制读或写块的操作数量和次序，用户将逻辑块号提供给操作系统，这本质上是一个相对于文件开始位置的偏移量，而绝对块号是由操作系统通过逻辑块号运算得到的结果，然后进行相应的读/写操作。根据以上的逻辑操作，可以将直接访问分为两种类型，一是按号直接访问，二是按键直接访问。

(1) 按号直接访问。按照数据项的编号随机存取文件的某些信息，此时，在文件的读/写命令中给出欲访问文件的数据项的编号，每一个编号唯一确定一个数据项，这样就可以通过文件数据的逻辑编号直接访问文件。

(2) 按键直接访问。这种访问方式类似于按号直接访问，只是作为数据文件的逻辑标识的不是一个附加的逻辑编号，而是文件数据项中的一个域，键(Key)就是能够唯一标识一个数据项的域，并且键也不像数据逻辑编号那样顺序编号，在数据库理论中也称为关键字。在不同的数据项中，键的值是不一样的，并且是唯一的，因此可以用键值代替编号对文件进行直接访问。

### 3. 索引访问

除了顺序访问方法外的其他访问方式很多是建立在直接访问方法上的，索引访问(Index Access)方式就是这样一种访问方法。这种访问方式是基于索引文件的访问方法，文件的索引如同书的目录，存储了各个块的指针。要实现索引访问，首先要为文件创建一个索引文件，查找记录时首先搜索索引，再根据索引所对应的指针访问文件。由于文件中的记录编址是按它的索引进行，而不按照它在文件中的位置，所以操作系统可以根据用户提供的索引查找到所需记录信息。

实际的文件系统中，针对较大的文件，大都采用多级索引组织文件，以提高记录查找速度。因为大文件的索引文件本身也会很大，以至于不能将索引文件直接保存在内存中，所以需要对索引文件再建立一个索引,形成二级索引结构。访问文件时,首先获得初级索引结构的索引,该索引中保存二级索引的指针,然后通过该指针找到二级索引,二级索引中存储真正的数据项指针。对于更为复杂的文件,可以采用三级以上的索引结构,但是索引结构本身也是一种开销,因此层次不宜太复杂。

从用户使用角度来看,数据的逻辑结构是人们关注的重点,人们并不关心输入的数据被文件系统按照何种规则排列和存放到物理存储介质上,数据如何在物理介质上被检索。文件系统提供了逻辑上的数据访问方式,即提供了数据的逻辑结构和数据物理结构之间的接口,使人们可以不需要知道具体的物理存储方式,就可以完成对数据的存取操作。

因此文件的访问方式就是文件系统提供给用户的一整套文件存取规则,用户依照规定的次序存取文件的各个数据项,一般分为顺序访问、直接访问和索引访问三大类。

## 5.1.3 文件的逻辑结构

### 1. 无结构文件

无结构文件是指文件内的数据不再组成记录,只是一串相关的有序字符流的集合,因此也被称为流式文件。无结构文件的长度为所含字符数,因此可以被看作只有一个记录的记录式文件。这种文件通常按照长度来确定信息分界,也可以采用插入特殊字符的方式确定分界,然后读取有关信息。因为在无结构文件中没有附加的说明和控制信息,因此可以节省大量的存储空间。

实际应用中,有许多类型的文件并不需要分记录,只是将文件看作一个顺序字符流,这样可以减少开销,提高文件访问效率。比如,在可执行文件、源程序、系统文件中,所采用的就是流式文件形式。强行将源程序文件分割成很多条记录只会使操作更复杂,增大开销,降低文件执行效率。无结构文件的长度以字节(B)为单位,因此对流式文件的访问也是以字节为单位,通过文件内部的读/写指针来确定下一个要访问的字符位置。

为了提高执行效率,现代主流操作系统仅仅对用户提供无结构文件,有结构的记录式文件在数据库管理系统中大量应用。而在 UNIX 系统中,系统不对文件进行格式处理,将所有的文件都当作无结构文件,即使是有结构文件,也被视作无结构文件。

### 2. 有结构文件

有结构文件是指一组有序或无序的记录的集合,因此又称为记录式文件,记录是指在逻辑上具有独立含义的一个数据信息划分,是构成有结构文件的基本信息单位。记录与记录之间彼此独立,除了某些记录直接具有先后顺序以外,通常不具有其他联系。以记录为基本单位的有结构文件,每一次读操作都返回一个记录,每一次写操作就在结尾增加一个记录。在有结构文件中,实体集中的每个实体都用一条记录来表示,不同记录的数据项的数目可以相同也可以不相同,每个数据项的长度可以不相同,按照记录的长度可以分为定长记录和不定长记录两类。

1）定长记录

定长记录是指文件中每条记录的长度都是固定的，在所有记录中相同的位置记录结构相同的数据项，即组成记录的所有数据项都具有相同的长度和顺序。文件的长度可以用记录数目表示，每条记录的长度等于组成记录的所有数据项长度之和。定长记录的有结构文件访问方便、处理效率高，因此是目前十分常用的一种记录格式，被广泛用于标准文件存储和数据处理中。

2）不定长记录

不定长记录是指文件中每条记录的长度是不确定的，造成记录长度不定的原因主要有两类：一是由于不同记录中包含有数目不等的数据项，如学生记录中的选课数目、专著的著作者人数等；二是数据项本身的长度是不确定的，如学生记录中学生的姓名、家庭住址等信息以及论文记录中的摘要等。

在操作系统管理中，记录是文件内独立的基本单位，每次总是以记录为单位进行写入、读出或修改操作；在用户使用文件信息时，常常需要把记录进一步划分成一个或者多个更小的数据项，通常是一个记录中的某一个属性。例如，学生记录中，学生的姓名、学号以及家庭住址等都可以看成一个个独立的数据项。

因此在实际的应用中，通常，用户需要能够针对一条记录的部分进行操作。数据项、记录和文件的逻辑结构的设计依据是用户的特定需要，即文件结构是按需设计。用户在设计文件的逻辑结构时，并不需要知道文件的物理存储结构，但是所设计的逻辑结构应该考虑不同的数据表示方法的效率，考虑文件处理的简单性、可扩充性和有效性，考虑不同类型数据的写入、读出或修改方法。因为，对于用户的具体应用来说，总会存在一种相对较优越的表示和组织方法，合理的记录结构能够提高文件操作的效率。

**3. 树形结构文件**

无结构的流式文件和有结构的记录式文件，在逻辑结构上都是按照顺序结构组织的，只是两者的基本组成单元不一样。而树形结构的文件主要是由一棵记录树组成，在每条记录的固定位置上有一个关键字段，记录按照关键字段的顺序进行排列，方便对记录进行快速存取，并且每个记录不一定具有相同的长度。可以看出树形结构是类似于不定长的记录式文件，也是一种有结构的文件，在组织上比记录式文件更加复杂，但读/写效率更高一些。

通过以上 3 种数据逻辑结构对比可以看出，无结构流式文件是字符流序列，就像是用户随意地在一张白纸上写下的信息，不做任何格式上的限制；有结构的记录式文件是记录序列，就像用户按照规定的格式填写的一张表格，必须遵循表格的规范；树形结构的文件是有固定顺序的记录序列，就像是用户按照相应的顺序填写的一张的表格，表格的每一个数据项并不独立，具有先后顺序。

显然，结构式文件对用户的限制很大，使用起来很不方便，特别是变长记录文件和树形结构文件，需要另外在文件中添加说明记录长度的信息以及树的结构信息，这就增大了文件的存储空间和开销。因此大多数现代计算机操作系统只提供无结构流式文件，如常用的 Linux 操作系统、UNIX 操作系统和 Windows 操作系统。

文件的结构(File Structure)又称为文件的组织(File Organization),是指文件中数据的配置、构造及存储方式,通常包括文件的逻辑结构和文件的物理结构。本小节主要介绍文件的逻辑结构。文件的逻辑结构(File Logical Structure)是文件的上层组织形式,研究用户概念中的抽象的文件组织方式,这是用户所观察到的文件结构,数据可独立于物理环境加以组织。

通常用户可以通过相应的系统操作方便地构造和组织文件,这样,用户不必了解文件数据的实际物理构造形式,而只需知道文件数据的逻辑结构,使用文件名和系统操作就能方便地实现读取、存储、检索和修改文件数据。文件的逻辑结构主要分3种形式:第一种是无结构文件,又称为流式文件;第二种是有结构文件,又称为记录式文件;第三种是树形结构文件,这也是一种有结构文件。

## 5.1.4 文件的物理结构

文件的物理结构(File Physical Structure)又称为文件的存储结构,是指文件的底层组织形式,是数据在物理存储介质中的实际存在形式,是系统管理的文件组织形式。文件在实际存储时,首先将一个文件存储介质格式化,然后分成许多大小一样的基本单位——存储块(物理盘块)。一般来说,在现代计算机系统中,通常采用磁盘作为存储介质,以一个磁盘的扇区作为一个物理块,大小是512B,同时每个存储块有唯一的编号,称为物理块号。

### 1. 顺序结构文件

顺序结构文件(Sequential Structure)是指将一个文件中逻辑上连续的信息存放到存储介质中连续的物理块中,在控制块中记录文件结构的起始块号和长度,这类文件又叫作连续文件。顾名思义,顺序结构文件是一种物理结构顺序和逻辑结构顺序完全一致的文件,文件记录按出现的顺序被读取或修改。

磁带上存储的文件只能采用顺序文件,并且顺序结构文件也用在卡片机、纸带机和打印机上。顺序结构文件是在数据处理中最早使用的文件结构,也是最简单的文件组织形式。在现代计算机系统中的存储介质通常为磁盘,磁盘上的文件也可以按照顺序结构来组织。用户在建立顺序文件时首先给出文件的最大长度,然后操作系统为文件分配足够的连续存储空间,并在文件控制块中登记文件的起始块的编号和块数。

用户可以将顺序文件中的记录项按某种规律进行排序处理,以提高顺序文件的处理效率,如可以按照某个数据项的值从小到大或从大到小的顺序重新排列。文件经排序处理后,成为有序的顺序文件,可以较好地适应批处理等应用。

顺序结构文件中的记录可以是定长的,也可以是不定长的。对于定长记录的顺序文件,可以通过简单的指针移位运算确定记录项的位置,因为文件的物理结构和逻辑结构是一一对应的。首先确定当前记录的逻辑地址,便很容易通过指针加减确定下一个记录的逻辑地址。在进行读文件操作时,首先设置一个读指针Rptr,令它指向当前记录的首地

址,每当读完一个记录时,执行以下操作:

```
Rptr: = Rptr + L
```

新的指针指向下一个要读取记录的首地址,其中的 L 为记录长度。类似地,在进行写文件操作时,也首先设置一个写指针 Wptr,使之指向要写入的记录的首地址,并且在每写入一个记录时,执行以下操作:

```
Wptr: = Wptr + L
```

顺序结构文件的主要优点是:在进行记录的批量存取时,顺序结构的文件存取记录速度最快,有最高的存取效率。因此,顺序结构文件在批处理文件和系统文件中应用得十分广泛。并且在以磁带作为存储介质时,文件只有按照顺序结构组织,才能够有效地工作。所以,采用磁带存储顺序结构文件时,总可以得到很高的存取效率。而在以磁盘作为存储介质时,顺序结构文件的记录在磁盘上也是按物理位置相邻顺序排列,所以,也能像磁带文件一样对顺序结构的磁盘文件进行严格的顺序操作。

顺序结构文件的主要缺点是:在建立文件时需要一次分配足够的存储空间,因此需要提前确定文件长度,不能动态增加,并且对直接存储器作连续分配,会浪费大量的空闲块,即存在大量的磁盘碎片。当修改、删除和增加文件记录时比较困难,每个操作都比较耗时。对于修改顺序文件而言,主要是因为查找特定的记录开销很大,当用户或者程序需要查找或修改某个特定的记录时,系统需要逐个地去查找所有记录。

这时,顺序结构文件表现出很差的性能,尤其是当文件较大时,情况更为严重。对于修改和增加文件记录,开销主要是为了保持文件的顺序结构,需要大量的移动文件记录。并且在磁盘上存储的顺序结构文件,当在同一时间段内有多个程序访问时,另外的用户程序可能在当前程序读取完一条记录后,将磁头移到了其他的文件位置,所以,导致程序对下一个要处理的记录不能快速地访问。

**2. 链接结构文件**

链接结构文件(Linked Structure)又叫作串联结构,这种文件结构的特点是使用连接字,也就是指针来连接文件中各个记录。指针只是表示文件中记录之间的逻辑关系,实际每个记录可以保存在连续的物理块中,也可以保存在不连续的物理块中,这种文件结构也就是采用数据结构中的线性表结构来组织信息。

在链接结构中,由于文件数据存放在磁盘的若干个不连续物理块中,所以文件信息的首块物理地址和存储块数存放在该文件的文件控制块中,可以在文件目录找到首块地址,文件内部的每一物理块中的指针指向文件的下一个物理块位置。通常,文件指针的值为 NULL 时,表示这是文件的最后一块,如图 5-1 所示。

在操作系统中,链接结构文件的存储采用的是线性表结构进行组织的,它们按照记录之间的相对线性位置进行存储。线性表是 N 个数据元素组成的有限序列,每个线性表只有一个开始元素,一个结尾元素,中间的每个元素都只有一个前驱和一个后继,线性表就像是一列火车的结构一样。按其增加和删除记录操作的限制不同,主要分为以下几种情况。

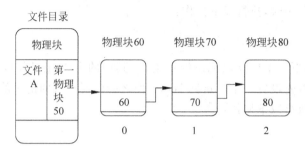

图 5-1  链接结构

1）线性链表

线性链表是线性表的链式存储结构,链表中的数据元素被存储在任意的物理块中,可以是连续的,也可以是不连续的。为了保证链表的逻辑连续性,在每个元素中,不但保存数据信息,还另外保存一个指向该元素的直接后继的指针,这样整个表就被唯一地串联起来。链接结构文件中很多就是按照线性链表的结构来组织数据的,这种结构最简单,实现最容易,操作也最方便。

2）堆栈

堆栈是线性表结构的一种,只不过对于堆栈的操作只是线性表操作的一个子集,因此可以说堆栈是限制型线性表。对于堆栈中的所有元素的增加和删除操作只能在堆栈的同一端进行,这一端称栈顶。因此堆栈是一个“先进后出/后进先出”型数据结构,这是因为先进入栈的记录会被后进入栈的记录压在下面,只有等后进入栈的记录退出栈后,先进入栈的记录才能出栈。

由于记录之间只存在先后顺序的关系,并且记录的物理顺序和逻辑顺序是一致的,所以,采用堆栈组织文件只需要一个栈顶指针,不再需要为每条记录增加指针项,这时的存储方式变成顺序结构,而非链接结构。采用堆栈组织的链接结构文件还需要为每条记录增加一个指向前一个记录的指针项,这就是堆栈的链接存储法,这种方法广泛应用在不能事先确定栈元素大小的情况中。堆栈运算有特殊的名称,在栈顶插入一个新的记录,使之成为新的栈顶叫入栈;反之,在栈顶读取一个记录叫出栈。

3）队列

和堆栈一样,队列也是一种受限制的线性表,对队列的操作必须在队列的两端进行,记录的删除在前端进行,又称为队首,记录的插入在后端进行,又称为队尾。这是一种“先进先出/后进后出”型数据结构,这是因为从时间上看,后进入队列的记录必须等先进入队列的记录退出队列后才能变成新的队首,然后退出队列。采用队列组织的链接结构文件具有更大的操作灵活性,这是因为在队列中采用了更加复杂的链接结构。

通常在队列结构中的每个记录,不仅保存一个前向指针,即指向每个记录的前一个记录的指针,而且还保存一个指向记录后一条记录的后向指针,队尾记录的后向指针指向NULL,这种双向指针结构便于双向搜索,可以大大提高查找效率。采用双向指针的队列,可以方便地在队列的任何位置加入新的记录,也可以在队列中任意记录出队后,余下记录只需修改指针内容便构成链接。也有的队列将队尾的后向指针指向队首记录,构成一个封闭的环状指针,这样可以从文件的任何位置开始,按照一定的顺序查找到需要的记录。队列的操作比堆栈更加灵活、简单,但是额外的存储开销也更大一些,存储空间利用效率有所下降。

计算机组织信息的一种重要手段是引进指针指向其他数据,这是表示复杂数据关系的一种有效方法。链接结构文件的主要优点是:使用指针可以保证文件所在存储空间的物理记录顺序完全独立于逻辑记录顺序,即借助指针表达记录之间的逻辑关系,而实际存放信息的物理块不必连续,可以提高物理存储空间的利用效率,减少磁盘碎片。

同时链接结构文件的长度易于动态变化,恰好克服了顺序结构文件在查找、增加、删除和修改时耗时的缺点,比如在增加一个记录时,只需要申请一块新的空闲外存块,然后将指针指向新的块,并将新增块的指针项指向它的下一块;而在删除记录时只需要让待删除项的前一项指针指向它的后一项,然后再释放存储空间即可。

链接结构文件也有一些明显的缺点。首先,在存储记录时,必须将指针与数据信息存放在一起,增加了存储空间的开销,并且破坏了物理块的完整性。由于存储的信息具有先后顺序,所以在随机访问文件记录时速度很慢,尤其是文件比较大时。因为存取信息必须通过缓冲区,并且链接结构文件只有在获得前一项指针后,才能找到下一项的物理地址,因此在随机访问某个记录时,必须从头逐个将该记录之前的所有记录读入内存,这需要大量的输入/输出操作,大大增加了时间开销。因此链接结构文件仅适用于顺序存取,并且在其他方面失去一些性能。

### 3. 索引结构文件

索引结构文件(Indexed Structure)是不同于链接结构的另一种非连续存储方法,一个文件的数据被存放在若干不连续存储块中,系统为每个文件增加一张索引表。索引表中存放该文件的各个记录的关键字(或逻辑记录号)及其对应的记录信息的存储地址,这种类型的文件称索引文件,索引表中存放的地址可以是记录的存储块号,也可以是记录的物理地址。索引结构文件在文件存储器上分两个区,即索引区和数据区。

通常,对索引结构文件进行操作需分3步进行。首先通过记录的关键字查阅索引表找到相应的索引项;然后通过索引项中的内容获得记录信息的实际存储地址;最后读取、修改或者删除相应的记录信息。显然,这样访问文件数据至少需要两次访问辅助存储器,为了提高效率,可以预先将文件索引表调入内部存储器,如此一来,就可减少一次内外存数据交换,如图5-2所示。

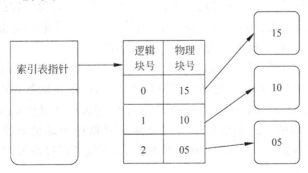

图5-2 文件索引结构

　　索引结构文件中有一种特殊类型叫作索引顺序文件(Index Sequential File),这种文件结构是顺序结构文件的扩展,文件中每条记录本身在存储介质上也是连续的并且按照顺序排列的。在进行顺序文件处理时,索引顺序文件能像顺序文件一样,具有直接处理和修改记录的能力,可以快速进行批量处理。在进行随机文件处理时,索引顺序文件也可以像一般的索引结构文件那样,通过记录关键字查找索引项,确定记录存储地址,然后对记录项进行处理。

　　索引结构文件的主要优点是:首先索引结构文件本身是链接结构的一种扩展,因此具备链接结构文件的所有优点。其次索引结构文件克服了链接结构文件随机存取速度慢的缺点,具有直接处理任意一个记录的能力,便于随机地进行文件记录的查询、增加、删除和修改操作。另外,对一些很大的文件,直接对索引进行访问的速度仍然太慢,因此需要再为索引表建立一张索引表,即二级索引结构,用以提高查找效率。

　　二级索引表的表项中保存一级索引表的每一块最后一个索引项的关键字,以及该索引表的存储地址,对具有二级索引的索引结构文件进行访问时,首先查找二级索引结构,找到一级索引所对应的记录,然后读取一级索引项中保存的文件物理地址,最后找到记录数据。

　　索引结构文件的主要缺点是:建立索引表增加了存储空间的开销,因为要为每个文件维护一张索引表,所以需要增加额外的磁盘存储空间。并且在打开文件时,为了提高文件的访问效率,需要提前将索引表读入内存中,这又需要占用宝贵的内存空间,如果打开的文件很多,那么固定的内存开销是十分惊人的。对于大型文件有的需要维护二级索引结构,这样占用的额外内存和外存空间更加客观,甚至索引表的数据量可能接近或大于文件记录本身的数据量。因此,索引结构文件是通过增加存储开销来减少时间开销,简单地说是用空间效率换时间效率。

### 4. 散列结构文件

　　散列结构文件(Hash Structure),又称为杂凑结构,也可以直接音译成哈希结构文件。散列结构文件是利用计算来确定记录的存储地址,对于文件中的每个记录,总会存在一些字段的值是每个记录独有的,也就是记录的关键字,散列法是通过定义一个哈希函数,用记录的关键字作为自变量,建立起一个从记录的关键字到其物理地址的某种对应关系,以便实现快速存取,这样的文件叫直接文件或散列文件。

　　采用链接结构以及索引结构对记录进行存取时,都必须利用给定的记录关键字。使用链接结构文件很容易把记录数据组织起来,但是只适用于顺序查找,随机查找某个记录需遍历该记录前面所有记录,时间开销很大、效率很低。

　　对于索引结构的文件,虽然随机查找特定记录的效率有所提高,但是维护每个文件的索引表所造成的空间开销很大。然而对于散列结构文件,记录的物理地址是直接根据给定的记录关键字通过计算得到的。也就是说,记录的物理地址是由记录关键字本身或者其计算结果直接决定的。这种由记录关键字到记录物理地址的转换被称为键值转换(Key to Address Transformation)。通过散列技术,不仅可以提高效率,而且相对于索引文件可以节约存储空间。

　　类似于索引结构文件,采用哈希技术需要建立一张哈希表,这张哈希表就是一个指针数组,数组通过索引访问,索引是与记录有关的关键字或其计算结果,而获得的指针便指向数据记录。例如,有一个描述一所大学学生信息的文件,如果直接使用年龄作为索引,凡年龄相同的人的资料作为一个数据记录,这样建立的哈希表可用来快速查找学生的资料。由于一所大学中有许多同龄人,所以哈希表中的一个指针指向同龄人的资料记录,查找这些全体数据的子集要比查找全体数据记录快得多。

散列结构文件是通过指定记录在存储介质上的位置进行直接存取的,记录在存储介质上的地址是通过对记录的关键字进行计算来获得的,记录之间没有先后次序。这种存储结构广泛应用在不便于采用顺序结构组织、文件数据复杂、数据顺序凌乱,又需在极短时间内存取的情况。比如,在存储管理的页表查找、实时处理文件、编译程序变量名表和操作系统目录文件等非常有效。

在散列结构文件中有一个十分困难的问题要解决,那就是计算结果的"冲突"(Conflict)问题。一般情况下,可能选择的关键字和地址的数目之间不存在严格的一一对应关系,因此,不同的关键字通过哈希函数计算可能得出相同的地址,这种情况就叫作"冲突"。例如,有两个关键字 key 1 和 key 2,通过哈希算法计算得到两个存储地址,add 1 = flash(key 1),并且 add 2 = flash(key 2),当 key 1≠key 2 时,而 add 1 = add 2 时,"冲突"就发生了。将不同关键字映成相同结果概率的大小是衡量一种哈希算法是否成功的重要标志,概率越大那么冲突就越大,这种哈希算法的性能也越差。

为了解决冲突需要增加很多的额外开销,所以,散列结构性能的好坏主要受"冲突"大小的影响。通常采用溢出处理技术来解决地址冲突的问题,这是设计散列结构文件需要考虑的主要内容。主要的溢出处理技术有顺序探查法、拉链法、两次散列法、独立溢出区法等,其中顺序探查法是最为常用的一种。

顺序探查法的主要原理是:在冲突发生后,从冲突的存储地址开始向后顺序探查,找到第一个空闲的存储位置,然后将记录数据存储在这个空闲的位置。因此,在实现顺序探查时需要在记录中额外增加两个字段:一个是空闲标志器,用于标识该记录是否空闲;另一个是冲突计数器,用于标识冲突发生的次数。

通过以上介绍可以知道,采用散列结构文件需要分 4 步进行。

第一步:构造哈希函数。首先是选定文件中的某一个或几个字段作为关键字,然后根据文件的特征构造一个性能良好的哈希函数,该函数有较小的冲突概率、较快的运输速度。

第二步:建立目录文件。通过第一步求出文件名的哈希值 R 来建立目录文件,目录主要采用索引文件,凡 R 值相同的文件的文件目录项都存放在同一个物理块中,在索引表中的相对位置应等于 R 值的地方保存磁盘的地址块号。

第三步:查找文件。根据给定的文件名,由哈希函数计算出该文件名的哈希值 R,在索引表中的相对位置 R 处存放着该文件目录项所在地址块号。根据 R 值就可以找到该文件目录项所在地址块号,把这个地址读入内存缓冲区,再逐个比较文件名称,找出要求的文件。

第四步:做溢出处理。磁盘中一个物理块的大小是有限的,里面能够存放的文件目录项也是有限的,在建立目录文件时,如果哈希值 R 相同的文件数目过多,一个物理块不能容纳如此多的文件目录项时,就产生了"溢出"。当产生溢出后,系统会再申请一个盘区,该地址块相对于原来的地址偏移 $n$ 个位置,就将该区的地址块号 $R$ 放在索引表中的相对位置为 $R + n$($n$ 是一个位移常数,通常为质数)处。如第二块盘区也溢出,则按照相应规则申请第三块,以此类推。

　　数据的物理结构不影响用户对文件的逻辑操作结果,但是却对文件的访问效率有十分重要的影响。不同设备的物理特性决定了其适宜的文件类型,合理的文件物理结构可以提高操作效率。数据的逻辑结构和采用的存取方法受到存储设备的物理性质的影响。如何选择一些工作性能稳定、设备利用率高、文件操作效率高的物理文件形式是文件的物理结构的研究重点。

## 5.1.5　文件系统

### 1. 文件系统的定义

　　文件系统(File System)是指操作和管理文件的程序软件与被管理的文件数据的集合。计算机中的数据资源大都是以文件的形式存储在外存空间中的,如保存在光盘、硬盘上,因此文件系统中不但要有管理这些资源的管理软件,同时还包括保存文件的外存空间。因此文件系统可以表示为"文件系统=管理程序+文件数据+存储空间"。

　　文件系统是现代计算机操作系统的重要组成部分,是计算机管理各类资源最有效的手段。在文件管理中,需要涉及数据在内外存之间的输入/输出、各类信息的显示、用户与计算机的交互等,因此文件系统涉及从底层的设备管理到高层的用户交互,是一个综合立体的多层次系统。

### 2. 文件系统的结构

　　文件系统是一个复杂的多层次系统,文件系统的结构自底向上大致可以分为 3 个层次:在底层的是文件对象及其属性;中间层是管理文件对象的各类系统软件集合;高层是文件系统提供的接口,如表 5-1 所示。

表 5-1　文件系统结构层次

| 用户(用户程序) |
| --- |
| 用户与文件系统的交互接口 |
| 管理文件对象的系统软件集合 |
| 文件对象及其属性 |

　　1) 文件对象及其属性

　　文件系统的组成部分中包括的文件对象主要有文件数据和存储空间。

　　(1) 文件数据。文件数据千差万别,但大致来说分为两类:第一类是文件,这是文件系统管理的直接对象,系统软件和用户程序使用的所有资源都以文件形式存储,这是最重要的文件对象;第二类是文件目录,这是文件系统为了更好地管理文件而额外维护的文件对象,在文件系统中配置目录,可以方便用户对文件的存取和检索,对目录的组织和管理效果,是决定用户对文件存取速度的关键。

　　(2) 存储空间。主要是外部存储空间,如磁盘、软盘等,文件和文件目录必须保存在外部存储空间中,通过对这部分空间的有效管理,可以提高对文件的存取速度,并且能提高外存的利用率。

2) 管理文件对象的系统软件集合

这是文件系统的管理核心,文件系统通过一系列的管理软件实现对文件数据和存储空间的管理功能。主要包括:对文件的创建、删除、读取和修改等操作的管理;对文件目录的组织和管理;对外部存储空间的管理;对文件的共享管理以及文件的保密、安全性等功能。

3) 用户与文件系统的交互接口

通过文件系统向用户提供的接口,用户完成对文件的创建、删除、读取和修改等操作,主要包括以下两类接口。

(1) 系统调用,主要是作为用户程序与文件系统的接口,用户程序通过各类系统调用来取得文件系统的服务,又称为程序接口。

(2) 系统命令,主要是作为用户与文件系统交互的接口,用户可通过键盘终端在命令行中输入系统命令,取得文件系统的服务,又称为用户接口。

# 5.2 文件目录

## 5.2.1 文件控制块

文件控制块(File Control Block,FCB)是一种为文件添加的用于描述和控制文件的数据结构。文件管理系统通过文件控制块中的信息,对文件进行操作和管理。每个文件都对应一个文件控制块,文件目录就是把大量的文件控制块按照一定的顺序组织在一起的集合,所以一个文件控制块对应文件目录的一个目录项,即文件控制块就是一个文件目录项。

每一个文件都在文件目录中登记保存一个文件目录项,所以,文件目录实质上是文件系统建立和维护的一张文件清单,每个文件的文件目录项作为一种特殊的数据结构,一般应包括以下几方面信息。

### 1. 文件的基本信息

(1) 文件名称,是一个用于标识文件的字符串,在每个文件系统中,每个文件都必须有唯一的名字,用户利用该名字进行存取。

(2) 文件的逻辑结构,指出记录类型是无结构的流式文件还是有结构记录式文件、记录个数、记录长度,文件是定长记录还是变长记录等。

(3) 文件的物理结构,指出文件的物理结构类型是顺序结构文件、链接结构文件、索引结构文件还是散列结构文件。

(4) 文件的存储信息,指出文件所在设备名称及类型,文件在外存上的存储位置。例如,文件第一块的物理块号,或者存放在外存的相对位置,指出文件所占用的盘块数或字节数的文件长度。

**2. 文件的存取控制类信息**

如用户名、文件创建者的存取权限、一般用户的存取权限、授权者存取权限、文件的共享说明以及文件类型和文件属性,如读/写文件、只读文件、执行文件等。

**3. 文件的使用信息**

比如,文件的建立日期和时间、文件最后修改的日期和时间、文件最后访问的日期和时间、文件最大和当前大小、文件的保存期限、当前已打开该文件的进程数、文件被修改的情况以及文件是否被其他进程锁住等。

由于文件控制块是文件的附属信息,并且是多个文件控制块组合在一起存放在外存中的。系统查找文件目录时,总是先要把文件目录读入内存中,然后再在内存中查找文件控制块信息。由于内存读入信息都是以一个物理块为单位的,而文件控制块的信息非常多,当把所有文件控制块的信息当作一个目录项存储时,每个物理块中能存储的文件控制块数目就很少,查找的效率也很低。

因此,可以将文件控制块分成两个部分:一部分称为主部,在主部中保存文件控制块中除文件名以外的所有文件控制块信息;另一部分称为次部,在次部中仅仅保存文件名和一个文件主部的编号,把文件的次部作为目录项,这样在同样大小的物理块中可以保存更多的文件目录项,每次查找时能够一次将更多文件目录项读入内存,大大提高了查找效率。并且这样的分块还有利于实现在多用户系统中的文件连接,文件连接就是给一个文件起多个不同的名字,每个用户可以按照自己的习惯给文件命名和使用,而达到同一文件共享的目的。这是因为虽然不同用户给这个文件起了不同的名字,但是每个目录项中的文件主部编号是一样的,因此就可以实现不同文件名称指向同一文件。

文件系统管理文件目录主要解决的问题包括以下内容。

(1) 如何实现文件的"按名存取",这要求用户在查找文件时,只需将所需访问文件的名字提供给系统,便能快速、准确地在外部存储器找到指定文件。这是文件目录最基本的功能,也是文件系统向用户提供的最基本的服务。

(2) 如何提高对目录的检索速度,通过不断优化目录结构,可加快对特定目录的检索速度,从而提高对文件的存取速度。

(3) 如何有效地解决冲突,在管理众多的系统文件和用户文件时,总是会发生一些冲突,一个良好的文件目录应该能很好地解决文件冲突。例如,在多用户系统中,当多个用户共享一个文件时,如何解决文件使用权问题;文件重名的问题,系统应处理不同用户对不同文件采用相同名字的冲突。

## 5.2.2 文件目录与目录文件

文件目录与目录文件是从两个不同的角度来描述的同一事物,文件目录是从应用的角度来描述的,因为这些是为更好地管理文件数据而附加的专门的数据结构;目录文件是从性质的角度来描述的,因为文件目录也需要和文件一起永久保存在外部存储介质上,所以,将存放在磁盘上的按照文件的格式组织的文件目录也称为目录文件。

文件目录的主要功能是将文件的名称转换为在外部存储器上的物理地址,当用户或者用户程序要求访问某个文件时,文件系统首先在目录文件中查找该文件的文件目录项,然后通过对比文件名称确定目录项,通过特定的文件目录项中保存的文件存储地址,就能够找到特定的文件中所存储的信息。

在不同的系统中,文件目录的组织方式有所不同,但是每个文件目录项包括的基本信息都大同小异,主要包括文件名称、用户信息、建立日期和时间、最近修改的日期和时间、文件当前大小、文件的保存期限等。文件目录按照从简单到复杂大致可以分为单级目录结构、二级目录结构和多级目录结构。单级目录结构是最简单的文件目录,其本质就是操作系统中的一张线性表,把与每个文件有关的文件控制块作为一个个目录项,然后形成一个集合即可。

二级目录结构是为了解决命名冲突的问题,将目录分为用户目录和主文件目录,在每个用户目录内每个文件名是唯一的,但是在不同用户目录之间可以有同名文件。多级目录结构主要采用一种树形结构,并允许用户自己创建自己的子目录结构,这也是现代文件系统中最常用的。

### 5.2.3 单级目录结构

文件目录结构的组织是决定文件系统存取速度快慢的关键,也影响到文件的共享性和安全性。因此,设计文件系统的重要环节之一,就是组织好文件的目录结构,如表5-2所示。

表 5-2 单级文件目录结构模型

| 文件 | 文件目录项 | | |
|---|---|---|---|
| | 文件物理地址 | 文件属性 | 状态位 |
| 文件1 | 文件物理地址1 | 文件名1、文件类型、文件权限、创建时间等 | 空闲/使用 |
| 文件2 | 文件物理地址2 | 文件名2、文件类型、文件权限、创建时间等 | 空闲/使用 |
| 文件3 | 文件物理地址3 | 文件名3、文件类型、文件权限、创建时间等 | 空闲/使用 |

单级目录结构是所有文件目录中最简单的一种,其组织形式就是在操作系统中建立一张线性表,把全部文件的文件目录项都登记在同一文件目录表中,表中每个元素代表一个目录项,对应一个文件。每个文件目录项中存储文件的各种属性,包括文件物理地址、文件名称、文件类型、文件权限、创建时间、文件扩展名、文件长度以及其他文件属性。另外,还在文件目录项中增加了一个状态位,用来标识每个目录项是处于空闲状态还是在使用中。

采用单级目录结构,每当要新添加一个文件时,首先必须检索所有的文件目录项,检查是否新文件名与目录中已有的文件重名。然后将新文件的文件名称及其他文件属性填入一个空白目录项,并将目录项的状态位置为1(使用状态)。在删除文件时,首先从目录中检索到待删除文件的目录项,然后将该文件所占用的存储空间回收,最后再清除该目录项。

单级目录结构的主要优点是结构简单、易于理解并且实现容易,同时单级目录结构能实现按名存取的目录管理的基本功能,但也存在下述若干缺点。

**1. 文件重名问题**

在一个目录表中的所有文件,都必须具有与其他文件不相同的名字,也就是说,这要求所有的文件和文件名之间只能是一一对应关系。但是,在多用户的系统中,所有用户都使用同一文件目录,每个人并不能完全知道别人的文件名,因此,重名问题在多用户系统中是难以避免的。一旦文件名有重复,就会出现混淆而导致"按名存取"的功能出错。即使在单用户系统中,当文件数目很多时,用户也难以记忆这么多,依然会有重名问题。通过人为地添加文件名命名规则,可以在一定程度上解决重名问题,但是对用户来说又很不方便,而且在多用户环境下不容易分清各个用户的文件。

**2. 查找效率问题**

采用单级目录结构,每当查找一个指定的目录项,都要花费大量的时间,这时只有一个目录,每次查找时都需要遍历目录下所有的目录项,因此很费时,尤其是对于拥有成百上千个目录项的大文件系统。例如,当一个单级目录下具有 $N$ 个目录项时,查找一个目录项的时间复杂度是 $N$,为查找出一个特定的目录项,平均需要访问 $N/2$ 个目录项。

**3. 不便于实现文件共享**

通常情况下,每个用户都有自己的名字空间或命名习惯。因此,在文件的共享中,对同一个文件的访问,能够允许不同用户采用不同的文件名。但是,单级目录结构中所有的文件和文件名之间只能是一一对应关系,所以,要求所有用户必须使用相同的文件名来访问同一文件。所以单级目录结构不能满足多用户的个性需求,因而,它只适用于单用户系统中。为了解决上述问题,操作系统需要采用另外的目录结构。

## 5.2.4 二级目录结构

二级目录结构是对单级目录结构的延伸,主要是为了解决单级目录的命名冲突的缺点,并且提高了对目录项的检索速度。在二级目录结构中,第一级称为主文件目录(Master File Directory,MFD),它的作用是管理所有用户文件目录,在主文件目录中,它的每个目录项就是一个用户文件目录,在目录项中保存了用户名和一个指针项,用于指向该用户目录文件的地址。第二级称为用户文件目录(User File Directory,UFD),它的作用是为每个用户建立一个单独的用户文件目录,将该用户的每个文件都作为一个目录项,其功能与单级目录结构相同。在二级目录结构中,当用户需要查找文件时,系统只允许每个用户在自己的文件目录中检索,因此不同的用户可以保存相同名称的文件,只要在各自的用户文件目录中文件名不重复即可。

从二级文件目录结构模型(表5-3)中可以直观地看出二级文件目录结构的组成,其中在3个用户目录中都有文件名为 nameA 的文件,由于它们属于不同的用户目录,所以不会发生命名冲突。采用二级目录结构管理文件时,主文件目录管理着所有文件的存取过程,当新建一个用户文件时,操作系统把文件目录项的起始地址添加到主文件目录的一个空目录项中,同时把用户名等信息也添加到该目录项,然后检查在该用户名的目录中是否有同名文件。当用户需要对某个文件进行操作时,系统首先根据用户名从主文件目录中检索出该用户的文件目录,然后,在该用户文件目录中就可找到文件的文件目录项信息,在内存区域开辟一块空间存放该文件目录项,最后和单级文件目录操作一样,通过文件目录项访问文件数据。

表 5-3　二级文件目录结构模型

| 主文件目录(一级目录) | | | | | | |
|---|---|---|---|---|---|---|
| 用户目录 1(二级目录) | | 用户目录 2(二级目录) | | | 用户目录 3(二级目录) | |
| 文件 1 | 文件 2 | 文件 3 | 文件 4 | 文件 5 | 文件 6 | 文件 7 |
| nameA | nameB | nameA | nameB | nameM | nameA | nameT |

由于所有操作都会经过主文件目录,因此可以对文件访问者的存取权限进行检查,避免一个用户的文件被那些未经授权的用户使用,提高用户文件的安全性和私有性,实现了对文件的保密和保护。对于文件的共享,原则上只需要把使不同用户的目录项指向相同的文件存储位置即可。当删除一个用户文件时,操作系统只需查找该用户的用户文件目录,从中找出指定文件的目录项,然后回收该文件所占用的存储空间,最后删除该目录项,而不会影响其他用户目录中的同名文件,如表 5-3 所示。

在二级目录结构中,如果用户没有用户文件目录,可以向系统请求为自己建立一个用户文件目录,如果不再需要用户文件目录,也可以向系统管理员请求撤销现有的用户文件目录。两级目录结构基本上克服了单级目录结构文件重名、检索速度慢以及不便于共享的缺点,相应地具有以下优点。

(1) 文件可以重名,由于二级目录在主文件目录下增加了一个用户目录,不同的用户在自己的用户目录中,可以使用和其他用户相同的文件名。而在用户自己的用户目录中,每一个文件名都是唯一的。

(2) 提高了检索目录的速度,因为在二级目录中,每个目录项都会保存用户目录信息,所以每次检索都只需要查找到指定的用户目录,然后在该目录下查找文件目录项即可,而不用在所有的目录项中检索。例如,假定在一个二级目录结构中存储 $m \times n$ 个目录项,主文件目录中有 $m$ 个用户目录,每个用户目录都有 $n$ 个文件目录项,那么随机查找一个指定的目录项,平均需要检索 $(m+n)/2$ 个目录项。而同样多的目录项采用单级目录结构保存,则平均需要检索 $(m \times n)/2$ 个目录项。通过比较可以看出,采用二级目录结构可使检索效率比单级目录结构提高 $(m \times n)/(m+n)$ 倍。

(3) 易于实现不同用户间的文件共享,在二级目录结构中,对系统中的共享文件,每个用户可以使用不同的文件名来访问。

虽然采用二级目录结构能够比单级目录结构具有很多改进,但是也存在一些问题。首先是二级目录结构的用户目录相互独立的情况,当各个用户之间相互独立,彼此不需要资源共享时,这种隔离是一个优点。但是当一个大任务需要多个用户相互合作去完成时,并且每个用户之间又需要相互使用彼此的文件资源时,这种隔离反而成为一个缺点,因为这种各个用户相互独立的情况会使彼此之间不便于共享文件。

通过观察表 5-3 可以看出,二级目录结构可以看成一个高度为 2 的树结构,树的根结点为主文件目录,用户目录为根结点的子结点,每个文件目录项为叶子结点。在二级目录结构中,所有文件的存取过程都由主文件目录管理,而在每个目录项中都保存着用户目录的信息,因此当在查找某个文件时,虽然只给出了文件名,但是其实隐式地给出了一个从主文件目录开始的路径名,比如用户 1 在访问文件时,直接给出文件名 nameA,默认就是按照路径"主文件目录\用户目录 1\nameA"查找文件,当该用户需要访问用户 2 的nameA 文件时,就需要给出路径"\用户目录 2\nameA"。将这种思路扩展下去,就可以更好地解决二级目录结构中各个用户的文件共享问题。

### 5.2.5　多级目录结构

对于大型文件系统,二级目录结构仍然不能满足使用需求,因此将二级目录结构推广形成了三级或三级以上的多级目录结构,以提高对文件的检索速度和改善文件系统的性能。多级目录结构模型如图 5-3 所示,多级目录结构通常按照树的结构来组织,因此又被称为树形目录结构,这是一棵倒向的有根树,主文件目录在这里作为根目录,把数据文件作为叶子结点,其他的各级目录均作为树的结点。

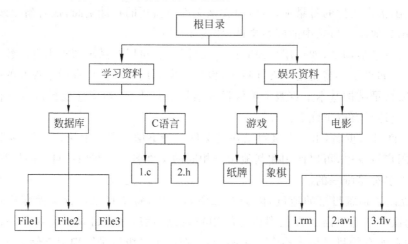

图 5-3　多级文件目录结构模型

在文件目录树中,上一级目录都是下一级目录的共性特征的集合,也可以是数据文件的说明,这样层层抽象,形成了层次分明的树形文件系统。采用树形多级目录有许多优点:首先现实世界中的数据集合的层次关系能通过树形多级目录结构较好地反映出来,同时也能将系统内部文件的分支结构较确切地表现出来;更好地解决文件重名问题,只要同名文件不位于同一末端的子目录中,即彼此间不是互为兄弟结点即可;文件之间的共享更加方便,树形结构文件更加便于为不同层次或子树中文件设置不同存取权限,易于文件的保密、保护和共享等。目录文件和数据文件如图 5-3 所示。

在该树形多级目录结构中,根目录中有两个用户的总目录项"学习资料"和"娱乐资料"。在"学习资料"目录中又包括两个分目录"数据库"和"C 语言",在"娱乐资料"目录中又包括两个分目录"游戏"和"电影",其中每个分目录中又包含多个数据文件。如"娱乐资料”目录中的“游戏”分目录中,包含“纸牌”和“象棋”两个文件。

为了提高文件系统的操作性,系统允许在一个目录文件中的目录项既包括作为文件目录的子结点,又包括作为数据文件的子结点。并且,在树形多级目录结构中,用户可以根据自己的需要创建自己的子文件目录结构,以便能够按照自己的使用习惯组织自己的文件层次,也可以删除不需要的子文件目录。

在树形多级目录结构中,一个文件的全名包括文件名、文件扩展名和文件路径名,文件路径名是指从根目录开始到文件为止,通路上遇到的所有子目录路径集合,路径名中各个子目录名之间用正斜线“/”或反斜线“\”隔开。在目录中可以将文件聚合成组,树形多级文件目录自身也被作为目录文件存储,在很多方面文件目录的处理方式和文件一样。

当一个文件系统的目录结构含有许多级时,如果每查找一个文件都要从树根开始,然后逐级查找各中间目录,直到树的叶子结点(数据文件)为止,这是相当麻烦的事,需要花费大量的时间。通常情况下,每个用户都有一个当前活动的目录,称为“当前目录”,又称为“工作目录”。这是一个用户当前正在使用的目录,同时在当前目录中包括用户程序运行时所需访问的大部分的文件资源,基于这一点,为了提高查找效率、减少检索时间,可以让用户程序对各文件资源的访问都相对于“当前目录”进行,也就是说,将当前目录作为程序访问文件的起点。

此时,需要的文件所使用的路径名,首先从当前目录开始,然后经过中间的各级目录文件,最后到达要访问的文件所在叶子结点。当在当前目录中不能找到所需要的文件资源时,系统会按照从根目录开始,经过各级中间目录,然后找到所需的文件资源。由于在当前目录中通常包含大部分当前所需资源,所以这种从当前目录开始的方法,常常可以提高检索效率。

在树形目录结构中,路径名有两种形式,即相对路径名和绝对路径名。这样,相对路径名(Relative Path Name)是指从当前目录开始,包括中间经过的各级文件目录名,直到数据文件为止所构成的路径名;绝对路径名(Absolute Path Name)是指从树的根目录开始,包括中间经过的各级文件目录名,直到数据文件为止所构成的路径名。

## 5.2.6　文件目录操作

关于文件目录的操作和对文件的操作有很多相似之处,文件系统也是通过一组系统调用来管理文件目录的。关于文件目录管理的系统调用,在不同的操作系统中的差别比关于文件的系统调用要大,主要包括以下几种操作。

### 1. 创建文件目录

创建新目录中只包含目录项“.”(代表目录项自身)和“..”(代表父目录),其余的内容都为空,目录项“.”和“..”是系统在创建目录时自动添加到目录中的。在用户要创建一个新目录时,首先系统会根据创建者提供的路径名进行检索,确定在该路径中有无与新建目录相同的目录名,若无,便可在该路径下增加一个新目录项;否则,创建失败并返回错误信息。在树形目录结构中,用户可为自己建立子目录,当用户要新建一个文件时,只需在自己的用户目录及其子目录中检查新建文件是否与已有文件同名,若无,便可在指定路径中增加一个新的目录项。

**2. 删除文件目录**

对于一个已不再需要的目录,通常需要通过删除其目录项来释放存储空间。在删除目录项时,系统会首先检索到该目录的父目录,然后验证用户的操作权限,当用户具有相应的操作权限时,再执行删除操作。具体应该如何执行,还须视情况而定。第一种情况下,当所要删除的目录中已不再有子目录或者任何文件,可以直接将该目录项删除,并将其父目录中对应的目录项设置为空。第二种情况下,当要删除的目录中尚有子目录或者数据文件时,就需要区别处理,通常采用下述两种方法处理。

(1) 不删除非空目录。当要删除的目录不为空时,不能将其删除,在 MS-DOS 中就是采用这种目录删除方式。因此,为了删除一个非空目录,首先必须删除该目录中的子结构及所有文件,然后再执行删除操作。

(2) 可删除非空目录。当要删除一个目录时,不管该目录是否为空都执行删除操作,如果在该目录中还包含有子目录和文件,则将子目录和文件也同时删除,在 Windows 系列操作系统中采用的就是这种文件目录删除机制。

上述两种处理机制实现起来都比较容易,尤其是第二种方法更为方便,但也更加危险。因为只用一条命令即能删除整个目录结构,虽然提高了操作的执行效率,但是如果错误地执行了一条删除命令,其后果则可能十分严重。

**3. 检索文件目录**

当用户要查找一个已存在文件时,系统首先利用用户提供的文件路径名对各级目录进行查询,找出该文件的文件目录项,然后,根据文件目录项中所记录的文件物理地址,得到文件在磁盘上的存储位置,最后,再将所需文件数据读入内存。目前主要有两种对文件目录进行检索的方式,即线性检索法和哈希检索法。

1) 线性检索法

线性检索法是指按照文件路径名中的顺序,与各级目录名进行逐级比较,最终确定文件位置的方法,因此又称为顺序检索法。在单级目录结构中,根据用户提供的文件名,从文件目录中使用线性检索法直接找到该文件的目录项。在树形多级目录中,用户提供的文件名是由文件名和各级目录名组成的路径名,此时须逐级对多级目录进行查找。例如,用户需要查找文件路径名是 C:\用户\管理员\桌面\操作系统_文件管理.doc(在 Windows 操作系统中以各个磁盘分区为根目录,以盘符加":"开始),具体查找 C:\用户\管理员\桌面\操作系统_文件管理.doc 的过程说明如下。

(1) 系统根据盘符说明,找到相应的磁盘分区,本例中的文件在 C 盘,因此文件只在 C 盘中进行查找。

(2) 应读入第一个子文件目录名"用户",按照顺序依次将它与根目录文件(或当前目录文件)中各目录项中的文件名进行比较,从中找出相同者,然后找到"用户"目录文件所在的物理地址,将该物理块中的内容读入内存。

(3) 系统再将路径名中的第二个文件目录名"管理员"读入,用它与刚刚读入内存的第二级目录文件"用户"中各目录项的名称顺序进行比较,又找到匹配项,从中得到"管理员"的目录文件的物理地址,将其中内容读入内存。然后,系统用同样的方法在第三级目录的目录项中找到"桌面",得到"桌面"的所有目录项。最后从"桌面"的目录项中找到需要的文件"操作系统_文件管理.doc"的目录项,然后从目录项中获得文件的物理地址,将文件数据读入内存中,目录查询操作到此结束。在顺序检索过程中,如果发现有一个文件目录名未能找到,则立即停止查找,并返回"查找失败"信息。

2) 哈希检索法

在文件的物理结构中曾介绍了哈希文件,也就是散列文件。在文件的访问方式中,也介绍了哈希访问方式,而对于文件目录的检索,也可以采用相同的方法进行,因为文件目录也是按照文件的形式保存在外部存储介质中的。可以建立了一张哈希索引文件目录,便可利用哈希方法进行查询,这样系统可以将用户提供的文件名直接转换为文件目录的物理存储地址,再利用这个地址直接定位文件位置,这将显著地提高检索速度。

在哈希检索法中进行文件名到地址的转换时,有可能出现"冲突",即把几个不同的文件名转换为地址后具有相同的值。因此,在采用哈希检索法去查找文件目录时,还需要有一套处理此"冲突"的有效规则。

(1) 在利用哈希检索法查找目录时,当目录表中相应的目录项为空时,则表示系统中没有指定文件。

(2) 如果指定文件名与计算结果的目录项中的文件名相匹配,则表示该目录项正是该文件所对应的目录项,可将目录项中的物理地址作为文件所在的物理地址。

(3) 如果指定文件名与计算结果的目录项中的文件名并不匹配,则表示出现了"冲突"。将计算结果值加上一个常数形成新的索引值,再从第(1)步重新开始查找。

当然,使用哈希检索方法也有局限。在现代操作系统中,可以在查找文件时使用通配符代替文件名中的字符,通配符" * "代表所在位置任意多个字符,通配符"?"代表所在位置的一个字符。当文件名中使用了通配符后,系统便无法利用哈希检索法去定位文件目录,这时线性查找法成为系统查找目录的方法。

关于文件目录的操作还有很多,如打开文件目录、关闭文件目录、重命名文件目录等,但是文件目录的建立、删除和检索是其他操作的基础。

## 5.3 文件系统的实现

### 5.3.1 文件系统调用的实现

首先需要考虑文件系统应该如何让用户去使用,给用户提供一个交互性良好的文件系统是系统实现者首要的目标,通常都以系统调用、命令接口以及图形界面接口的形式给用户提供交互接口,其中系统调用是其他接口的基础。每个文件系统都会建立一组系统调用,用户或用户程序通过这些系统调用来获得文件系统的各种服务,不同系统的调用有所不同,但主要都包括建立文件、删除文件、打开文件、关闭文件、文件的读和写、文件的重命名以及一些文件控制的系统调用。

　　用户程序在通过文件系统使用文件数据时,文件系统首先需要根据路径名查找目录,以获得该文件的存储地址,然后读取文件数据等信息,这往往需要多次的内外存储器之间的文件数据交换,使访问速度大大减慢。如果一次把所有文件目录都读入内存中,虽然加快了访问速度,但是又占用了宝贵的内存空间。一种行之有效的折中解决办法是把正在使用的文件目录读入内存,这样既不占用太多的内存空间,又可明显提高查找效率。

　　每个用户进程都在系统中建立一张活动文件表,用户首先通过"打开"操作,打开一个将要使用的文件,这时把该文件的文件目录读入指定内存区域;当该文件不再使用时,通过"关闭"操作切断该文件目录和用户进程之间的联系,同时,如果用户进程已经修改了该目录,还应对外存中相应的文件目录项进行更新。通过采用建立文件表的办法,每当用户进程访问一个文件时,首先查找活动文件表看该文件是否打开,如果已经打开,就直接对这个文件进行读/写操作,若是没有打开,再查找目录打开文件。

　　通过这种机制,一个文件只需一次打开以后可以多次使用,直至文件被关闭或撤销,大大减少内外存数据交换次数,提高了文件系统的效率。

## 5.3.2　文件存储空间分配的实现

　　系统中的所有资源都以文件的形式存储在外存空间,因此文件系统实现的第一步就是为资源分配外存空间,外存空间的分配方式对文件系统的执行效率有很大影响。磁盘介质具有可直接访问的特性。因此,可以利用磁盘作为存放文件的主要存储器,在磁盘操作时具有很大的灵活性。

　　在分配外存空间时主要需要考虑的问题是:①创建文件时,是一次性为该文件分配连续的最大空间,还是分配部分空间然后动态扩充? ②为文件分配的空间是一个连续的存储单元,还是个不连续的存储单元,每个文件存储单元需要多大?

　　文件分配的主要目标就是:将外存空间最大限度地利用,使文件的访问速度尽可能提高。目前,连续分配、链接分配和索引分配是最常用的外存分配方法。有些系统能够支持这 3 种外存分配方式,通常情况下,在一个操作系统中,仅采用其中的一种文件外存分配方法。

### 1. 连续分配

　　连续分配(Continuous Allocation)方式将一组连续的物理块分配给文件,这一组盘块上的地址是线性结构。例如,第一块的地址为 $n$,则第二块的地址为 $n+1$,第三块的地址为 $n+2$,以此类推。通常,连续盘块都位于一条磁道上,在读/写数据时,仅当访问到一条磁道的最后一块时,才移动磁头到下一条磁道。在采用连续分配方式时,可按照逻辑文件的顺序存储到邻接的物理盘块中,形成顺序文件结构。这种分配方式可以保证存储器中物理文件的顺序和逻辑文件中的记录顺序相一致。连续分配的主要优点如下。

　　(1) 容易进行顺序访问。系统可以十分容易地访问一个占有连续空间的文件。系统首先从目录中找到该文件所在的第一个盘块地址,从此开始顺序地往下读或写,并且连续分配也支持文件直接存取。

　　(2) 顺序访问速度快。连续结构的文件,通常占用一条或几条相邻的磁道上的盘块。这时,磁头的移动距离最短,因此,对顺序文件访问的速度是所有存储空间分配方式中最快的。

当然,连续分配也有一些缺点,主要如下。

(1) 对存储空间的要求较高。因为这种方式需要将一段连续的存储空间分配给每一个文件,这样便会产生出许多磁盘碎片。

(2) 文件长度不能动态增加。连续分配必须事先确定文件的长度,然后根据大小将文件装入一块大小足够的存储区。有时,可以非常容易知道文件的大小,比如,复制一个已存文件;但有时却很难,只能靠估算,如果实际文件比估计的文件更大,就可能因存储空间不足而出错。

**2. 链接分配**

链接分配(Chained Allocation)是采用线性链表的方式分配外存空间,首先在每个盘块上设置一个链接指针,用线性链表的方式将同属于一个文件的离散盘块按逻辑顺序组合起来,这样形成的物理文件称为链接文件(或连接文件)。采用链接分配方式将一个逻辑文件存储到外存上时,并不需要有一块连续的空间能装下整个文件,而是将文件装到多个离散的存储单元中,只需要记录它们的顺序和位置即可,这样就可以克服连续分配的缺点。

由于链接分配是采取不连续的空间分配方式,可以消除磁盘碎片,从而显著地提高外存的利用率。链接分配无须事先知道文件的大小,它可以根据文件的需要,首先只为文件分配必需的存储空间,当文件动态增长时,再动态地为它增加存储空间。因此,链接分配方式存储的文件在进行增加、删除和修改等操作时十分方便。通常情况下,链接方式可分为隐式链接和显式链接两种形式。

通常文件系统采用链接分配方式分配文件时,不是简单地采用一个线性链表的结构进行,而是采用一种叫作文件分配表(File Allocation Table,FAT)的方式进行的。在早期的 MS-DOS 系统中,采用的是 12 位的 FAT12 文件系统,后来采用 16 位的 FAT16 文件系统;再后来微软在采用图形界面的 Windows 95 和 Windows 98 操作系统时使用 32 位的 FAT32;紧接着 Windows NT、Windows 2000 和 Windows XP 操作系统又升级为新技术文件系统(New Technology File System,NTFS)。这一系列的文件分配方式的核心都是显式链接分配方式。

**3. 索引分配**

与连续分配方式相比,链接分配方式解决了文件大小不能动态增加以及外存中有大量的磁盘碎片的问题,但是链接分配方式本身也有以下两个问题。

(1) 直接存取时效率很低。当对一个大型文件进行直接存取时,必须首先顺序查找FAT 中的盘块号,需要依次访问指定文件前面的所有项。

(2) 大量内存空间被文件分配表占用。由于一个文件所占用的多个地址是随机地分布在文件分配表中的,因此,在文件分配表中查找一个文件的存储地址时,首先需要将整个文件分配表读入内存,然后进行检索。当磁盘中的内容较多时,文件分配表要占用的内存空间可能达到几兆字节,这将极大地影响其他程序的执行。

在打开某个文件时,并不需要将整个文件分配表调入内存,只需把该文件占用的磁盘的编号读入内存即可。因此,可以将每个文件所对应的存储地址编号集中地放在一起,基于这种设想就形成了一种新的分配方法——索引分配方法。索引分配为每个文件建立一个索引表,在该索引表中记录了分配给该文件的所有存储地址编号,在建立一个文件时,只需在文件的目录项中添加指向该索引块的指针即可。

索引分配方式对应的文件物理结构就是索引结构文件,这种分配方式可以方便地进行动态增加,也可以支持快速的直接访问,唯一的不足就是需要占用一定额外的外存空间存储索引文件。索引分配方式主要分为单级索引分配和多级索引分配,后者主要是因为在大型文件系统中,文件的索引文件本身也很大,为了提高对索引文件的检索效率,通过增加索引文件的层次来解决这个问题。

文件存储空间的分配方式决定了文件系统的物理结构,在采用不同的外存分配方式时,将形成不同的文件物理结构。例如,当文件存储空间的分配方式为连续分配方式时,此时的文件物理结构是顺序文件;当采用链接分配方式分配外存空间时,将形成链接式文件结构;采用索引分配方式的文件物理结构是索引式文件结构。

### 5.3.3 文件共享和保护的实现

**1. 文件共享**

文件共享是指同一个文件被不同用户共同使用,当不同用户合作完成一个任务时,通常需要共享文件资源。而且通过文件共享机制,不仅可以提高效率,还可以节省大量的外存空间,并减少由于复制文件而增加的内外存数据交换次数。在许多操作系统中常常会有一个文件同属于多个目录,但实际上磁盘中仅存储了文件的一个副本,这种文件在物理存储空间只存储一份,从多个目录可查找该文件的情况称为文件链接。

经常在使用文件过程中多个用户需要共享同一文件,如果每个用户都在自己的目录下保存一份文件副本,将会因冗余而浪费大量磁盘空间,而且很容易造成数据的不一致性。在现代操作系统中,可以通过对文件链接实现多个用户共享一个文件的要求。用文件链接的方式进行文件共享,可以减少物理存储空间的浪费,提高文件资源的利用率。

文件共享主要分为文件的静态共享和文件的动态共享。静态共享是指这样的共享关系,不管用户是否正在使用文件系统,文件始终保持共享关系。文件的动态共享是指只有当系统中用户进程存在时,不同的用户进程之间的文件共享关系才建立,一旦用户的进程生命周期结束,这种共享关系也就自动消失。

**2. 文件保护**

在文件共享中,不得不考虑的一个问题就是文件保护的问题,因为文件共享虽然提高了资源利用率,但是也提高了文件发生错误的风险。因此与文件共享相辅相成的就是一套有效的文件保护机制,文件的访问权限控制是文件保护的主要手段。

在一个文件系统中为用户建立了一套完整的访问权限,不同的用户对同一文件通常具有不同的访问权限。主要的权限包括以下几种。

（1）只读权限，该用户只能从文件中读取数据。

（2）读写权限，用户可以从文件中读数据，并能写入或修改文件数据。

（3）执行权限，用户可以在内存中执行该文件。

（4）删除权限，用户可以删除文件，释放存储空间。

与权限分配相对应的是文件访问控制，具有不同权限的用户信息被记录在一张访问控制表中，当不同用户对文件进行操作时，首先对照表检查用户权限，只允许用户在自己权限内操作文件。使用访问控制表可以方便地控制权限，但是维护起来太麻烦，通常很多用户具有相同权限，另一些用户具有另一些权限，因此一种代替方式是对用户进行分组，同组用户具有相同权限。

## 综合练习题

### 一、填空题

1. 文件系统主要管理计算机系统的软件资源，即对于各种_____的管理。

2. 文件名通常由两部分组成，包括_____和_____。

3. 操作系统中，根据文件的性质，一般把文件分为_____、_____和_____3 种类型。

4. 文件的访问方式主要有_____、_____和_____3 种类型。

5. 文件的逻辑结构是文件的上层组织形式，文件的逻辑结构主要有_____、_____和_____3 种类型。

6. 文件的物理结构有 4 种方式，即_____、_____、_____和_____。

7. 连接文件结构是文件的_____结构之一，其特点是用_____来存放文件信息。

8. 文件目录的基本组成部分是_____，又被称为_____，文件系统将文件目录_____的形式存放在外存中，因此文件目录又被称为_____。

9. 单级文件目录不能解决_____的问题，多用户系统所用的文件目录结构至少应是二级文件目录。

10. 大多数文件系统为了进行有效的管理，为用户提供了两种特殊操作，即在使用文件前应先_____，文件使用完应_____。

11. 对于文件的存储空间分配方式，目前主要采用的有_____、_____和_____3 种类型。

12. 当不同用户合作完成一个任务时，通常需要共享文件资源，文件共享是指同一个文件被不同用户共同使用，文件共享主要分为_____和_____。

### 二、简答题

1. 简述计算机系统中文件的分类方法。

2. 文件的物理结构有哪几种？各自的特点是什么？

3. 什么叫作文件系统？

4. 文件目录与目录文件的区别与联系是什么？

5. 为什么要进行文件保护？文件保护的主要方式是什么？

# 第 6 章

# 操作系统安全性

**本章导读**

　　自 20 世纪以来,随着计算机的广泛使用,一个相对于现实世界的数字信息世界出现并随着时间的推移发展壮大,互联网技术的快速发展让一个个孤立的数字世界连成一个整体,一个全球性的信息社会正在逐渐形成,这样一来,这个数字世界的关键基础设施之一,即操作系统的安全性,逐渐成为信息化建设发展过程中人们关注的焦点,操作系统的安全与否将直接关系到整个数字信息世界的存在和发展。

## 6.1　安全性概述

### 6.1.1　计算机系统安全概念

　　计算机安全性涉及内容非常广泛,它既包括物理方面的,如计算机环境、设施、设备、载体和人员,需要采取安全制度的修订和执行,防止设备遭到突发性的损害和破坏;又包括逻辑方面的,即对于操作系统,特别是针对计算机软件系统的安全和防护,防止计算机系统遭到攻击和破坏。

　　一般来讲,计算机系统的安全模型涉及管理和实体的安全性、网络通信的安全性、软件系统的安全性和数据库的安全性。计算机操作系统是整个计算机信息平台中和计算机硬件最密切相关的基础软件,是其他软件的基础,它的安全也与其他软件的安全息息相关。因此,如果作为基础的操作系统安全性得不到保障,那么构筑在这之上的其他所有软件系统都将没有安全性可言。

　　对于计算机系统来说,它的安全性和可靠性是两个不同的概念,可靠性指计算机硬件能够正常持续运行的程度;安全性是指在计算机软件系统中不因人为疏漏或蓄谋作案而导致信息资源被泄露、篡改和破坏。计算机的可靠性是系统存在基础,而计算机系统安全性则更为复杂。鉴于计算机系统自身的脆弱性和计算机犯罪现象的普遍存在,建造一个安全的计算机信息系统绝非易事。

软件系统中最重要的是操作系统,由于它的特殊地位,上述计算机安全性问题大部分要求通过操作系统来保证,所以,操作系统的安全性是计算机系统安全性的基础。

## 6.1.2 计算机系统安全核心

### 1. 计算机系统数据的机密性

计算机系统数据的机密性(Data Confidentiality)是指通过限制信息访问和保证完备可用的授权限制,保护个人隐私和专有信息。相应地,机密性的损失是指非授权的信息被泄露,其中包含两个比较重要的概念。

1) 数据机密性

数据机密性是指在操作系统中保证私有的信息对未授权的个体不可用或不可见,系统对其选择进行强制执行,执行的粒度应该细化到文件。

2) 隐私

保证有权限的个体能够控制或影响信息由谁公开或向谁公开,保证信息不被滥用。隐私的存在和保护也受到道德和法律的保护和制约。

在计算机系统中的一些数据有着机密特性,尤其是在一些行业和国家专用计算机设备中,保护系统中数据的机密性显得更加重要。在全球互联网发展普及之前,对于机密性的保护可以通过对接触到这些数据的人进行教育或制定制度规范其行为,由于数据保存格式的简单性和传递途径的单一性,这种保护机制比较有效。但是,随着信息技术的发展特别是互联网的使用和普及,尤其是通过网络传输并在不同的计算机中存储涉密数据时,数据极大地增加了被暴露的机会。

另外一些别有用心的人可能会通过不法手段截取系统内部的机密数据,达到破坏数据机密性的目的;或者将一些应该保密的信息在不适当的时间和不适当的场合暴露出来,造成社会的不稳定和经济上的损失。因此,计算机系统在建设时应该采用行而有效的安全技术和手段,避免机密数据遭到泄露,保证系统的安全性和机密性。

### 2. 计算机系统数据的完整性

计算机系统数据完整性(Data Integrity)是指被保护的信息不在不恰当的地方和时间被修改和清除,也包括能够保证信息的有效性和不可否认性。相应地,完整性的损失指的是信息被没有授权的个体或组织所修改和清除。以下是两个比较相近的概念。

(1) 数据完整性,即保证信息只能够在一种被指定的授权方式下被存储、修改和删除。

(2) 系统完整性,保证系统只在一种不受影响的方式下执行其应有的功能,能够防止不被授权的个体或组织蓄意或无意间进行的系统操作。

通常情况下,计算机系统中的数据希望能够被充分利用,当多个进程同时访问数据时,则必须要建立严格的数据使用规则,如果没有这些约束,则有可能会使某些用户访问随意篡改系统内部数据,破坏数据使用规范,系统中的数据就无法保证其完整性。当系统内部的数据失去完整性时,则可能会引起系统内部执行混乱,正常的输入及运算无法进行,输出的结果失去实际意义,相关数据无法关联等情况,这样系统就失去了对数据管理的基本能力,整个系统的安全性遭到极大的威胁。因此数据的完整性是计算机系统安全的基本目标,应该采取有效的约束手段和管理方式,让计算机系统的完整性得到保证。

### 3. 计算机系统数据的可用性

计算机系统的可用性(System Availability)即系统能够保证用户对计算机及时且可靠地进行信息访问和使用,保证系统能够及时地工作,并且计算机与服务器不会拒绝授权用户的访问。可用性遭到损失是指用户对信息或计算机系统的访问和使用的中断。

计算机系统的可用性比较容易理解。例如,发送超过服务器负载的请求可以使服务器瘫痪,因为单单是检查和丢弃用户请求就可以浪费所有的计算资源。许多合理的系统模型和技术能够保证计算机系统数据的机密性和完整性,但维护其长期可用性却比较困难,尤其是当系统被蓄意破坏或者干扰之后,系统中的功能就会减少,系统对外提供的服务也就无法顺利完成,系统的整体可用性就大大降低。因此要维护系统的可用性,就是要防止数字系统不被不法的人或组织干扰和破坏,这也是系统安全的终极目标。

除了以上3个系统安全核心目标外,计算机系统也应该能够验证用户的真实性,防止计算机合法用户以外的人通过病毒、木马植入等手段获得计算机的控制权,将其用于一些不法的行为;计算机系统也应能够保证用户的隐私(Privacy)不被滥用,防止重要内容的泄露给用户带来的损失。以上所涉及的3个核心目标以及其他操作系统安全要求,将会在以下的章节中详细陈述。

计算机安全就像是我们需要把家里重要物件(包括银行卡、身份证、房产证)内的重要信息保护起来一样,而计算机有自己的一套自动化信息系统,在这个系统上实施一定的防护措施,称为计算机安全。它包含很多方面的知识,如计算机的机密性、完整性和可用性。

## 6.1.3 计算机资产及威胁

在保护计算机系统安全性遭到外来或内在威胁时,如果有一个清晰的模型来指定计算机系统拥有哪些资源,这些资源可能会遭到什么样的攻击,系统的哪些资源需要被保护,那么实现系统的安全将会容易得多。事实上,很多安全方面的工作都是按照这个思路去开展,确定计算机操作系统安全性的保护机制。

计算机系统的资源分为硬件、软件、数据以及通信线路与网络等。每种资源类型所面临的威胁情况,按照上文所述计算机安全的3个核心目标为分类,详细说明威胁的本质,如表6-1所示。

表 6-1　资产与安全威胁

| 介质 | 可用性 | 机密性 | 完整性 |
|------|--------|--------|--------|
| 硬件 | 设备失窃或遭到破坏,拒绝提供服务 | | |
| 软件 | 程序被删除,拒绝用户访问 | 没有被授权的软件复制 | 工作程序被更改,导致在执行期间出现故障,或执行一些非预期的任务 |
| 数据 | 文件被删除,无法被用户访问 | 没有被授权的访问和读取数据,通过数据的读取获取权限以外的信息 | 现有的文献被修改,或伪造新的文件 |
| 通信线路和网络 | 消息被破坏或删除,通信线路故障或网络不可用 | 读取授权以外的信息,观察信息的流向规律 | 消息被更改、延迟、重新排序、伪造信息 |

### 1. 硬件

硬件包括中央处理器、存储器、磁带、打印机、磁盘等计算机和计算机辅助设备。硬件作为物理单位,最容易受到外部攻击,却也最不容易得到自动控制。威胁包括个人或组织对设备的有意或无意的破坏及偷窃。PC 和服务器终端的快速增长以及局域网的日益广泛使用增加了在这方面的潜在损失,需要物理上的防范保护和行政管理上的安全措施来面对这些威胁。

### 2. 软件

计算机系统软件包括操作系统、实用程序、应用程序等,计算机软件所面临的一个主要威胁是对可用性的威胁。软件,尤其是应用软件,稳定性不高,非常容易被移除;软件也可能被修改或破坏,从而失效。另一个比较难以处理的问题是对软件的修改,这样导致程序仍能运行但其行为却发生了变化,这对软件的完整性是一种威胁,计算机病毒和恶意软件的威胁就属于这一类。最后一个问题就是保护软件的隐私问题,尽管能够采取一些策略去解决这个问题,但非法授权的软件复制问题还是一个非常难以解决的问题。

### 3. 数据

上述的硬件和软件的安全性常常被产业相关的组织或个人所关注,有些也为普通家用计算机用户所关注,但数据安全作为一个更普遍的问题,为所有计算机使用者所关注。数据是指个人、小组以及相关组织所控制的文件和其他形式的数据。

与数据有关的安全性涉及面广,包括可用性、机密性和完整性。对于数据的可用性,主要在于对数据文件人为有意或无意的窃取和破坏。机密性方面广泛受到关注的是非授权的组织或个人读取数据文件或数据库,在这个领域有很多专家和组织进行研究和工作。另外一种不那么明显的对数据隐私的威胁就是对数据的统计和分析,从中获取总结性的和统计性的信息,尽管这些信息有可能涉及个人或组织的相关利益。

现阶段随着统计信息数据库的增长,当更多的联合数据集合时,这种问题会恶化,泄露信息的可能性极大增加。最后数据的完整性在很多情况下也是重点受到关注的内容,修改数据文件可能导致小问题,也可能造成灾难性结果。

### 4. 通信线路和网络

通信系统与网络是用来传送数据的,与数据相关的可用性、机密性、完整性对网络安全同样重要,对通信线路和网络的威胁分为被动的和主动的。给出了针对通信线路和网络的安全威胁的分类。表 6-2 详细地描述各种威胁的本质。

表 6-2 主动威胁与被动威胁分类

| 被动威胁 | 消息内容泄露 |
|---|---|
| | 消息流量分析 |
| 主动攻击 | 伪装 |
| | 重放 |
| | 篡改消息流 |
| | 服务拒绝 |

被动威胁在本质上是对网络传输进程进行窃听或截取,威胁发起者非授权获得正在传输的信息,了解其内容和数据性质。这包括两种威胁,即消息内容泄露和消息流量分析。

(1) 消息内容泄露是指在网络通信过程中,正在传输的文件数据中可能含有敏感的或秘密的信息,攻击者想要通过特殊手段获得这些秘密信息。

(2) 消息流量分析威胁方式则相对而言比较高端,在系统主动防御的过程中,通过加密的方式屏蔽了秘密信息,使得威胁发起者难以捕获信息也难以提取相关信息,但是攻击者仍然能够观察到加密保护的机制,确定通信发起地的位置和身份,通过观察交换信息的长度和频率,通过分析来对通信性质进行推测,推测结果很可能具有价值。

被动威胁比较难以察觉,因为它并没有对相关数据进行更改,不干扰通信网络中消息流的流动,然而预防方法比较容易,关键点在于预防,在系统和通信网络建立时做好相关防护工作,而不是在网络通信时花费时间去检测和搜索。

与被动威胁不同的是,主动威胁不但会截获数据,而且还会冒充用户对系统中的数据进行删除、伪造等行为,主要方式可分为伪装、修改信息流和服务拒绝。

(3) 在网络通信中,当一个通信结点或个体假装成另一个不同的实体时,就发生了伪装的情况。伪装威胁通常需要借助其他形式来进行主动攻击,这种攻击可以通过重放的方式进行,重放就是包括截取捕获正在传输的消息并以其他消息代替重传,执行一次未被授权的行为。

(4) 篡改消息流是指将合法消息的某些部分进行修改,或者延迟或重排序正在传递的消息,用这些非授权的行为产生不可预知的结果。

(5) 服务拒绝就是阻止或禁止对通信设备的正常使用和管理。这种威胁可能有一个特定的目标。另一种形式的服务拒绝是破坏整个网络,是使网络失效或加入大量消息使得网络超载,降低整个网络的性能。

主动威胁与被动威胁体现了完全相反的特点,与被动攻击不同的是,针对主动攻击的预防要随时随地对所有通信设备和通路进行检查和保护,在受到威胁时尽量地检查出这些威胁,从主动攻击导致的破坏和故障中恢复出来。

## 6.1.4　内部与外部攻击

**1. 入侵者**

计算机进入网络化时代后,最令人关注的两个安全威胁:一个是计算机病毒,计算机病毒将在随后的章节中详细讨论,另一个就是入侵者。在最初的定义中,从安全的角度来考虑,喜欢闯入与自己毫不相干区域的人叫作入侵者(Intruder)。入侵者通常会表现出两种不同的情况:被动入侵者无意间或基于一些原因读取了他们权限以外的信息和文件;主动入侵者则是有意或者含恶意进行入侵,未经授权就改动数据或删除数据。

在设计操作系统抵御入侵者的入侵时,必须要分清需要抵御哪种入侵者。在关于入侵者的研究中,专家定义了3种不同类型的入侵者。

(1) 伪装者(Masquerader)。没有受到授权使用相关计算机的组织或个人,使用合法的用户账号,通过系统的访问控制并读取信息和文件。

(2) 违法行为者(Misfeasor)。它指一个合法的用户,可以适当访问被授权的数据、程序和资源,但是在某种情况下进行了未被授权的访问或者虽然被授权却错误地使用了权限。

(3) 秘密用户(Clandestine User)。它指非被授权的人员夺取了对系统的管理控制权限,并利用这种权限进行访问控制和审核,或取消正在进行的审核。

对这3种类型的入侵者来说,伪装者一般来说是外部人员,违法行为者通常为组织或企业内部员工,秘密的用户则两者皆有可能。入侵者的意图范围也从良性到恶性的不定,如敌对国家窃取军事机密的行为产生的影响就远远大于大学生连接学校服务器下载图片的行为,在计算机系统的安全和防护上做的努力应该取决于针对哪一种入侵者。

**2. 入侵技术**

1) 后门陷阱

后门陷阱是防止内部人员入侵系统核心程序需要重点防范的问题之一。后门陷阱是一个系统设计中的漏洞,而这个设计漏洞很可能是在系统设计初就有意遗留下来的。就像一座防范严密的建筑,似乎在安全防护方面毫无瑕疵,所有的地方都进行了全面防范,但是只有设计师知道在某一个不起眼的角落里有一个秘密的入口,只要具备了一定条件就可以轻易入内,后门陷阱也是一样的道理。

由于后门陷阱在商业用途的系统中防不胜防,因此才提出在社会各界的重要部门和敏感行业领域内需要采取有自主知识产权的操作系统平台,需要有自己可以信赖的操作系统;否则将无法保证敏感系统的安全性。

2) 登录欺骗

登录欺骗也是一种比较常见的内部攻击方式,这种攻击的实施者一般是计算机系统的合法用户,但是这些合法用户却试图通过登录欺骗的手段获取其他人的登录权限,如获取有更多授权人的密码。这种攻击通常发生在具有大量用户的局域网内,如在公司内部和在大学学生机房中人们可以在随意的计算机上进行登录。

登录欺骗是这样工作的:在一般情况下,用户需要登录系统或在系统中登录到某一工作站时,会显示一个登录界面,在登录界面中要求用户输入口令,如果口令正确,用户就可以登录并启动程序。但如果一个恶意的用户编写了一个程序可以显示上述的登录界面,却没有任何实际运行的内部程序,它就是一个登录欺骗的空壳程序,当真正用户输入登录名后,程序要求输入登录程序却屏蔽了相关的程序响应。

用这种方式在多个终端上进行登录欺骗,入侵者可以收集到多个登录口令,能通过其他人的权限造成不同程度的危害。在互联网发展飞速的今天,登录欺骗也越来越多地被木马等恶意软件所替代,其原理和主要危害将在下文详细叙述。

3)代码漏洞

当外部人员要通过互联网对操作系统进行攻击和破坏时,最常用的方法就是针对操作系统或是被广泛使用的软件(对于微软的 Windows 操作系统来说,可能是 IE 浏览器或是 Microsoft Office 软件)的漏洞进行攻击。例如,某些有恶意的人发现了系统中存在的某一漏洞,便将所有的攻击机制都利用起来去攻击计算机,每一种攻击都会涉及特定程序中的特定漏洞。

能够利用漏洞的方式有很多,一种直接的方式就是利用脚本进行攻击,在这种攻击中,攻击者会启动一个脚本,脚本按照以下顺序进行。

(1) 运行自动扫描端口,查找接收远程连接的计算机。

(2) 通过猜测用户名和密码进行尝试登录。

(3) 如果登录成功,则启动特定有漏洞的程序,并输入进程,使程序中的漏洞被触发。

(4) 如果该程序运行 SETUID 到 root,则创建一个 SETUID root shell。

(5) 启动另一个僵尸程序,监听 IP 端口的指令。

(6) 对目标机器进行配置,保证该僵尸程序在系统每次重启后可以自动运行。

上述的步骤可能会进行很久,但是最终很有可能会成功,攻击者只要保证在计算机系统运行时僵尸程序也启动,这台计算机就会处于被控制的状态。

另一种常用的攻击方式,是利用已经感染病毒的计算机,当该计算机连接登录到其他设备时,计算机中的病毒将会寻找目标设备中的漏洞程序,根据上述的脚本攻击方式,只有第一步与第二步不同,其他步骤仍然适用。无论哪一种方法,攻击者的程序总会在目标设备中进行,而设备拥有者对该恶意程序一无所知。系统漏洞一旦被发现就很容易被有恶意的个人或组织利用并进行监控,需要软件商和用户的通力协作才能防范类似的攻击。

针对计算机的攻击可以分为来自内部和外部的攻击。来自内部的攻击主要由一些组织和企业的相关专业工作人员或具有权限使用受保护计算机、编制核心软件的工作人员实施进行,外部攻击主要是由入侵者造成,一般称其为黑客(Hacker)或计算机窃贼(Cracker)。虽然攻击发起者都具有相关的专业知识,但内部攻击和外部攻击的主要区别在于,内部攻击者具有其他人所不具备的访问权限,能够借此对计算机系统进行攻击。

## 6.1.5 恶意软件

**1. 计算机病毒的原理及特性**

计算机病毒本身也是计算机程序的一种,它能够通过非授权修改并感染其他程序,修改的结果是完美地复制自身,产生包括病毒程序的一个或多个副本,继而可以感染其他的程序。就像生物学意义上的病毒——一段 DNA 或 RNA 遗传密码,以控制活体细胞的生理活动产生数以千万计的原病毒复制品,这两者之间有些许相同之处。

病毒作为一种计算机程序,也是由具备相关专业知识的人或组织编写而成。从攻击发起者的角度讲,编写病毒的人也是入侵者的一种,这类人一般拥有高超的技术水准,与上文所述的入侵者的区别在于,普通的入侵者主要目的是私自闯入非授权的系统并进行破坏的个人或组织,而病毒编写者则编写病毒并释放传播,引起不同程度的危害。普通入侵者只对特定的计算机系统感兴趣,进行入侵活动并窃取或破坏指定数据,而病毒作者常常只是进行破坏而不在乎受害者是谁。

典型的计算机病毒首先入侵计算机中的某个程序,随后被感染的计算机在运行其他程序时,病毒产生的副本入侵新的程序,未被感染的软件也遭到感染。在互联网环境中,计算机通过访问其他计算机上的应用程序和系统设备,随着程序与数据的交互过程,病毒随着网络共享肆意传播,当代互联网的发展极大地提高了计算机病毒的传播速度,扩大了它的影响范围,从而造成更重大的损失。

计算机病毒通常包含以下 3 个部分。

(1) 传染:病毒扩散和复制自身的途径。这种途径也称为传染介质。

(2) 触发器:病毒决定何时有效载荷被激活或者发送的事件或环境。

(3) 有效载荷:病毒所进行的除了传播之外的活动。有效载荷为判断一个病毒破坏能力大小的关键因素,有效载荷可能无害但会引起明显的活动,也可能造成很大的损害。

一般来讲,计算机可以做的事情病毒都能做,区别就在于病毒依附于其他程序,并在宿主程序中秘密运行。当计算机病毒运作时,它可以执行当前用户赋予宿主软件的权限所允许的任意操作,因此宿主软件的权限越高,所能造成危害的可能性就越大。

**2. 一个计算机病毒完整的生命周期内所经历的 4 个阶段**

(1) 潜伏阶段。一般在这个阶段,病毒是处于闲置状态的,病毒将被触发器中的某个特定的条件所激活,发生作用。当然并不是所有的病毒都会经历这个阶段,某些病毒在感染之后会立即发生作用。

(2) 传播阶段。病毒将自身的一份副本复制到其他程序中,或存储于磁盘上特定的区域中。现在每个受感染的程序已经包含该病毒的一个副本,它也同样进行传播。

(3) 触发阶段。病毒被触发,执行其有效载荷所承载的功能。与潜伏阶段一样,触发阶段可以由很多不同的系统事件所导致。

(4) 执行阶段。病毒已经得到执行。功能可能是无害的,如屏幕上显示一条信息;也可能是破坏性的,如删去文件或篡改数据。

大多数病毒被设计为针对某一特定的操作系统去完成它们的工作,因为病毒主要就是针对特定系统的漏洞进行设计的。

**3. 计算机病毒的类型及危害**

随着计算机的发展,计算机病毒也随之而变化,随着有效反病毒措施的开发,新的病毒类型也不断得到发展。按照病毒的工作方式,可以分为以下几种。

(1)寄生病毒。这是传统的并且是最普通的病毒形式。寄生病毒将自己嵌入可执行文件中,当受到感染的程序执行时,它就将自身复制到其他可执行文件中。

(2)常驻内存病毒。它指病毒寄宿在内存中,利用内存中的空闲区,将病毒程序植入其中,修改内存管理位图,让空闲区不被覆盖,并作为常驻系统程序的一部分,病毒将感染执行的所有程序。

(3)引导扇区病毒。感染主引导记录或引导记录,并且当系统从含有病毒的磁盘引导时进行传播。

(4)设备驱动病毒。在一般的操作系统中,设备驱动程序是位于磁盘内或在启动时被加载的可执行程序,如果有一个驱动程序被寄生病毒感染,那么在启动时病毒就能够正大光明地被载入使用。这类感染设备驱动程序的病毒叫作设备驱动病毒。

(5)源代码病毒。一般的病毒对操作系统平台有很高的依赖性,但如果将病毒嵌入跨平台可移植的程序源代码中,当程序被运行时,病毒也会被调用,查找并感染其他相同编程语言的程序,在其代码中插入调用病毒程序的代码,在当今的大型程序中,病毒的可移植性与隐蔽性都非常出色。

(6)计算机病毒会对系统造成很大的危害,主要可以分为以下几类。

① 实施欺骗和讹诈。病毒会对用户进行一些无中生有的提示,干扰用户的正常工作。

② 拒绝提供服务。在病毒运行中,首先会运行计算机病毒程序,导致正常的服务停止。

③ 永久性的破坏硬件。当病毒干扰破坏了一些特定内容,如 BIOS 中的内容,极有可能致使 CPU 或主板需要进行更换,导致硬件维修费用的发生。

④ 占用系统资源。在一些病毒发作后会极大地占用系统资源,导致正常的系统进程无法进行。例如,在短时间内生成大量的进程,使系统中的进程数增大到极限,新的进程会被拒绝,或者生产大量垃圾信息占用硬盘空间,导致正常的磁盘请求无法完成,导致系统运行缓慢甚至无法工作。

**4. 其他恶意软件类型**

1)逻辑炸弹(Logic Bomb)

在病毒和蠕虫出现之前,程序威胁的最古老形式是逻辑炸弹。逻辑炸弹是嵌入合法程序中的代码,满足某项条件时就会被触发,形象地表示就是"爆炸"。引发逻辑炸弹的条件有某些特定文件、特定的一天及运行应用程序的某个特定用户。有一个著名的例子是,逻辑炸弹检查某个雇员的 ID 号(逻辑炸弹的作者),如果该 ID 号没能在两个连续的工薪单中出现就引发。逻辑炸弹将更改或删除数据或整个文件,导致机器异常中止或进行其他破坏活动。

2) 特洛伊木马(Trojan Horses)

特洛伊木马是嵌入一个有用的程序或命令过程中的秘密、潜在的程序,程序的执行会触发该例程的执行,产生非预期的有害后果。特洛伊木马程序可用于间接地完成那些未授权用户无法直接完成的功能。例如,为了获取对共享系统上另一个用户文件的访问,用户可以创建一个特洛伊木马程序,当它运行时,改变对这个用户文件的激发条件,使文件能被所有用户读取。程序作者把其放在一个公共目录下,并将程序的名字起的像一个有用的程序名字来引诱其他用户运行这个程序。

3) 蠕虫(Worms)

网络蠕虫使用网络连接在系统之间进行传播。一旦在一个系统内部激活,就像计算机病毒一样进行传播,也能植入特洛伊木马程序,进行破坏性的活动。为了复制自身,网络蠕虫需要使用某种网络工具,包括电子邮件、远程执行、远程登录等功能。于是蠕虫的一个新副本在远程计算机上运行,再以相同方式向外传播。然而,无论是网络安全方法还是单系统安全方法,只要设计和实现恰当,都会使蠕虫的威胁减到最小。

4) 僵尸(Corpse)

这也是一种程序,这种程序能够秘密取代另一台通过 Internet 连接的计算机,使用该计算机发起攻击,使得反追踪软件很难追溯到僵尸的创建者。僵尸多用于拒绝服务式的攻击,一般会针对 Web 站点。僵尸被植入可信的第三方成规模的计算机系统中,然后控制目标 Web 站点,对 Internet 发起无法抵挡的攻击。

5) 间谍软件(Spyware)

间谍软件是一种迅速扩散的恶意软件,它能在不被用户察觉的情况下加载至计算机系统中,在后台做出超出用户意愿的事情。但是这个定义又比较微妙,是因为系统中很多正常应用程序,甚至计算机系统自身,也会有些自动更新及下载是不需要用户干预的,这些情况都不能认为是间谍软件。

间谍软件有几种典型行为:首先它能够隐藏自身,不容易被用户察觉;其次它会收集用户的数据(如个人信息、访问历史、访问口令等),然后它也将收集到的资料传送给远程监控者;最后是在卸载它时,间谍软件会试图进行防御。此外,一些间谍软件也能改变系统设置或进行其他恶意行为。

6) 其他

还有其他类型的恶意软件,如移动代码、Rootkit 等,在此不再详述。

影响计算机安全稳定的因素随着时代的发展越来越多,无论是来自外部或内部的攻击还是计算机受到恶意软件的攻击,计算机操作系统作为整个计算机软件的基础,其安全性无时无刻不受到威胁。建立一个安全有效的防范机制,并采取各种措施保障计算机系统的安全是相关领域最为重要的研究课题。在接下来的章节中将会重点阐述实现计算机操作系统安全性的基本技术和相关防护机制及策略。

小 贴 士

当今的计算机系统中充斥着各种病毒危害和各种恶性攻击,对计算机系统而言,系统

漏洞暴露出计算机系统的弱点,在所有攻击方式中,最为复杂的威胁应该就是利用计算机系统漏洞的程序。病毒就是这样的程序,它是专门用来制造破坏或用尽目标设备资源的软件,对计算机病毒的防范已经成为当今计算机安全领域的一个重要课题,无论是家用微型计算机还是服务器系统,都需要相应的防病毒措施。

# 6.2  操作系统安全机制

## 6.2.1  用户验证

### 1. 用户口令验证

在具有口令管理机制的系统中,口令是系统赋予用户的一种特殊信息,每个合法用户在注册后都会得到系统分配的口令。口令验证也是最广泛使用的认证方式,系统拥有一张包含登录名和口令的列表,在用户请求登录时要求用户输入登录名和口令,通过在列表中查找用户登录名,得到相应的口令与用户输入的口令进行比较,如果两条口令相匹配,则允许登录,如果不匹配,登录被拒绝。这是一种最常用的安全防范手段,这种验证显然是属于对用户已知信息的验证。

用户进入系统设置用户名和口令的验证虽然简单,并且可以防范一般的非法用户侵入。但是这种防范措施对系统的保护非常有限,因为用户名和口令在有些情况下非常容易被破解,一旦这些信息遭到破解,在单一口令认证的操作系统中,系统就会失去所有的保护。通常系统入侵者会使用一种叫作“有效试探”的方式对口令进行破解,当入侵者本身为一名技术人员或者对这类技术很了解的人,比如他们与技术人员有很多相似的教育背景和操作习惯,那么口令很容易被破解,系统易遭到入侵。

这就要求在设置用户名或者口令时,不要太过随意地使用脑子里固有的词汇,因为这种随意被使用的词汇在固有的人群中会有极大的相似性,而入侵者正是利用了这一点,从而很轻松地攻破了系统用户口令验证的防线。

当然,以上仅是一个非常简单的例子,为了攻破系统中用户口令验证的屏障,入侵者可能需要编写一些程序,再加上一些比较精妙的算法来破解这道屏障。为了给入侵者造成困难,有些系统中使用了一种叫作“加盐”的方式来干扰破译算法。加盐法就是在用户名和用户口令信息储存时加入一些特殊的数字和符号,以破坏被猜中的概率,这些特殊的数字或符号被称为“盐”。

### 2. 持有实际物体信息验证

用户认证的第二种方式是以用户所拥有的实际物体作为验证对象来认证用户的权限。日常生活中经常被使用的钥匙就是这样一种验证方式。对于计算机操作系统而言,这些物体通常是一些可以证明用户身份的证件,如身份证、磁卡和具备射频识别功能的卡片。这种用户验证方式首先是用户将具有身份信息的实物与读卡器进行适配,读卡器将卡内信息读入并传递到远程计算机上进行分析和识别,然后将验证结果返回至读卡计算机,计算机控制调度完成用户识别并接受用户的下一步请求,这样才能完成一个实物验证的整个过程。

随着计算机技术和嵌入式系统技术的发展,集读卡、验证于一体的系统已经出现,并且正在逐步走向实用化。这种集成式系统可以更加便捷地实现持卡验证的过程,系统的管理也更加简单和方便。

目前,实际物体信息验证已经广泛地融入我们的生活,如银行卡、办公室门禁卡、超市积分购物卡以及食堂中使用的饭卡等。支持这些卡使用的就是形形色色的数字管理系统,它们为我们的生活带来了便捷。但是在当今生活中,各种各样的卡片也会带来不少困扰,如卡片的携带、密码的记忆等。因此"一卡通"技术又成为实际物体信息验证管理的新目标,这是另外一个研究命题,在这里不做详述。

**3. 生物信息识别验证**

生物信息识别是现代信息安全领域一项新兴技术,属于用户固有身份信息验证的范畴。它研究的主要内容是如何利用人体生物特征进行生物认证。每个人身体上都有多种与其他人相异的生物信息,利用这些信息可以测量、识别并验证用户的生理特征和行为方式。

在对人的生物信息识别中主要包含两大类内容:一种是对人的生理特征识别(如人的指纹、虹膜都属于人的生理特征)唯一性表征;另一种是对人的行为特征识别,是人在日常行为中表现出特有的习惯动作,每个人由于环境、经历和受教育程度的不同,都会形成一些独特的行为习惯,这些习惯也可作为判定一个人身份的参考,人的行为特征包括签字方式、语音语调、键盘使用方式等。

目前在大范围使用的生物信息识别验证系统主要是基于对人生理特征识别的系统,因为这类信息比较稳定,不容易受外界环境和人本身状况所干扰,识别效率比较高。而对人的行为特征识别则难度比较大,由于人的行为习惯是可以被调整的,这样采集到的信息稳定性不太好,也直接影响识别的效果,因此这种技术还没真正走向实用化的阶段。

人体生物信息验证主要由以下几个过程组成。首先是信息的采集,人体可采集的生理特征很多,如指纹信息、虹膜信息、耳郭信息等;其次是取样,在采集信息后将信息转化为数字代码,保存为一对一的身份模板,供以后的分析处理使用;然后是现场信息采集比对,在需要身份验证的场合,通过特殊设备采集到现场信息,通过现场或远程处理将这些特征与系统中保存的信息模板进行匹配和比对,进而完成人的身份验证。

由于人体生物信息是目前最为方便,也是最为安全的识别方式,采用这种方式进行身份识别验证,目前已逐渐被人们所认同。它的优势在于人们不用借助复杂的密码,也不用随身携带各种身份识别实物,被认定的是人体本身的特征,而这些特征几乎是无法改变和伪装的,与其他方式相比,生物信息验证方式更实用、更安全、更可靠、更方便。正是基于以上的优势,将生物识别技术作为数字系统的身份验证方式会获得比较理想的效果,很多计算机设计生产商也将这一技术应用到计算机的设计生产中,如利用指纹、虹膜等开关机以及利用声音进行登录等。

随着计算机技术的发展,计算机的快速运算和数据检索能力得到了极大的提升,计算机网络技术进行多进程的协同操作能力也得到很大的进步,现在的计算机系统能够实现自动采用、模板自动匹配、信息自动报警一体化处理,对生物信息识别技术的发展有很大的帮助。随着相关技术的不断完备,生物信息识别验证技术还有很大的发展空间。

　　信息保护问题一直是与计算机系统息息相关的一个重要问题,因为现代计算机一般都会将信息存储在共享设备上,因此现代计算机系统的安全性防护说到底就是对计算机所负载的信息的保护。用户所拥有的信息,存储在计算机及服务器中,在不同的状态下,用户有时会允许信息共享,有时又想要保护信息的私密性。

　　计算机操作系统如何来建立一个环境,其稳定性使用户可以放心地存储信息,并选择让信息私有,或与其他用户共享? 这就涉及计算机操作系统的安全性和保护性相关的功能。在以下的章节中将重点阐述针对不同种类的计算机安全性威胁所采取的方式方法和基本技术,以实现计算机系统安全。

## 6.2.2　反入侵策略

　　毫无疑问,最好的入侵预防系统也会失败,系统的第二道防线就是入侵检测,这已经成为近年来研究的重点。首先是因为在入侵者发起入侵时立即被检测,则可以提早确定入侵者,并在入侵者对系统进行破坏之前结束他的入侵。即使不能及时检测出入侵者,但越早检出,破坏性就越小,系统恢复也越快。其次是在计算机操作系统内有效的入侵检测系统非常具有威慑力,能够有效防止入侵。最后入侵检测能够在入侵时提取入侵攻击技巧的信息,利用这些信息可用来加强入侵防范措施。

　　入侵者的行为一般不同于普通合法用户,入侵检测的工作原理正是基于此,当然,在入侵检测工作时也不能寄希望于入侵者和合法用户使用资源的行为存在明显差异,相反,很多时候两者之间存在着相同之处。因此,高精度的反入侵策略恰巧会对入侵者行为形成不精确的解释,虽然会捕获更多的入侵者,但也会导致判断错误,将授权用户当作入侵。另外,对入侵者攻击行为的严格解释来限制错误的肯定判断,又会招致增加错误的否定判断,没有把入侵者检验出来。所以,在入侵检测的实际情况中要在这两方面做出权衡。

**1. 运行中的反入侵策略**

　　在进行入侵检测后,运行中的反入侵策略也非常关键。反入侵策略包括以下内容。

　　(1) 对可能进入系统的人员进行分类,某些人只允许在限定的时间内进入系统,以减少系统被不法分子入侵的机会。例如,一个银行系统在非工作时间不允许前台操作账户登录,就是一种有效的反入侵措施。

　　(2) 对非法入侵行为进行主动防御处理。例如,当出现非法入侵时,自动用预先配置的电话号码回叫用户。这样可以增加入侵警报功能,一旦有非法入侵便可以在第一时间发现。

　　(3) 限定登录尝试次数。这样做可以有效地防范入侵者探测用户名和用户密码的行为。

　　(4) 建立一个登录数据库以记录登录信息。这样有利于事后追究,可以为事后处理提供凭据。

　　(5) 用简单的登录名和口令作为陷阱,这是一种反入侵的手段,一旦入侵者猜中就可以启动内部防范机制。例如,当有攻击者进入系统时,便可通知安全软件进行追踪和捕获。

确切地讲,今天的计算机病毒防范技术与计算机病毒滋生技术之间更像是一场漫长的博弈,在这场博弈中有时很难分出胜负。在计算机使用中看到,防病毒软件不断在升级,而病毒也在不断翻新,这种现象说明了病毒防范的必要性,如果没有病毒防范措施,今天的计算机几乎无法正常工作,尤其是在网络环境中工作的计算机更是如此。

**2. 预防病毒威胁**

解决病毒威胁的最理想的办法是预防,不要让病毒侵入系统中。尽管预防能够减少病毒成功攻击的数目,但这个目标一般来说是不太可能达到的。另一个较好的方法就是能够做到以下几点。

(1) 检测。发现病毒感染就要确定病毒类型并定位病毒。

(2) 识别。当检测取得成功后,就要识别并清除感染程序中的特定病毒。

(3) 清除。一旦识别出特定病毒,根除病毒并恢复程序原来的状态。

如果检测成功但没能清除,就可以把被感染程序删去,重新安装一个无毒版本。早期的病毒代码很简单,用通常的杀毒软件就可验证和清除。随着病毒的发展,杀毒软件也越来越复杂,杀毒软件经历了四代。第一代简单扫描,用病毒签名来验证病毒,病毒所有副本的结构和形式相同,这种扫描签名仅限于检测已知病毒;也可以记录程序长度,观察长度是否变化来确定有否病毒。第二代启发式扫描,扫描并不仅依靠签名,而采用启发式规则来搜索可能的病毒感染,例如,找出多形病毒的加密循环,从而找到密钥,依据密钥就可解密病毒,从而清除它并恢复程序。

另一种第二代方法是完整性检查,对每个程序附加一个检查和,如果病毒感染程序不改变检查和,则完整性检查就可以指出这种改变;对于改变检查和的病毒,可通过加密来检测,加密密钥独立于程序存放,于是病毒不能产生新代码加密。第三代杀毒程序常驻内存,它通过行为而不是被感染程序的结构来验证病毒,其优点在于不必对病毒组提供签名,只需验证出感染的行为集。第四代是包含大量杀毒技术的工具包,这些技术包括扫描和活动验证技术。这种工具包还有存取控制能力,从而限制了病毒渗透系统的能力,限制了病毒为传递感染时修改文件的能力。

**3. 防范病毒技术**

这里介绍几种病毒防范技术,当然病毒防范技术都具有一定的滞后性,只有不断地学习新知识,掌握新的病毒防御方法,才能够避免病毒和其他恶意软件对自身造成损失。

1) 经常性地进行病毒扫描

将上次扫描时间作为判断基础。这是一种病毒扫描算法。其思想是:一个文件上次扫描时证实没有被病毒感染,但并不能保证以后不被感染;如果上次扫描后该文件被病毒感染,那么文件的内容一定会被修改过;为了提高病毒扫描的效率,可以只对上次扫描后内容被修改过的文件进行判断。这种算法将上次的扫描时间作为一个参考值,减少了判别的数量,加快了扫描的效率。但是这种算法对于那些可以将被感染文件的时间调整回原始时间的病毒显然无能为力。

2）按文件的精确长度进行判断

因为病毒毕竟是一段程序,它要感染文件就一定会在文件中藏匿,因此被感染的文件长度应该比未感染前长,利用这一特性也可以查阅出文件是否被感染,如图 6-1 所示。在图 6-1 中,图 6-1(a)是一段未被感染的文件,而图 6-1(b)是一个被病毒感染的文件,其文件长度变长了。但是病毒程序的编写者往往也是程序设计的高手。他们会调整病毒藏匿的手段,这就是病毒变异。图 6-1(c)也是一个被感染的文件,但是文件的长度没有发生变化,因为病毒程序将原来的程序内容进行了压缩,为病毒藏匿提供了足够的空间。显然原来的病毒检查算法对这种病毒是无效的,要想查出这种病毒就必须进行程序行为的判定。

(a) 一个正确的文件　(b) 文件被病毒感染使文件长度变长　(c) 文件被病毒感染但文件长度不变

图 6-1　文件病毒感染的情况

3）程序行为检查

一旦反病毒软件掌握了病毒的这种感染方法后,就可以采用有力的防范措施。病毒程序有一个特点,它的目的是感染程序,但还必须要让程序能够执行。因此在对正常程序进行压缩后,当程序执行时一定要对程序进行解压缩操作。这样防病毒程序就可以对程序中的可疑行为进行有针对性的检查。例如,发现程序中出现有成对的压缩和解压缩操作,或者出现不正常的加密、解密操作顺序时都可以被认为是病毒行为来判断。

显然,行为检查程序只可以对所有已经被知晓的病毒行为进行检测,因此它的病毒防范也只能针对已知病毒程序的破坏行为制定措施。

4）完整性检查

病毒检测手段是对程序进行完整性检测。当确认一个磁盘程序或者一个磁盘目录中的内容是正确的,就对它们进行校验和计算,并将这些校验和存放在一个特定的文件中;待下次打开该文件或目录时,首先计算文件或目录的校验和,并与已存放的校验和进行比较,若一致就认为文件未被感染,若不一致就怀疑该文件被病毒感染了。

## 6.2.3　数字加密技术

数字加密技术在计算机操作系统安全防范领域已经有一些比较成熟的技术在应用,它们可以对系统的安全起到一定的保护作用。数字加密技术就是这样一种技术,以下将介绍一些数字加密的概念和相关的技术、方法,但不做深入讨论。我们知道,一个数字系统中的数字是整个系统的灵魂,因此数字的安全是头等大事。数字加密（Data

Encryption)是一种常用的系统安全防范手段,是一种主动的信息安全防范措施。数字加密的目的是将系统中传递或存储的信息明文(Plain Text)通过某种手段变成无意义的密文(Cipher Text),数据保存和传递中用密文,数据使用时再转换成明文。

由于密文可以有效地保证信息在传递或存储过程中不被泄露,阻止非法用户理解原始数据,从而确保数据的安全性。数字从原文变换成密文的过程叫作加密,而当数字传递到目的地后被接收方还原成明文的过程叫作解密。加密和解密过程需要用到加密函数、解密函数、加密密钥或解密密钥。

数字加密与解密操作是系统运行中的一部分工作,在数字被加密后,解密操作是需要授权的,没有授权的用户无法看到数字原文。具体实现中数字加密是通过一系列的算法和函数完成的,因此数字的明文和密码之间存在着一定的关系,如图 6-2 所示。

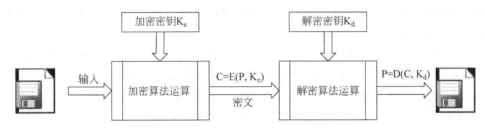

图 6-2　明文与密文之间联系

图 6-2 表明,一个信息明文 P 在输入系统后,经过加密密钥 $K_e$ 及加密算法的综合处理后,形成了密文 C;该密文可以在不同的传输介质中传递,也可以在各种存储介质中存储;在信息到达目的地后,数字使用方使用解密密钥 $K_d$ 以及解密算法将密文 C 转换成明文 P,然后再进行正常使用。在数字加密与解密过程中,包含许多数学和工程问题,人们在实践中不断地补充、完善加密技术和加密算法。目前,数字加密与解密技术已经形成专门的密码学研究领域,不断有新的加密算法和加密、解密技术提供给实际系统使用。

就目前而言,已获得广泛应用的两种加密技术是对称式密钥加密机制和非对称式密钥加密体机制。对称式和非对称式密钥加密机制的主要区别是,加密和解密过程中使用的密钥是否相同,使用相同的密钥完成加密、解密操作的称为对称式密钥加密机制,而使用不同的密钥完成加密、解密处理的称为非对称式密钥加密机制。在加密、解密的过程中,使用的密钥值通常是从大量的随机数中选取的,它们又可以按照不同的加密算法分为专用密钥和公开密钥两种,在这里将不对密钥加密机制进行讨论。

## 6.3　安全性的设计原则

### 6.3.1　操作系统安全性原则的概念

在 6.2 节列出了实现计算机操作系统安全性的基本技术和防范方法,对于操作系统的安全防护已经讨论了很多,得出一个明显的结论:就是必须采取强有力的安全防范机制和方法对操作系统进行保护,以防御和反击对操作系统造成威胁的意图和行为。

操作系统的安全技术包含内容很广，一个最为基本的原则就是在操作系统设计的技术层面上，应该考虑并且构建访问权限和系统的审计管理机制，这样才有可能在响应用户的命令或者应用程序对系统硬件或软件资源进行请求的过程中，进行符合安全策略的调度和满足安全管理算法的服务，减少或者杜绝非法的访问，从而从根本上保护操作系统的安全性。

在操作系统中设立安全机制，以保护操作系统的运行稳定和信息安全，就是在整个软件平台的底层构建保护设施。这个构建过程深深融入操作系统的设计和结构中，因此在构建操作系统的安全防御时有两方面需要着重考虑：一方面，安全性必须是在设计系统每一部分时时刻刻都要考虑的因素。在完成一部分的设计后，要实时检测已设计部分的安全程度；另一方面，既然安全性体现在整个操作系统中，安全性从始至终必须是操作系统初始设计的一部分。依照信息系统安全标准进行考量，一个安全的操作系统应该至少遵循以下几种基本原则。

（1）最小特权原则。最小特权原则指的是在设计中对参与操作系统的每个特权用户，智能赋予他所能进行操作的最小权力，而不是将操作权粗放化管理，尤其是一些特殊权利应该采用最小化管理方式。

（2）具有对 ACL(Access Control Lists)的自助访问控制能力。

（3）具备强制访问控制，即是系统具有保密性的访问控制能力和完整性访问控制能力，对访问控制有绝对的控制权，不会受到其他权限的干扰。

（4）有安全审计和审计管理的功能。

（5）设置对系统安全域的隔离功能。

（6）具备可信通路机制。

在建立了这些底层的安全防范机制后，才能应对那些伪装为"应用软件"进入系统的病毒、木马程序、网络入侵和人为非法操作，才能真正抵制那些破坏行为。因为这些入侵者和恶意软件是违背操作系统安全规则的，所以它们也就失去了入侵和被运行的基础。

另外，在讨论一个安全的操作系统时，这里也会涉及一个利弊权衡的问题。如果一味地强调计算机操作系统的安全性，从而忽略了操作系统对应用软件和运行环境的兼容性，很容易对用户造成一些不便和损失。从技术层面上来讲，一个完全封闭的操作系统也许在安全性上可以做到非常优秀，但是由于它只能够在特定的硬件环境中提供特定的服务，在有限的应用程序中提供服务，被几个人所控制。

这样的操作系统除了应对特殊需求外，是没有任何推广和实用价值的。所以一个安全可靠的操作系统除了具备安全性外，还要能够具备支持广泛的硬件平台、支持广泛的应用软件、具备易操作性、能与其他安全产品配合工作等性能，而对计算机而言这些性能通常是与系统的安全性相逆的，要从中找到一个平衡点，兼顾各方面的需求。

从宏观上而言，数字系统的安全问题是一个系统工程，操作系统的安全性只是其中的一个层面，一个数字系统的真正安全还需要各个环节的配合，只有这样才能做到安全可靠。因此，安全的操作系统应该能够和各种安全的软、硬件解决方案相结合，即操作系统能够与防火墙、杀毒软件、加密产品等有效配合使用，才能达到数字系统的最佳安全状态。

## 6.3.2　系统保护策略与机制

**1. 计算机系统安全策略**

安全策略是对系统的安全需求,以及如何设计和实现安全控制有一个清晰的、全面的理解和描述。一组安全策略决定了对什么人以及如何授权使用计算机系统及其负载信息的规则。计算机保护机制是实施安全策略的工具,相同的计算机操作系统可能采取不同的安全策略,即使在保护机制方面它们是相同的。下面所涉及的都是关系到计算机系统保护和安全问题的例子。

策略(Policy)与机制(Mechanism)在计算机操作系统中一直是两个不同的概念。策略规定要在保护计算机安全时要达到的目标,如在特定范围内决定什么时候去完成什么样的信息保护任务,保护数据的权限,以及禁止访问对象等;机制是完成任务和目标的方法,即如何实现计算机操作系统安全性的保护,是一组实现不同种类保护方案的算法和代码的集合。

这样做的优点是留有灵活性,策略发生变化时,整个系统受到的影响而发生的变化比较小。例如,除了交换信息外,两个进程共享资源在某些特定的通信策略中是不允许的。支持此策略的通信机制就需要支持消息传送,使用的方法可能是把一个进程地址空间内的信息复制到另一进程。系统的安全策略制订了资源的共享方式。机制是系统提供用于强制执行该安全策略的特定步骤和工具。而建立精确的策略是很困难的,它既需要制订准确的软件需求,又需要制订无任何漏洞的命令来控制系统用户的活动。

在操作系统及其保护机制设计和实现后,可由计算机设计者或操作系统管理员来选择和设定某些策略。一般而言,防护机制能确保按照它定义的方式工作时,它将被在操作系统中使用;反之将不能依赖防护机制来实现策略。操作系统的一部分用于实现机制,而其他部分——系统软件、应用软件决定了策略。保护机制实现了身份认证的功能,使得策略可以验证作为某个实体的用户或远程计算机是否确实有相应的权限。认证机制还被用于检查某实体的权限是否能够访问某些资源。

**2. 计算机系统安全机制**

关于一个操作系统中的安全机制问题,是一个既重要又复杂的工程问题。重要性是指在任何一个系统应用中,操作系统的安全性都是基础,如果基础不牢靠,其他软件系统的安全性都是一纸空谈。复杂性知识在操作系统设计中包含太多的核心技术,这些技术需要多年的积累和沉淀才会有所创新和发现,而实现这些技术需要一个非常长的时间段的努力和试验才能做到。概括起来,设计一个安全的操作系统,需要突破以下几个关键技术。

1) 建立安全理论和模型

在整个计算机操作系统的开发中,建立适用于安全操作系统发展的安全理论和模型是工作的基础和依据。当前安全操作系统开发所依据的模型多数是传统的 BLP(Bell-La Padula)模型,这是一种非常有名的多级安全策略模型。它成型时间很久,在早期是一种军事安全策略的数学描述,后期用计算机可实现的方法进行定义,多年来被许多操作系统所使用。但是该模型偏重于计算机信息的保密性,在实施中存在着诸如后门陷阱、暗通道等安全隐患,应该说它已难以适应当前操作系统的发展需要。因此需要加强安全模型的理论研究及相应策略的制定,加强安全操作系统评估准则和方法的研究,将保密性和完整性有机地结合起来,建立新的安全操作系统模型。

2)构造安全的体系结构

系统的高安全等级其实并不是一些安全功能的简单叠加就可以实现的,必须要建立严密科学的体系结构来保证系统的安全等级保持在一个较高水准。因此,需要加强操作系统安全体系结构的研究,提出符合安全标准的安全和新体系结构,重点从形式化描述与验证上下功夫,为解决操作系统安全提供一整套理论指导和基础构架的支撑,并为工程实施奠定坚实的基础。例如,可信计算(TCB)是操作系统安全的基础,其内部要结构化,模块之间要相互独立,要能够实现用硬件资源隔离关键和非关键部件的功能。

3)进行安全分级设计

在系统安全上要根据需要进行安全分级设计。例如,对专用安全操作系统和普通安全操作系统而言,应该具有不同的安全级别。可针对安全性要求不同的应用环境配置特定的安全策略,提供灵活、有效的安全机制,设计符合安全目标的专用操作系统,以满足各种安全级别保护的需要。

4)重构系统内核

目前我国还没有完全自主知识产权的操作系统,因此相关领域操作系统的安全性一直是业内人士担忧的问题。要想具有完全的操作系统自主知识产权,必须重构系统内核。要以密码技术为核心,充分利用所提供的核心功能构建具有自我免疫能力的高安全等级的内核。密码技术在内核中可以实现以下主要功能。

(1)确保用户唯一身份、权限、工作空间的完整性和可用性。

(2)确保存储、处理、传输的机密性和完整性。

(3)确保硬件环境的配置、操作系统内核、服务及应用程序的完整性。

(4)确保密钥操作和存储的安全性。

(5)确保系统具有免疫能力,从根本上阻止病毒和黑客等软件的攻击。

要想建立安全的操作系统平台,根本任务还是建立操作系统自身的安全机制,设立良好的操作系统安全策略,构建出安全可靠的操作系统。要做到这一点,需要上述的关键机制的建立和技术突破能够顺利完成,这个过程非常漫长,任务也异常艰巨,这对操作系统设计者来说任重而道远,但这是计算机操作系统发展的远大目标,在未来可以预见的日子里能够被实现。

# 6.4 职业道德教育与法制建设

## 6.4.1 计算机从业人员职业道德教育

### 1. 计算机从业人员职业道德概述

职业道德涵盖了从业人员与服务对象、职业与职工、职业与职业之间的关系,是所有从业人员在职业活动中应遵循的行为准则；要大力倡导职业道德，鼓励人们在工作中做一个好的建设者，无论从事何种职业的工作人员都应在其自身职业活动中遵守职业道德。道德与职业道德为我国计算机专业技术人员职业道德提供了道德基础和标准，违反道德和职业道德的计算机操作行为是与计算机专业技术人员职业道德相背离的；没有道德与职业道德的支撑，计算机专业技术人员职业道德建设将成为无源之水、无本之木。

计算机专业从业人员职业道德也会遵守一般职业道德的基本原则。其中包括计算机行业中专业技术人员的思想意识、公共道德、责任义务、利益得失和服务态度等相关内容，涵盖了计算机相关行业中专业技术人员应有的职业特征和相关作用，是计算机从业人员在长期的执业活动中总结出来，并用以约束业内人士言行，进而指导其思想和工作的道德规范。

社会主义职业道德基本规范是各行各业中职业道德规范的基础组成部分，主要包括"爱岗敬业、诚实守信、办事公道、服务群众、奉献社会"等内容。计算机专业技术人员要自觉遵守国家政策法规和道德原则，对社会和人民承担应有的责任与义务；既要有高度的责任心，又必须随时掌握计算机行业的发展规律，努力学习新知识、刻苦钻研新业务，以公众利益为最高目标，维护劳动者的知识产权，保障计算机系统安全，合理、高效地做好本职工作。根据国内外现有的用以约束计算机专业技术人员执业行为的规范或章程，本书对计算机专业技术人员职业道德的内容作了以下归纳。

(1) 使用计算机软件或数据时应遵照国家有关法律规定，尊重其作品的版权，自觉维护并尊重他人的劳动成果，不非法复制由他人劳动完成的软件程序，坚决抵制盗版并使用正版软件，不为保护自己的软件资源而制造病毒保护程序。

(2) 规范使用计算机和网络技术的行为，不利用计算机网络散布谣言、编造或者歪曲事实，不煽动人民群众进行颠覆国家政权、推翻社会主义制度、破坏法律法规、损害国家机关信誉等扰乱社会秩序的行为；不宣传封建迷信、淫秽色情、赌博、暴力、凶杀、恐怖等信息，不教唆犯罪。

(3) 切实维护计算机系统的正常运行，确信软件是符合规格说明、经过安全测试且不会降低生活品质的；不为显示自身技术水平而制造计算机病毒程序，不使用带病毒的软件，不有意传播病毒给其他计算机系统；要采取积极预防措施，在计算机内安装防病毒软件并定期检查计算机系统内文件是否有病毒，如发现病毒，应及时用杀毒软件清除；保护计算机系统数据的安全，不擅自篡改他人计算机内信息资源。

(4) 在相关法律法规和有关机关的内部规定及指引下开发、建立计算机信息系统，并以合法的用户身份进入，绝不明知故犯使用通过非合理渠道获得的软件。

(5) 在收集、发布信息时尊重并保护他人的隐私及名誉；不蓄意破坏和损伤他人的计算机系统设备及资源，不利用计算机伤害他人，不擅自窥探他人计算机资源。

(6) 计算机专业技术人员应持诚实和坦率的态度对工作承担完全责任，正视自己在工作经验与技能教育上的不足，用公益目标节制雇主、客户和用户的利益；当有理由相信有关的软件和文档可能对用户、公众或环境造成任何实际或潜在的危害时，应向适当的人或当局揭露；致力于将自己的专业技能用于公益事业和公共教育的发展。

**2. 计算机从业人员职业道德建设途径**

随着市场竞争的日益激烈和专业化程度的增强,整个社会对计算机行业中专业技术人员职业观念、态度、技能及纪律的要求越来越高。培养未来计算机专业技术人员的高校应加强计算机伦理学的研究,从内容上结合学生专业特点,加强计算机职业道德教育。

计算机专业技术人员职业道德建设是一个从外到内的过程,目的是将行业发展所需的计算机专业技术人员的思想品质转化为自身的认识和实践,所以在建设实施的过程中必须采取先加强外部监管,再到增强计算机专业技术人员自律的模式进行。要秉承《公民道德建设实施纲要》的要求,加大行业内外监管力度,促进计算机专业技术人员职业道德法制化建设,完善立法监督进程,对做出表率行为的计算机专业技术人员予以表彰和奖励;在高校和计算机行业中紧抓职业道德教育工作的落实,引导计算机专业技术人员加强自身学习、培养自律意识。

职业道德教育是一件包含思考、情感、意志和行为的综合性工作,更是一个长期的过程。目前关于计算机行业职业道德的研究在我国仍处于起步阶段,欲改变高校计算机职业道德教育的薄弱状况就必须积极探索并重视职业道德教育工作的进行,加强计算机专业教师与思想政治教育工作者的配合,结合学生的个性及专业学习的特性,从不同学科的角度共同探索解决问题的方法,培养更多既懂专业理论,又有实践经验的人才,专门从事计算机职业道德教育的研究和教学工作。

## 6.4.2 计算机相关法律法规建设

受我国计算机相关法律法规制度不健全的影响,计算机法规知识在整个计算机行业内普及甚少。法律知识的欠缺影响计算机专业技术人员的价值观念和道德判断,以致少数计算机专业技术人员在执业活动中踩线过界,违反伦理规范或纪律条文,触犯法律。

加强社会主义法制建设,是公民道德建设健康发展的重要保证。当前,计算机安全问题日益突出,没有法律的强制力,仅凭内心信念和社会舆论不可能规范计算机专业技术人员和用户使用计算机的行为;计算机专业技术人员职业道德和行为准则的最基本要求就是国家关于计算机管理方面的法律法规制定。

针对计算机行业内道德规范略显软弱的现象,在20世纪80年代中期,我国国务院及各部委的权威机构逐步开展计算机安全立法工作:拟定《CHINANET用户入网责任书》《数据库入网责任书》等条文制度,力求规范团体和个人使用计算机信息技术的不正当行为。随后,立法机构和政府机关制定出包括《中华人民共和国计算机信息系统安全保护条例》《计算机软件保护条例》《计算机信息系统安全等级划分标准》在内的法律法规,以规范和整顿计算机行业的违法行为,促进计算机技术和互联网的健康发展。

面对计算机犯罪现象的逐年增加,1997年,《中华人民共和国刑法》修订中增加了有关计算机犯罪的条款,涉及计算机软件、网络、系统等计算机犯罪领域。2011年6月20日,最高人民检察院审判委员会第1524次会议、最高人民检察院第十一届检察委员会第63次会议正式通过《最高人民法院、最高人民检察院关于办理危害计算机信息系统安全刑事案件应用法律若干问题的解释》,针对传播病毒、制造病毒、进行网络攻击等黑客行为做出明确的量刑标准解释。量刑标准的明确化,有利于加大打击黑客制造病毒、网络诈骗等行为的力度,有利于更好地维护网络安全。

立法有助于促进法治建设、保障计算机专业技术人员的合法权益,而法律更是道德的底线;职业道德为立法奠定基础,立法为道德建设提供保障,如果没有相应的监督机构和执行机制,计算机专业技术人员的道德立法便流于一纸空文。加强相关政策法规建设,促进立法机关的监督进程,才能为我国加强信息系统安全保护和打击网络违法犯罪活动奠定法律基础,才能制约计算机专业技术人员的执业行为。

法律监督部门、计算机民间协会等相关机构组织必须共同促进立法监督工作的开展,在第一时间调查计算机专业技术人员的执业情况,指导其职业行为;要共同维护信息社会的环境安全,堵截并删除欲通过计算机传播的可能危害社会的信息;要敦促司法人员加强计算机专业知识的掌握和操作技能的训练,制定管理和维护计算机技术与信息产业健康发展的法律法规,追究计算机专业技术人员使用计算机技术不良行为的法律责任。

另外,法律监督部门还应随时洞悉我国计算机相关法律法规的缺漏,尽快建立以宪法保护为核心、民法保护为重点、其他法律保护为辅助的完善的计算机法律保护体系;将规范和章程应用到有争议的案例中,让计算机从业人员更直接、更具体地用法律法规来规范自己的行为,并以现行的伦理规范来约束自己,提高个人在行业内的信誉,促进立法机关监督的进程。

## 综合练习题

### 一、填空题

1. 实现计算机操作系统安全的核心目标包括计算机数据的_____、_____和_____。

2. 计算机系统数据的机密性是指通过_____和_____,保护个人隐私和专有信息。

3. 计算机病毒通常由_____、_____和_____三部分组成。

4. 按照计算机病毒的工作方式分类,可分为_____、_____、_____等计算机病毒。

5. 主流用户验证方式主要由_____、_____和_____3种方式组成。

6. 解决计算机病毒威胁的主要方法有_____、_____和_____。

7. 数字从原文变换成密文的过程叫作_____,而当数字传递到目的地后被接收方还原成明文的过程叫作_____。加密和解密过程需要用到_____、_____或_____。

8. 我国在1980年以来,立法机构和政府机关制定出包括《_____》《_____》《_____》在内的法律法规,以规范和整顿计算机行业的违法行为,促进计算机技术和互联网的健康发展。

### 二、简答题

1. 列举计算机所拥有的资产和它们分别所容易受到的威胁。

2. 列举 3 种不同类型的入侵者类型。

3. 简要阐述"后门陷阱"的工作方式和防范方法。

4. 简述计算机生命周期内的主要阶段及每个阶段主要执行的任务。

5. 简要举例 3 种除计算机病毒之外的恶意软件类型及其主要危害方式。

6. 简要陈述 4 种常见的反入侵策略。

7. 列举 4 种不同的计算机病毒防范方法。

8. 如果要设计一个安全的操作系统,需要突破哪些关键技术?

# 第 7 章

# Ubuntu操作系统实验

本 章 导 读

　　本章以 Linux 操作系统的一个版本 Ubuntu 为例,介绍了它的安装与初步使用过程。同时以它的系统调用为背景,对操作系统中的进程管理、存储管理、文件管理的相关算法进行了实验。希望通过本章的学习,加深对操作系统的理解。

## 7.1　Ubuntu 安装

### 7.1.1　实验目的

(1) 了解硬盘分区概念和表示方法。

(2) 熟悉 Ubuntu 的安装过程。

(3) 了解与 Windows 共处一机的处理方法。

### 7.1.2　实验内容

　　Ubuntu 是一种用户友好、易于使用的 Linux 操作系统,已经成为开源领域中炙手可热的明星,深受广大 Linux 用户的喜爱,和其他 Linux 发行版相比,Ubuntu 非常易用,和Windows 相容性很好,非常适合 Windows 用户的迁移。

**1. 安装规划**

　　(1) 在计算机上安装 Ubuntu 系统,对硬盘进行分区是一个非常重要的步骤,下面介绍几个分区方案。

　　① 方案 1(初学者)。

　　/：建议大小在 5GB 以上。

　　/home：存放普通用户的数据,是普通用户的宿主目录,建议大小为剩下的空间。

　　swap：即交换分区,建议大小是物理内存的 1～2 倍。

② 方案 2(开发者)。

/boot：用来存放与 Ubuntu 系统启动有关的程序，如启动引导装载程序等，建议大小为 100MB 以上。

/：Ubuntu 系统的根目录，所有的目录都挂在这个目录下面，建议大小为 5GB 以上。

/home：存放普通用户的数据，是普通用户的宿主目录，建议大小为剩下的空间。

/usr：用来存放 Ubuntu 系统中的应用程序，其相关数据较多，建议大于 3GB 以上。

swap：实现虚拟内存，建议大小是物理内存的 1～2 倍。

(2) Ubuntu 安装程序一般提供以下几个方案。

① 清除磁盘并安装 Ubuntu (Erase Disk and Install Ubuntu)。这个方案会删除硬盘上所有分区和操作系统，然后再重新分区硬盘。如果硬盘上有其他想保留的操作系统，请不要选择此项。

② 将 Ubuntu 与原有操作系统安装在一起(Install Ubuntu Alongside OS)。如果计算机有包括微软 Windows 或其他 GNU/Linux 等操作系统，就会看到这个方案。这个方案会在不损害原有操作系统情况下缩小其占用的磁盘分区(Partition)，并在腾出的空间上安装 Ubuntu。

③ 其他选项(Something Else)。这个方案不会帮用户自动分区，只会让用户手动进行分区硬盘。在这里可以自己创建、调整分区，或者为 Ubuntu 选择多个分区。

**2. 安装过程简介**

(1) 到 ubuntukylin 官网 http://www.ubuntukylin.com/下载安装程序，并做成启动光盘。将计算机的 BIOS 设定成用光盘启动，然后将 Ubuntu 安装光盘放入光驱。启动计算机，出现图 7-1 所示界面。

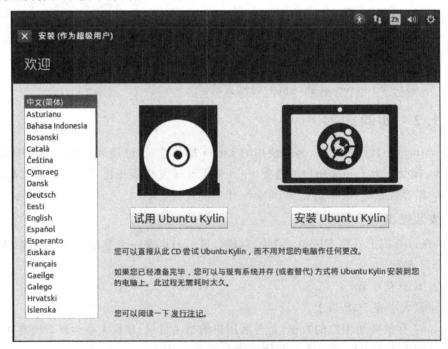

图 7-1　安装 Ubuntu

（2）选择"安装 Ubuntu Kylin"，出现如下的提示界面，如图 7-2 所示。

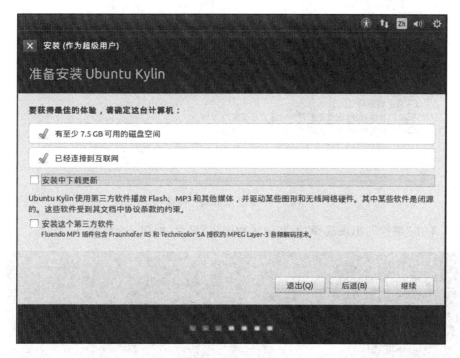

图 7-2　提示界面

（3）单击"继续"按钮，出现"确认安装类型"界面，如图 7-3 所示。

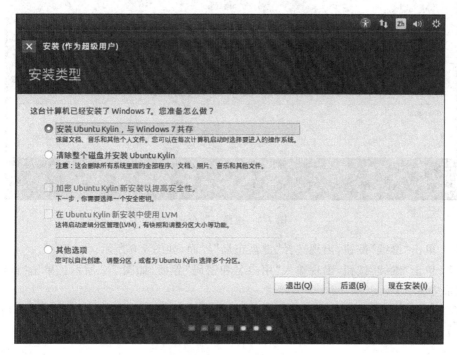

图 7-3　确认安装类型

（4）单击"继续"按钮，出现"分区及格式化硬盘"界面，如图 7-4 所示。

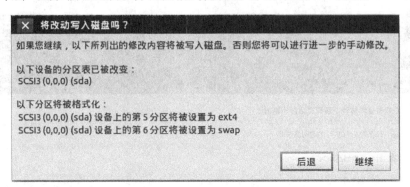

图 7-4　分区及格式化硬盘

（5）单击"继续"，出现选择"所在地区和国家"界面，如图 7-5 所示。

图 7-5　选择安装分区

（6）单击"继续"按钮，出现选择"键盘布局"界面，如图 7-6 所示。

（7）单击"继续"按钮，出现输入"用户名和密码"界面，如图 7-7 所示。单击"继续"按钮，完成安装。

（8）重新启动计算机，出现 Linux 启动菜单，选择第一项，启动 Ubuntu，如图 7-8 所示。

（9）输入用户名、密码，进入 Ubuntn Kylin 系统，如图 7-9 所示。

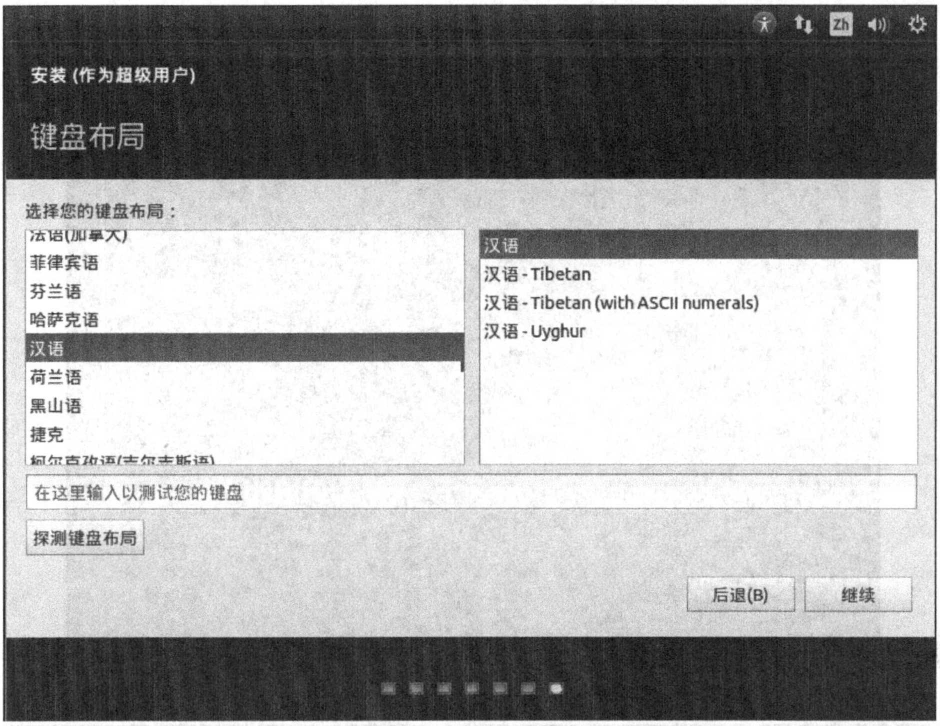

安装 (作为超级用户)

键盘布局

选择您的键盘布局：

| 法语(加拿大) | 汉语 |
| 菲律宾语 | 汉语 - Tibetan |
| 芬兰语 | 汉语 - Tibetan (with ASCII numerals) |
| 哈萨克语 | 汉语 - Uyghur |
| 汉语 | |
| 荷兰语 | |
| 黑山语 | |
| 捷克 | |
| 柯尔克孜语(吉尔吉斯语) | |

在这里输入以测试您的键盘

探测键盘布局

后退(B)　　继续

图 7-6　键盘布局

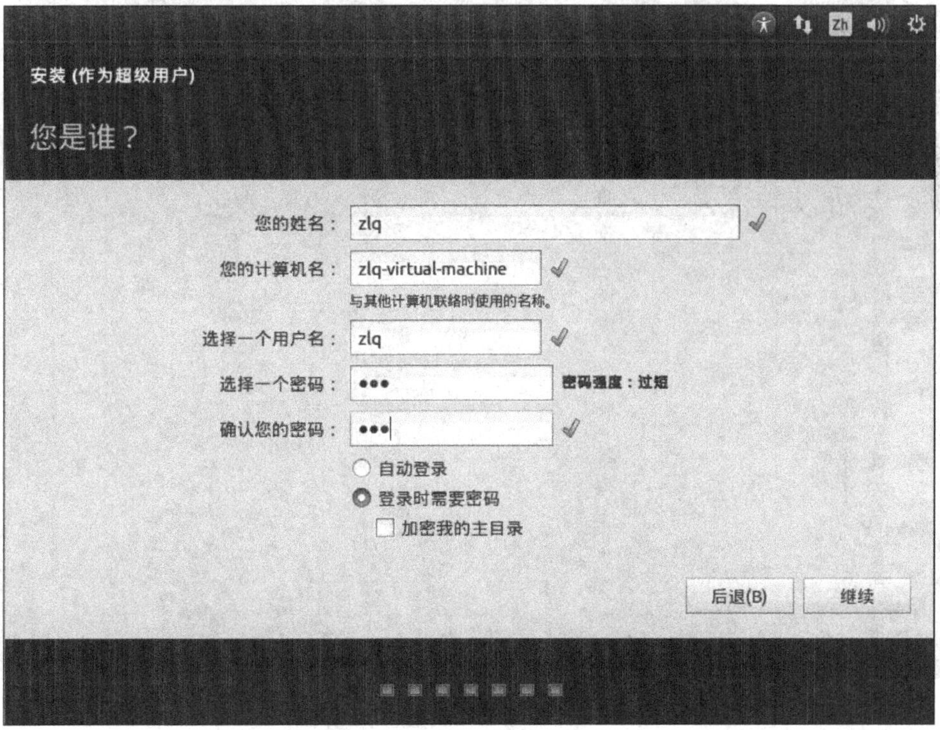

安装 (作为超级用户)

您是谁？

您的姓名：　zlq

您的计算机名：　zlq-virtual-machine

与其他计算机联络时使用的名称。

选择一个用户名：　zlq

选择一个密码：　●●●　　密码强度：过短

确认您的密码：　●●●

○ 自动登录

● 登录时需要密码

☐ 加密我的主目录

后退(B)　　继续

图 7-7　用户和密码

图 7-8　启动 Ubuntu

图 7-9　Ubutn Kylin 系统用户界面

## 7.1.3  实验报告

(1) 在虚拟机上,安装 Ubuntu 操作系统。

(2) 在计算机上,完成 Windows 和 Linux 双系统的安装。

## 7.1.4  实验相关资料

硬盘分区就是在硬盘的自由空间上创建的、将一块物理硬盘划分成多个能够被格式化和单独使用的逻辑单元的操作。

(1) 硬盘分区后的逻辑单元有 3 种,即主分区、扩展分区和逻辑分区。

主分区也叫基本分区(Primary Partition),它是物理磁盘中可以被标为激活,并且被系统用于导入计算机操作系统的磁盘分区。每个物理磁盘最多可以有 4 个基本分区,多个基本分区的目的是分隔不同的操作系统,基本分区不能再划分子分区,所以基本分区只能有一个盘符,没有逻辑盘的概念。

扩展分区的目的就是突破一个硬盘上只能有 4 个分区的限制,通过扩展分区,用户可以给硬盘划分出多于 4 个的逻辑分区。扩展分区也必须在自由空间上建立,一个硬盘上只能有一个扩展分区。硬盘上主分区和扩展分区之和不能超过 4 个。

扩展分区必须再进行分区后才能使用,扩展分区再分下去的是逻辑分区,而且逻辑分区没有数量上限制。

扩展分区只不过是逻辑分区的“容器”。只有主分区和逻辑分区才能进行数据存储。主分区的作用就是计算机用来进行启动操作系统的,因此每一个操作系统的启动,或者称作引导程序,都应该存放在主分区上。这就是主分区和扩展分区及逻辑分区的最大区别。

(2) 硬盘分区中的关键数据。

① 硬盘主引导扇区。主引导扇区是硬盘的第一个扇区(512B),由主引导记录(Master Boot Record,MBR)、硬盘分区表(Disk Partition Table,DPT)和引导扇区标识(Boot Record ID)三部分组成,如表 7-1 所示。

表 7-1  硬盘主引导扇区结构表

| 偏移量 | 内容说明 | 大小/B |
| --- | --- | --- |
| 000h | MBR | 446 |
| 1BEh | 第一个分区入口 | 16 |
| 1CEh | 第二个分区入口 | 16 |
| 1DEh | 第三个分区入口 | 16 |
| 1EEh | 第四个分区入口 | 16 |
| 1FEh | 引导扇区标识(55h,AAh) | 2 |

MBR 占用主引导扇区的前 446B(0～0x1BD)。MBR 中存放的是系统主引导程序,主引导程序负责从活动分区(具有激活标志)的引导记录中装载操作系统引导程序,它最后执行的是一条 JMP 指令,使计算机可以跳转执行操作系统本身的引导程序,即活动分

区的引导记录上的引导程序。

硬盘分区表分为 4 个分区项,每项 16B,分别记录了每个主分区信息。硬盘分区表占用 64B(字节序号是从 0x1BE~0x1FD),记录了磁盘的基本分区信息,如表 7-2 所示。

表 7-2　硬盘分区表

| 偏移量 | 字节 | 含　义 |
| --- | --- | --- |
| 00h | 0 | Activeflag 标志。0x80H 表示为活动分区,0x00H 表示为非活动分区 |
| 01h | 1、2、3 | 该分区的起始磁头号、扇区号、柱面号 |
| 04h | 4 | 分区类型 |
| 05h | 5、6、7 | 该分区的结束磁头号、扇区号、柱面号 |
| 08h | 8、9、10、11 | 逻辑起始扇区号。表示分区起点之前已用的扇区数 |
| 0ch | 12、13、14、15 | 该分区所占的扇区数 |

② 扩展分区的实现。由于主分区表中只能分 4 个分区,因此设计了一种扩展分区格式。扩展分区(逻辑分区)的信息是以链表形式存放的,如图 7-10 所示。

主分区表中要有一个基本扩展分区项,所有扩展分区的空间(逻辑分区)都必须包括在这个基本扩展分区中。除基本扩展分区以外的其他所有扩展分区(逻辑分区)则以链表的形式级联存放,后一个扩展分区的数据项记录在前一个扩展分区的分区表中,但两个扩展分区的空间并不重叠。因此每一个扩展分区的分区表中最多只能有两个分区数据项(包括下一个扩展分区的数据项)。

扩展分区(逻辑分区)的分区表存放在该分区的第一个扇区中。它的结构与硬盘的主引导扇区基本相同,只是

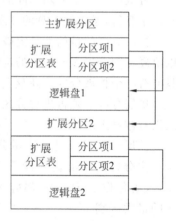

图 7-10　扩展分区的实现

没有主引导记录,即该扇区的 0~0x1BD 的数据是无效的。另外,它的分区表只有前面两项是有效的。它的最后两个字节是合法性检测标志,即 55AA。

(3) Linux 硬盘分区命名。Linux 通常采用设备-名称(Device-Name)来对硬盘分区进行命名。IDE 硬盘将采用/dev/hdxy 来命名:x 表示硬盘(a 是第一块硬盘,b 是第二块硬盘,以此类推),y 是分区的号码(从 0 开始,1,2,3 等)。SCSI,SATA 硬盘将用/dev/sdxy 来命名。号码 1 到 4 位主分区或者扩展分区保留,从 5 开始才用来为逻辑分区命名。

例如:

/dev/hda　　　　表示整个 IDE 硬盘

/dev/hda1　　　表示第一块 IDE 硬盘的第一个主分区

/dev/hda2　　　表示第一块 IDE 硬盘的扩展分区

/dev/hda5　　　表示第一块 IDE 硬盘的第一个逻辑分区

/dev/hda8　　　表示第一块 IDE 硬盘的第四个逻辑分区

/dev/hdb　　　　表示第二个 IDE 硬盘

/dev/hdb1　　　表示第二块 IDE 硬盘的第一个主分区

| /dev/sda | 表示第一个 SCSI 硬盘 |
| /dev/sda1 | 表示第一个 SCSI 硬盘的第一个主分区 |
| /dev/sdd3 | 表示第四个 SCSI 硬盘的第三个主分区 |

Linux 的引导管理器(LILO、GRUB),要么存储在 MBR 上,要么存储在活动分区的引导记录上。如果 Linux 引导管理器程序放到 MBR 上,那么必须配置 Linux 引导管理器才能够启动其他的操作系统。

Linux 的内置工具可以帮助我们完成硬盘的分区和格式化工作。对用户而言,在安装过程中只要按照界面的提示,进行相关的选择即可。硬盘经过分区和格式化以后即可写入或读出数据,即可以正常使用了。

# 7.2 熟悉 Ubuntu 环境

## 7.2.1 实验目的

(1) 了解 Ubuntu 系统基本操作方法,学会独立使用该系统。
(2) 熟悉 Ubuntu 下如何编辑一个 C 语言程序。
(3) 学会利用 gcc、gdb 编译、调试 C 程序。

## 7.2.2 实验内容

Ubuntu 是一种用户友好、易于使用的 Linux 操作系统,已经成为开源领域中炙手可热的明星,深受广大 Linux 用户的喜爱,和其他 Linux 发行版相比,Ubuntu 非常易用,和 Windows 相容性很好,非常适合 Windows 用户的迁移。

### 1. 熟悉 Ubuntu 图形桌面环境

Ubuntu 桌面主要包括启动器面板、顶部面板、工作区等元素,如图 7-9 所示。

启动器面板位于屏幕左侧,显示最常用的应用程序和当前正在运行的程序,充分运用了现在流行的宽屏幕液晶显示器,使用它可以使访问常用程序更加便捷。

顶部面板主要有两个功能:①显示当前应用程序的名称和菜单;②显示常用的系统状态指示器(Indicator)图标,利用图标可以进行相关设置。

工作区即桌面上除启动器面板和顶部面板之外的区域,是程序进行工作时的区域。

### 2. 常用的 Shell 命令

当用户登录到字符界面系统或使用终端模拟窗口时,就是在和称为 Shell 的命令解释程序进行通信。当用户在键盘上输入一条命令时,Shell 程序将对命令进行解释并完成相应的动作。这种动作可能是执行用户的应用程序,或者是调用一个编辑器、GNU/Linux 实用程序或其他标准程序,或者是一条错误信息,告诉用户输入了错误的命令。

1) 目录操作

mkdir abc:创建一个目录 abc。

cd abc:将工作目录改变到 abc。

cd:改变当前目录到主目录。

ls:列出当前目录的内容。

ls-l：输出当前目录内容的长列表，每个目录或文件占一行。

pwd：显示当前目录的全路径。

2）文件显示实用程序

cat mx.c：显示 mx.c 文件内容。

more mx.c：分屏显示 mx.c 内容。

tail mx.c：显示文件后几行。

cat file1 file2：连接 file1 和 file2。

head filename：显示文件 filename 的开始 10 行。

wc filename：统计文件 filename 中的行数、单词数和字符数。

od 文件：查看非文本文件。

3）文件管理实用程序

cp file1 file2：将文件 1 复制到文件 2。

mv file1 file2：将文件重命名为 file2。

rm filename：删除文件 filename。

rm -i filename：请求用户确认删除。

4）数据操作实用程序

tty：显示当前终端的路径和文件名。

who：显示当前登录用户的列表。

sort filename：显示文件 filename 中行的排序结果。

spell filename：检查文件 filename 中的拼写错误。

5）其他实用程序

date：输出系统日期和时间。

cal：显示本月的日历。cal 2002 显示 2002 年的日历。

clear：清除终端屏幕。

history：显示以前执行过的命令列表。

man：显示实用程序的有用信息，并提供该实用程序的基本用法。

echo：读取参数并把它写到输出。

### 3. 目录和文件系统

Linux 和 UNIX 文件系统被组织成一个有层次的树形结构。文件系统的最上层是/，或称为根目录。在 UNIX 和 Linux 的设计理念中，一切皆为文件——包括硬盘、分区和可插拔介质。这就意味着所有其他文件和目录（包括其他硬盘和分区）都位于根目录。例如，/home/jebediah/cheeses.odt 给出了正确的完整路径，它指向 cheeses.odt 文件，而该文件位于 jebediah 目录下，该目录又位于 home 目录下，最后，home 目录又位于根（/）目录下。在根（/）目录下，有一组重要的系统目录下，在大部分 Linux 发行版里都通用。直接位于根（/）目录下的常见目录列表如下。

/bin：重要的二进制（binary）应用程序。

/boot：启动（boot）配置文件。

/dev：设备（device）文件。

/etc：配置文件、启动脚本等（etc）。

/home：本地用户主(home)目录。

/lib：系统库(libraries)文件。

/lost＋found：在根(/)目录下提供一个遗失＋查找(lost＋found)系统。

/media：挂载可移动介质(media)，如 CD、数码相机等。

/mnt：挂载(mounted)文件系统。

/opt：提供一个可供选择的(optional)应用程序安装目录。

/proc：特殊的动态目录，用于维护系统信息和状态，包括当前运行中进程信息。

/root：root(root)用户主文件夹，读作 slash-root。

/sbin：重要的系统二进制(system binaries)文件。

/sys：系统(system)文件。

/tmp：临时(temporary)文件。

/usr：包含绝大部分所有用户(users)都能访问的应用程序和文件。

/var：经常变化的(variable)文件，如日志或数据库等。

**4. 打开 PROC 目录了解系统配置**

把/proc 作为当前目录，就可使用 ls 命令列出它的内容。

/proc 文件系统是一种内核和内核模块用来向进程(process)发送信息的机制。这个伪文件系统让你可以和内核内部数据结构进行交互，获取有关进程的有用信息，在运行中改变设置(通过改变内核参数)。与其他文件系统不同，/proc 存在于内存中而不是硬盘上。

1) 查看/proc 的文件

/proc 的文件可以用于访问有关内核的状态、计算机的属性、正在运行进程的状态等信息。大部分/proc 中的文件和目录提供系统物理环境最新的信息。尽管/proc 中的文件是虚拟的，但它们仍可以使用任何文件编辑器或像'more''less'或'cat'这样的程序来查看。

2) 得到有用的系统/内核信息

/proc 文件系统可以被用于收集有用的关于系统和运行中的内核信息。下面是一些重要的文件。

/proc/cpuinfo：CPU 的信息(型号、家族、缓存大小等)。

/proc/meminfo：物理内存、交换空间等信息。

/proc/mounts：已加载的文件系统的列表。

/proc/devices：可用设备的列表。

/proc/filesystems：被支持的文件系统。

/proc/modules：已加载的模块。

/proc/version：内核版本。

/proc/cmdline：系统启动时输入的内核命令行参数。

proc 中的文件远不止上面列出的这些。想要进一步了解的读者可以对/proc 的每一个文件都'more'一下。

3) 有关运行中进程的信息

/proc 文件系统可以用于获取运行中进程的信息。在/proc 中有一些编号的子目录。每个编号的目录对应一个进程 id (PID)。这样，每一个运行中的进程/proc 中都有一个用它的 PID 命名的目录。这些子目录中包含可以提供有关进程的状态和环境的重要细节信息的文件。

/proc 文件系统提供了一个基于文件的 Linux 内部接口。它可以用于确定系统的各种不同设备和进程的状态。对它们进行配置。因而,理解和应用有关这个文件系统的知识是理解 Linux 系统的关键。

### 5. 熟悉 vim 编辑器

在编写文本或计算机程序时,需要创建文件、插入新行、重新排列行、修改内容等,计算机文本编辑器就是用来完成这些工作的。

vim 编辑器的两种操作模式是命令模式和输入模式(图 7-11)。当 vim 处于命令模式时,可以输入 vim 命令。例如,可以删除文本并从 vim 中退出。在输入模式下,vim 将把用户所输入的任何内容都当作文本信息,并将它们显示在屏幕上。

vim 的工作模式如图 7-11 所示。

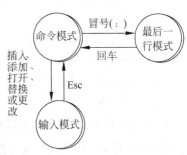

图 7-11　vim 编辑器下的模式

1) 命令模式

在输入模式下,按 Esc 键可切换到命令模式。命令模式下,可选用下列指令离开 vim。

：q!：离开 vim,并放弃刚在缓冲区内编辑的内容。

：wq：将缓冲区内的资料写入当前文件中,并离开 vim。

：ZZ：同 wq。

：x：同 wq。

：w：将缓冲区内的资料写入当前文件中,但并不离开 vim。

：q：离开 vim,若文件被修改过,则要被要求确认是否放弃修改的内容,此指令可与 ：w 配合使用。

命令模式下光标的移动如下。

h 或左箭头：左移一个字符。

J：下移一个字符。

k：上移一个字符。

l：右移一个字符。

0：移至该行的首。

$：移至该行的末。

^：移至该行的第一个字符处。

H：移至窗口的第一列。

M：移至窗口中间那一列。

L：移至窗口的最后一列。

G：移至该文件的最后一列。

w，W：下一个单词（W 忽略标点）。

b，B：上一个单词（B 忽略标点）。

+：移至下一列的第一个字符处。

一：移至上一列的第一个字符处。

(：移至该句首。

)：移至该句末。

{：移至该段首。

}：移至该段末。

nG：移至该文件的第 $n$ 列。

2）输入模式

（1）输入以下命令即可进入 vim 输入模式。

a(append)：在光标之后加入资料。

A：在该行之末加入资料。

i(insert)：在光标之前加入资料。

I：在该行之首加入资料。

o(open)：新增一行于该行之下，供输入资料用。

O：新增一行于该行之上，供输入资料用。

Dd：删除当前光标所在行。

X：删除当前光标字符。

X：删除当前光标之前字符。

U：撤销。

·：重做。

F：查找。

s：替换，如将文件中的所有 FOX 换成 duck，用":%s/FOX/duck/g"。

ESC：离开输入模式。

（2）启动 vim 命令。

vim filename：从第一行开始编辑 filename 文件。

vim +filename：从最后一行开始编辑 filename 文件。

vim -r filename：在系统崩溃之后恢复 filename 文件。

vim -R filename：以只读方式编辑 filename 文件。

3）vim 下程序录入过程。

（1）$ vim  aaa.c✓：进入 vim 命令模式。

（2）i✓：进入输入模式输入 C 源程序（或文本）。

（3）ESC✓：回到命令模式。

（4）ZZ✓：保存文件并推出 vim。

（5）CAT aaa.c✓：显示 aaa.c 文件内容。

**6. 熟悉 gcc 编译器**

Linux 中通常使用的 C 编译器是 GNU gcc。编译器把源程序编译生成目标代码的任务分为以下 4 步：①预处理，把预处理命令扫描处理完毕；②编译，把预处理后的结果编译成汇编或者目标模块；③汇编，把编译出来的结果汇编成具体 CPU 上的目标代码模块；④连接，把多个目标代码模块连接生成一个大的目标模块。

1）使用语法

gcc [ option | filename ]...

其中,option 为 gcc 使用时的选项；filename 为 gcc 要处理的文件。

2）GCC 选项

GCC 的选项有很多类,这类选项控制 GCC 程序的运行,以达到特定的编译目的。

（1）全局选项（OVERALL OPTIONS）。

全局开关用来控制在"GCC 功能介绍"中的 GCC 的 4 个步骤的运行,在默认情况下,这 4 个步骤都是要执行的,但是当给定一些全局开关后,这些步骤就会在某一步停止执行。这将产生中间结果,如可能你只是需要中间生成的预处理的结果或者是汇编文件（如为了看某个 CPU 上的汇编语言怎么写）。

-x  language

对于源文件是用什么语言编写的,可以通过文件名的后缀来表示,也可以用这个开关指定输入文件是什么语言编写的,language 可以是以下的内容。

a.  c
b.  objective-c
c.  c-header
d.  c++
e.  cpp-output
f.  assembler
g.  assembler-with-cpp

-x  none

关掉所有-x 开关。

-c

把源文件编译成目标代码,不做连接的动作。

-S

把源文件编译成汇编代码,不做汇编和连接的动作。

-E

只把源文件进行预处理之后的结果输出来。不做编译、汇编、连接的动作。

-o file(常用)

指明输出文件名是 file。

-v

把整个编译过程的输出信息都给打印出来。

-pipe

由于 gcc 的工作分为几步才能完成,所以需要在过程中生成临时文件,使用-pipe 就是用管道替换临时文件。

(2) 语言相关选项(Language Options)。

用来处理和语言相关的选项。

－ansi

这个开关让 GCC 编译器把所有的 GNU 的编译器特性都给关掉,让程序可以和 ansi 标准兼容。

－include file

在编译之前,把 file 包含进去,相当于在所有编译的源文件最前面加入一个 ♯include＜file＞语句。

－C

同-E 参数配合使用。让预处理后的结果,把注释保留,让人能够比较容易读它。

(3) 连接开关(Linker Options)。

用来控制连接过程的开关选项。

－llibrary

连接库文件开关。例如,-lugl,则是把程序同 libugl.a 文件进行连接。

－lobjc

这个开关用在面向对象的 C 语言文件的库文件处理中。

－nostartfiles

在连接时不把系统相关的启动代码连接进来。

－nostdlib

在连接时不把系统相关的启动文件和系统相关的库连接进来。

－static

在一些系统上支持动态连接,这个开关则不允许动态连接。

shared

生成可共享的被其他程序连接的目标模块。

(4) 目录相关开关(Directory Options)。

用于定义与目录操作相关的开关。

－Ldir

搜寻库文件(＊.a)的路径。

（5）调试开关（Debugging Options）。

```
- g
```

把调试开关打开，让编译的目标文件有调试信息。

```
- V version
```

用来告诉编译器使用它的多少版本的功能，version 参数用来表示版本。

**7. 掌握 Ubuntu 下 C 程序编辑运行过程**

Ubuntu 下编写 C 程序要经过以下几个步骤。

（1）启动常用的编辑器，输入 C 源程序代码。

进入 vim 编辑环境，输入 C 源程序，保存并命名为 hello.c。

```
# include <stdio.h>
void main(void)
{
  Printf("Hello world!\n");
}
```

（2）编译源程序。

用 gcc 编译器对 C 源程序进行编译，以生成一个可执行文件。

```
gcc  - o  hello.out  hello.c ↙
```

（3）运行可执行文件。

```
/hello.out ↙
```

**注意**：命令行中-o 选项表示要求编译器输出可执行文件名为 hello.out 文件，hello.c 是源程序文件。

## 7.2.3　实验报告

（1）举例列出常用的 Shell 命令使用方法。
（2）通过实例总结上机调试 C 语言程序的过程及此次上机的感想。

## 7.2.4　实验相关资料

Unity 是基于 GNOME 桌面环境的用户界面，由 Canonical 公司开发，用于新的 Ubuntu 操作系统。Unity 最早出现在 Ubuntu 10.10 上网络版本中，自 11.04 版本以后成为 Ubuntu 发行版正式的桌面环境。

Unity 桌面在本质上是文件系统中的一个目录，目录在图形化用户界面中一般称为文件夹，桌面文件夹的实际位置为"/home/<用户名>/桌面"。如果安装的系统语言是英文版，则目录名为"/home/<用户名>/Desktop"。Unity 桌面主要有 3 个主要构成要素。

**1. 启动器面板**

启动器面板（Launcher）显示最常用的应用程序（表 7-3）和当前正在运行的程序，充分运用了现在流行的宽屏幕液晶显示器,使用它可以使访问常用程序更加便捷。

启动器面板位于屏幕左侧,当其他窗口占据左侧空间时可以自动隐藏,移开以后可以自动显示。当启动器面板被隐藏时,将鼠标移动到屏幕左侧边缘,可以显示出来。

使用启动器面板,可以打开 Dash 面板,显示最常用的应用程序和当前正在运行的程序图标,打开 Ubuntu 软件中心添加和删除应用程序,打开系统设置窗口对系统进行调整,显示回收站图标等。

表 7-3　启动器面板中常用图标

| 图标 | 名　　称 | 功　　能 |
|---|---|---|
| | 主面板 | 打开 Dash 控制面板,搜索程序和文档,启动应用程序、搜索文件等 |
| | 主文件夹 | 打开当前用户的主文件夹(一般为/home/用户名) |
| | Firefox 浏览器 | 打开网络浏览器 Firefox 访问 WWW |
| | LibreOffice Writer | 打开 LibreOffice 办公套件中的文字处理程序 |
| | LibreOffice Calc | 打开 LibreOffice 办公套件中的电子表格程序 |
| | LibreOffice Impress | 打开 LibreOffice 办公套件中的演示文稿程序 |
| | Ubuntu 软件中心 | 打开 Ubuntu 软件中心可以对应用程序进行安装、卸载等操作 |
| | Ubuntu One | 打开 Ubuntu One 可以实现对云端服务的存储同步操作,如同步用户文件、联系人信息等 |
| | 系统设置 | 打开系统设置窗口,对操作系统的外观、语言、驱动、网络等进行配置 |
| | 工作区切换器 | 单击工作区切换器,可以在 4 个默认工作区之间进行切换 |
| | 加载光驱 | 打开系统当前加载的外部存储设备,如 DVD 驱动器光盘 |
| | 回收站 | 打开"回收站"文件夹对其中的文件进行管理,如恢复文件、清空回收站等 |

### 2. 顶部面板

Unity 顶部面板主要有两个功能: ①显示当前应用程序的名称和菜单; ②显示常用的系统状态指示器(Indicator)图标。利用图标可以进行相关设置,如表 7-4 所示。

表 7-4　顶部面板中常用的图标

| 指示器图标 | 说　　明 |
|---|---|
| | 键盘输入法状态,输入法有效时显示输入法图标。单击图标可以设置输入法首选项 |
| | 显示此图标时,表示当前存在软件更新。单击图标可以显示菜单,从中可以选择安装更新、检查更新和软件源配置首选项 |
| | 显示邮件和其他网络服务状态。单击图标可以设置即时通信、邮件、Ubuntu One 和其他网络账户设置 |
| | 显示蓝牙设备状态。单击图标可以从菜单中选择蓝牙可见性,向蓝牙设备中发送文件、浏览蓝牙设备,设置蓝牙选项等 |

续表

| 指示器图标 | 说　　明 |
|---|---|
| ↑↓ ♡ | 显示当前网络连接状态。未连接时显示扇形。单击图标可以打开网络配置菜单编辑连接设置 |
| ◀)) ◀× | 显示当前音量状态。在静音时显示 X 标记。单击时可以调整音量和进行系统音量相关的设置 |
| 03:41 | 显示当前时间。单击时可以显示日历、日期和时间设置 |
| 👤 juwenfei | 显示当前登录用户名。单击时可以切换用户账号,修改用户账号设置 |
| ⚙ | 系统设置图标。单击时可以打开系统设置窗口、显示、管理开机启动程序、进行系统更新等,连接打印机设备,还可以锁定屏幕,注销用户,让系统进入待机状态,重新启动或关闭计算机 |

### 3. 工作区

工作区又称工作空间。Linux 操作系统的桌面系统支持多工作区。Unity 中默认支持 4 个工作区,如图 7-12 所示。在 Unity 启动器面板中单击工作区图标,可以查看各个工作区的预览图。要切换到某个特定工作区,可以两次单击一个工作区或直接双击该工作区。要将窗口移动到特定工作区,可以在窗口标题栏中右击,在弹出的快捷菜单中选择"移动到右侧工作区"命令,或者选择"移动到另外的工作区"命令。键盘切换工作区:按 Ctrl＋Alt＋方向组合键。

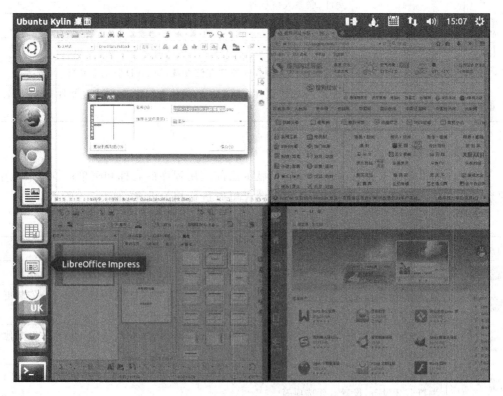

图 7-12　多工作区的桌面

# 7.3  Shell 脚本

## 7.3.1  实验目的

(1) 了解和熟悉创建并使用脚本的步骤。

(2) 熟悉 Bash 的控制结构。

(3) 学会简单的 Shell 编程。

## 7.3.2  实验内容

(1) 创建一个简单的列目录和日期的 Shell 脚本并运行。

具体步骤如下。

① 输入下列命令,创建一个新文件:

```
cat > new_scrip
```

② 输入下列行:

```
echo"Your files are"
ls
echo"today is"
```

按回车键将光标移到一个新行,按 Ctrl+D 组合键保存并退出。

③ 检查文件内容,确保它是正确的:

```
cat new_script
```

④ 运行脚本,输入它的文件名:

```
new_script
```

该脚本不运行。

⑤ 输入下列命令,显示文件的权限:

```
ls - l new_script
```

权限表明该文件不是可执行。要通过简单调用文件名来运行脚本,必须有权限。

⑥ 输入下列命令,使 new_script 变成可执行文件。

```
chmod + x new_script
```

⑦ 要查看新的权限,输入:

```
ls - l
```

现在拥有文件的读、写和执行权限。

⑧ 输入新脚本的名字以执行它:

```
new_script
```

所有输入文件的命令都执行,并输出屏幕上。

⑨ 如果接收到错误信息,比如:

```
command not found
```

输入下列命令:

```
./new_script
```

该命令行通知 Shell 到哪里寻找 Shell 脚本 new_script,即用户的当前目录"."。

(2) 用 Shell 语言编制一 Shell 程序,该程序在用户输入年、月之后,自动打印数出该年该月的日历。

参考程序如下:

```
echo"Please input the month:"
read month
echo "Please input the year:"
read year
cal $ month $ year
```

程序说明:

read、cal 是 Linux 的 Shell 命令,它们分别是从标准输入读值存入相应变量和显示日历。

(3) 编程提示用户输入两个单词,并将其读入,然后比较这两个单词,如果两个单词相同则显示"Match",并显示"End of program",如果不同则显示"End of program"。

参考程序如下:

```
$ cat > if1
echo - n "word 1:"
read word1
echo - n "word 2:"
read word2

if test " $ word1" = " $ word2"
then
echo"Match"
fi
echo"End of program."
```

程序说明:

if...then 控制结构的语法如下:

```
if test_command
then
commands
fi
```

其中 test_command 为 test " $ word1" = " $ word2",test 是一个内置命令,如果它

的第一个参数和第三个参数存在第二个参数所指定的关系，那么 test 将返回 True。Shell 将执行 then 和 fi 之间的命令；否则执行 fi 后面语句，如图 7-13 所示。

（4）修改上述程序，编程提示用户输入两个单词，并将其读入，然后比较这两个单词，如果两个单词相同显示"Match"，不同则显示"Not match"，最后显示"End of program"。

编程提示：请使用 if...then...else 控制结构。

（5）编程使用 case 结构创建一个简单的菜单，屏幕显示菜单：

```
a. Current date and time
b. User currently logged in
c. Name of the working directory
d. Contents of the working directory
Enter a,b,c or d:
```

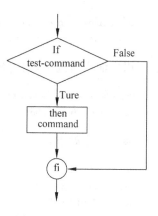

图 7-13 if...then 流程图

根据用户输入选项做相应操作。

参考程序如下：

```
echo - e "\n COMMAND MENU\n"
echo" a. Current date and time"
echo" b. User currently logged in"
echo" c. Name of the working directory"
echo" d. Contents of the working directory\n"
echo - n "Enter a,b,c or d:"
read answer
echo
case" $ answer" in
    a)
        date
        ;;
    b)
        who
        ;;
    c)
        pwd
        ;;
    d)
        ls
        ;;
    * )
        Echo "There is no selection : $ answer"
        ;;
esac
```

（6）修改上题，使用户可以连续选择直到想退出时才退出。

（7）编程使用 select 结构生成一个菜单，具体如下：

apple、banana、blueberry、kiwi、orange、watermelon、STOP.
Choose your favorite fruit from these possibilities:

用户输入所选项,如 1 显示:

You chose apple as you favorite.
That is choice number 1.

参考程序如下:

```
#!/bin/bash
ps3 = "Chose your favorite fruit from these possibilities:"
select FRUIT in apple banana blueberry kiwi orange watermelon STOP
do
if [ $ FRUIT = STOP ]   then
echo"Thanks for playing!"
break
fi
echo"You chose $ FRUIT as you favorite."
echo"That is choice number $ REPLY."
echo
done
```

程序说明:
① select 结构的语法如下:

```
select varname[ in arg...]
do
    commands
done
```

② REPLY 是键盘变量。

(8) 思考题。

① 什么选项通知 rm、cp 和 mv 在删除或覆盖文件前得到用户的确认?

② 如何确认自己在主目录中? 然后在主目录中创建一个名为 Dannty 的目录,再进入 Danny 目录,并确认你的位置?

③ 命令 echo $ PATH 的输出是什么?

④ 下列命令的运行结果是什么?

```
who | grep $ USER
grep \ $ HOME file1
```

## 7.3.3　实验报告

(1) 列出调试通过程序的清单,并加注释。

(2) 回答思考题。

(3) 总结上机调试过程中所遇到的问题和解决方法及感想。

## 7.3.4 实验相关资料

### 1. Linux 体系结构

Linux 体系结构主要分为用户空间和内核空间。其中,用户空间主要包含用户的应用程序、C 库等;内核空间主要包括系统调用、文件管理、内存管理、进程管理、网络服务等与平台架构相关的代码,如图 7-14 所示。

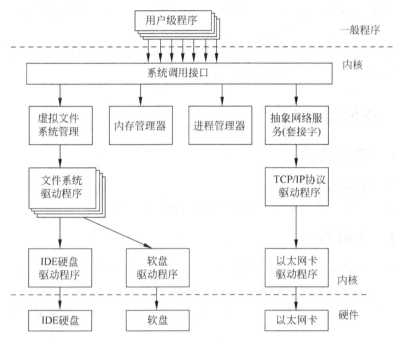

图 7-14　系统体系结构

### 2. Linux 与用户的接口

Linux 与用户的接口主要为系统调用和 Shell。系统调用接口(SCI 层)提供了某些机制执行从用户空间到内核的函数调用。这个接口依赖于体系结构,甚至在相同的处理器家族内也是如此。系统调用(SCI)实际上是一个非常有用的函数调用多路复用和多路分解服务。在. /linux/kernel 中可以找到 SCI 的实现,并在. /linux/arch 中找到依赖于体系结构的部分。

要注意系统调用与库函数的区别。二者运行的环境和运行机制截然不同。库函数依赖于所运行的用户环境,程序调用库函数时,它运行的目标代码是属于程序的,程序处于"用户态"执行;而系统调用的使用不依赖于它运行的用户环境,是 Linux 内核提供的低层服务,系统调用时所执行的代码是属于内核的,程序处于"核心态"执行。库函数的调用最终还是要通过 Linux 系统调用来实现,库函数一般执行一条指令,该指令(操作系统陷阱)将进程执行方式变为核心态,然后使内核为系统调用执行代码。

Shell 是系统的用户界面,提供了用户与内核进行交互操作的一种接口。它接收用户输入的命令并把它送入内核去执行,是一个命令解释器。例如,当输入 ls -l 时,它将此字符串解释为首先在默认路径找到该文件(/bin/ls),然后执行该文件,并附带参数-l。同时 Shell 还具有普通编程语言的很多特点,用这种编程语言编写的 Shell 程序与其他应用程序具有同样的效果。

**3. 目前主要版本的 Shell**

(1) Bourne Shell:是贝尔实验室开发的。

(2) BASH:是 GNU 的 Bourne Again Shell,是 GNU 操作系统上默认的 Shell,大部分 Linux 的发行套件使用的都是这种 Shell。

(3) Korn Shell:是对 Bourne Shell 的发展,在大部分内容上与 Bourne Shell 兼容。

(4) C Shell:是 SUN 公司 Shell 的 BSD 版本。

# 7.4　进程间通信

## 7.4.1　实验目的

(1) 了解什么是信号。

(2) 熟悉 Linux 系统中进程之间软中断通信的基本原理。

## 7.4.2　实验内容

(1) 编写一段程序,使用系统调用 fork( )创建两个子进程,再用系统调用 signal( )让父进程捕捉键盘上的中断信号(即按 Ctrl+C 组合键),当捕捉到中断信号后,父进程用系统调用 kill( )向两个子进程发出信号,子进程捕捉到信号后,分别输出下列信息后终止:

```
Child process 1 is killed by parent!
Child process 2 is killed by parent!
```

父进程等待两个子进程终止后,输出以下信息后终止:

```
Parent process is killed!
```

参考程序如下:

```
# include <stdio.h>
# include <signal.h>
# include <unistd.h>
# include <stdlib.h>
Void waiting(),stop();
int wait_mark;
main()
{ int   p1, p2;
  signal(SIGINT,stop);
  while((p1 = fork()) == -1);
  if(p1 > 0)
```

```
  {①
    while((p2 = fork()) == -1);
    if(p2 > 0)
    { ②
      wait_mark = 1;
      waiting(0);
      kill(p1,10);
      kill(p2,12);
      wait();
      wait();
      printf("parent process is killed!\n");
      exit(0);
    }
    else
    {
      wait_mark = 1;
      signal(12,stop);
      waiting();
      lockf(1,1,0);
      printf("child process 2 is killed by parent!\n");
      lockf(1,0,0);
      exit(0);
    }
  }
  else
  {
    wait_mark = 1;
    signal(10,stop);
    waiting();
    lockf(1,1,0);
    printf("child process 1 is killed by parent!\n");
    lockf(1,0,0);
    exit(0);
  }
}
void waiting()
{
  while(wait_mark!= 0);
}
void stop()
{
  wait_mark = 0;
}
```

实验要求如下。

① 运行程序并分析结果。

② 如果把 signal(SIGINT,stop) 放在程序中的①号和②号位置,结果会怎样并分析原因。

③ 该程序段前面部分用了两个 wait(),为什么?

④ 该程序段中每个进程退出时都用了语句 exit(0),为什么?

(2) 增加语句 signal(SIGINT,SIG_IGN)和语句 signal(SIGQUIT,SIG_IGN),再观察程序执行时屏幕上出现的现象,并分析其原因。

参考程序如下:

```c
# include < stdio. h >
# include < signal. h >
# include < unistd. h >
# include < stdlib. h >
int   pid1, pid2;
int   EndFlag = 0, Pf1 = 0, Pf2 = 0;
void IntDelete()
{
  kill(pid1,10);
  kill(pid2,12);
  EndFlag = 1;
}
void Int1()
{
    printf("child process 1 is killed by parent !\n");
    exit(0);
}
void Int2()
{
    printf("child process 2 is killed by parent !\n");
    exit(0);
}
main()
{
    int exitcode;
    signal(SIGINT,SIG_IGN);
    signal(SIGQUIT,SIG_IGN);
    while((pid1 = fork()) == - 1);
    if(pid1 == 0)
    {
        signal(SIGUSER1,Int1);
        signal(SIGQUIT,SIG_IGN);
        pause();
        exit(0);
    }
    else
    {
      while((pid2 = fork()) =  = - 1);
      if(pid2 == 0)
      {
        signal(SIGUSER1,Int1);
        signal(SIGQUIT,SIG_IGN);
```

```
        pause();
        exit(0);
    }
    else
    {
        signal(SIGINT,IntDelete);
        waitpid( -1,&exitcode,0);
        printf("parent process is killed \n");
        exit(0);
    }
  }
}
```

实验要求：运行程序并分析结果。

## 7.4.3 实验报告

(1) 列出调试通过程序的清单，分析运行结果。

(2) 给出必要的程序设计思路和方法（或列出流程图）。

(3) 总结上机调试过程中所遇到的问题和解决方法及感想。

## 7.4.4 实验相关资料

**1. 信号的处理**

1) 信号的基本概念

每个信号都对应一个正整数常量（称为 Signal Number，即信号编号。定义在系统头文件< signal.h >中），代表同一用户的诸进程之间传送事先约定信息的类型，用于通知某进程发生了某异常事件。每个进程在运行时，都要通过信号机制来检查是否有信号到达。若有，便中断正在执行的程序，转向与该信号相对应的处理程序，以完成对该事件的处理；处理结束后再返回到原来的断点继续执行。实质上，信号机制是对中断机制的一种模拟，故在早期的 UNIX 版本中又把它称为软中断。

(1) 信号与中断的相似点如下。

① 采用了相同的异步通信方式。

② 当检测出有信号或中断请求时，都暂停正在执行的程序而转去执行相应的处理程序。

③ 都在处理完毕后返回到原来的断点。

④ 对信号或中断都可进行屏蔽。

(2) 信号与中断的区别如下。

① 中断有优先级，而信号没有优先级，所有的信号都是平等的。

② 信号处理程序是在用户态下运行的，而中断处理程序是在核心态下运行的。

③ 中断响应是及时的，而信号响应通常都有较大的时间延迟。

(3) 信号机制具有以下 3 方面的功能。

① 发送信号。发送信号的程序用系统调用 kill()实现。

② 预置对信号的处理方式。接收信号的程序用 signal( )来实现对处理方式的预置。

③ 接收信号的进程按事先的规定完成对相应事件的处理。

2) 信号的发送

信号的发送是指由发送进程把信号送到指定进程的信号域的某一位上。如果目标进程正在一个可被中断的优先级上睡眠,核心便将它唤醒,发送进程就此结束。一个进程可能在其信号域中有多个位被置位,代表有多种类型的信号到达,但对于一类信号,进程却只能记住其中的某一个。进程用 kill()向一个进程或一组进程发送一个信号。

3) 对信号的处理

当一个进程要进入或退出一个低优先级睡眠状态时,或一个进程即将从核心态返回用户态时,核心都要检查该进程是否已收到软中断。当进程处于核心态时,即使收到软中断也不予理睬;只有当它返回到用户态后,才处理软中断信号。对软中断信号的处理分3 种情况进行。

(1) 如果进程收到的软中断是一个已决定要忽略的信号(function＝1),进程不做任何处理便立即返回。

(2) 进程收到软中断后便退出(function＝0)。

(3) 执行用户设置的软中断处理程序。

**2. 涉及的中断调用**

1) kill( )

系统调用格式:

```
int   kill(pid,sig)
```

参数定义:

```
int   pid,sig;
```

其中,pid 是一个或一组进程的标识符,参数 sig 是要发送的软中断信号。

(1) pid＞0 时,核心将信号发送给进程 pid。

(2) pid＝0 时,核心将信号发送给与发送进程同组的所有进程。

(3) pid＝−1 时,核心将信号发送给所有用户标识符真正等于发送进程的有效用户标识号的进程。

2) signal( )

预置对信号的处理方式,允许调用进程控制软中断信号。

系统调用格式:

```
signal(sig,function)
```

头文件为

```
# include < signal.h>
```

参数定义:

```
signal(sig,function)
```

```
int   sig;
void ( * func) ()
```

其中,sig 用于指定信号的类型,sig 为 0 则表示没有收到任何信号,其余如表 7-5
所示。

表 7-5　SIG 信号说明

| 值 | 名　字 | 说　明 |
|---|---|---|
| 01 | SIGHUP | 挂起(Hangup) |
| 02 | SIGINT | 中断,当用户从键盘按 Ctrl+C 组合键或 Ctrl+Break 组合键时 |
| 03 | SIGQUIT | 退出,当用户从键盘按 Quit 键时 |
| 04 | SIGILL | 非法指令 |
| 05 | SIGTRAP | 跟踪陷阱(Trace Trap),启动进程,跟踪代码的执行 |
| 06 | SIGIOT | IOT 指令 |
| 07 | SIGEMT | EMT 指令 |
| 08 | SIGFPE | 浮点运算溢出 |
| 09 | SIGKILL | 杀死、终止进程 |
| 10 | SIGBUS | 总线错误 |
| 11 | SIGSEGV | 段违例,进程试图去访问其虚地址空间以外的位置 |
| 12 | SIGSYS | 系统调用中参数错,如系统调用号非法 |
| 13 | SIGPIPE | 向某个非读管道中写入数据 |
| 14 | SIGALRM | 闹钟。当某进程希望在某时间后接收信号时发此信号 |
| 15 | SIGTERM | 软件终止(Software Termination) |
| 16 | SIGUSR1 | 用户自定义信号 1 |
| 17 | SIGUSR2 | 用户自定义信号 2 |
| 18 | SIGCLD | 某个子进程死 |
| 19 | SIGPWR | 电源故障 |

function:在该进程中的一个函数地址,在核心返回用户态时,它以软中断信号的序
号作为参数调用该函数,对除了信号 SIGKILL、SIGTRAP 和 SIGPWR 以外的信号,核心
自动重新设置软中断信号处理程序的值为 SIG_DFL,一个进程不能捕获 SIGKILL 信号。

function 的解释如下。

(1) function=1 时,进程对 sig 类信号不予理睬,即屏蔽了该类信号。

(2) function=0 时,默认值,进程在收到 sig 信号后应终止自己。

(3) function 为非 0,非 1 类整数时,function 的值即作为信号处理程序的指针。

3) lockf()

用作锁定文件的某些段或者整个文件。

系统调用格式:

```
lockf(files,function,size)
```

头文件为

```
# include "unistd.h"
```

参数定义：

```
int lockf(files,function,size)
int files,function;
long size;
```

其中，files 是文件描述符；function 是锁定和解锁：1 表示锁定，0 表示解锁；size 是锁定或解锁的字节数，为 0，表示从文件的当前位置到文件尾。

## 7.5　存储管理

### 7.5.1　实验目的

通过模拟实现请求页式存储管理的几种基本页面置换算法，了解虚拟存储技术的特点，掌握虚拟存储请求页式存储管理中几种基本页面置换算法的基本思想和实现过程，并比较它们的效率。

### 7.5.2　实验内容

设计一个虚拟存储区和内存工作区，并使用下述算法计算访问命中率。其中命中率的计算公式为：命中率＝1－页面失效次数/页地址流长度。使用的算法为最佳淘汰算法(OPT)、先进先出的算法(FIFO)、最近最久未使用算法(LRU)、最近未使用算法(NUR)。

本实验的程序设计基本上按照实验内容进行。即首先用 srand( )和 rand( )函数定义和产生指令序列，然后将指令序列变换成相应的页地址流，并针对不同的算法计算出相应的命中率。

(1) 通过随机数产生一个指令序列，共 320 条指令。指令的地址按下述原则生成。

① 50%的指令是顺序执行的。

② 25%的指令是均匀分布在前地址部分。

③ 25%的指令是均匀分布在后地址部分。

具体的实施方法如下。

① 在[0,319]的指令地址之间随机选取一起点 $m$。

② 顺序执行一条指令，即执行地址为 $m+1$ 的指令。

③ 在前地址[0,$m+1$]中随机选取一条指令并执行，该指令的地址为 $m'$。

④ 顺序执行一条指令，其地址为 $m'+1$。

⑤ 在后地址[$m'+2$,319]中随机选取一条指令并执行。

⑥ 重复步骤①～⑤，直到 320 次指令。

(2) 将指令序列变换为页地址流。

设：页面大小为 1KB。

用户内存容量 4～32 页。

用户虚存容量为 32KB。

在用户虚存中，按每 K 存放 10 条指令排列虚存地址，即 320 条指令在虚存中的存放方式为：

第 0~9 条指令为第 0 页（对应虚存地址为[0,9]）；

第 10~19 条指令为第 1 页（对应虚存地址为[10,19]）；

⋮

第 310~319 条指令为第 31 页（对应虚存地址为[310,319]）；

按以上方式，用户指令可组成 32 页。

参考程序如下：

```
#define TRUE 1
#define FALSE 0
#define INVALID -1
#define NULL   0
#define  total_instruction  320              /*指令流长*/
#define  total_vp  32                        /*虚页长*/
#define  clear_period  50                    /*清 0 周期*/
typedef struct                               /*页面结构*/
{
    int pn,pfn,counter,time;
}pl_type;
pl_type pl[total_vp];                         /*页面结构数组*/
struct pfc_struct{                           /*页面控制结构*/
    int pn,pfn;
    struct pfc_struct *next;
};
typedef struct pfc_struct pfc_type;

pfc_type pfc[total_vp], *freepf_head, *busypf_head, *busypf_tail;

int diseffect,  a[total_instruction];
int page[total_instruction],  offset[total_instruction];

int  initialize(int);
int  FIFO(int);
int  LRU(int);
int  NUR(int);
int  OPT(int);

int main( )
{
  int s,i,j;
  srand(10 * getpid());
              /*由于每次运行时进程号不同,故可用来作为初始化随机数队列的"种子"*/
  s = (float)319 * rand( )/32767/32767/2 + 1;
  for(i = 0;i < total_instruction;i += 4)         /*产生指令队列*/
  {
      if(s < 0||s > 319)
      {
          printf("When i == %d,Error,s == %d\n",i,s);
          exit(0);
      }
```

```
        a[i] = s;                                   /*任选一指令访问点 m*/
        a[i+1] = a[i] + 1;                          /*顺序执行一条指令*/
        a[i+2] = (float)a[i] * rand( )/32767/32767/2; /*执行前地址指令 m'*/
        a[i+3] = a[i+2] + 1;                        /*顺序执行一条指令*/

        s = (float)(318 - a[i+2]) * rand( )/32767/32767/2 + a[i+2] + 2;
        if((a[i+2]>318)||(s>319))
        printf("a[%d+2],a number which is : %d and s == %d\n",i,a[i+2],s);

    }
    for (i = 0;i < total_instruction;i++)    /*将指令序列变换成页地址流*/
    {
        page[i] = a[i]/10;
        offset[i] = a[i]%10;
    }
    for(i = 4;i <= 32;i++)                   /*用户内存工作区从 4 个页面到 32 个页面*/
    {
        printf(" --- %2d page frames --- \n",i);
        FIFO(i);
        LRU(i);
        NUR(i);
        OPT(i);

    }
    return 0;
}

int initialize(total_pf)                     /*初始化相关数据结构*/
int total_pf;                                /*用户进程的内存页面数*/
{
    int i;
    diseffect = 0;
    for(i = 0;i < total_vp;i++)
    {
        pl[i].pn = i;
        pl[i].pfn = INVALID;                 /*置页面控制结构中的页号,页面为空*/
        pl[i].counter = 0;
        pl[i].time = -1;                     /*页面控制结构中的访问次数为 0,时间为 -1*/
    }
    for(i = 0;i < total_pf - 1;i++)
    {
        pfc[i].next = &pfc[i+1];
        pfc[i].pfn = i;
    }                                        /*建立 pfc[i-1]和 pfc[i]之间的链接*/
    pfc[total_pf - 1].next = NULL;
    pfc[total_pf - 1].pfn = total_pf - 1;
    freepf_head = &pfc[0];                   /*空页面队列的头指针为 pfc[0]*/
    return 0;
}

int FIFO(total_pf)                           /*先进先出算法*/
int total_pf;                                /*用户进程的内存页面数*/
{
```

```
        int i,j;
        pfc_type * p;
        initialize(total_pf);                    /* 初始化相关页面控制用数据结构 */
        busypf_head = busypf_tail = NULL;        /* 忙页面队列头,队列尾链接 */
        for(i = 0;i < total_instruction;i++)
        {
            if(pl[page[i]].pfn == INVALID)       /* 页面失效 */
            {
                diseffect += 1;                  /* 失效次数 */
                if(freepf_head == NULL)          /* 无空闲页面 */
                {
                    p = busypf_head -> next;
                    pl[busypf_head -> pn].pfn = INVALID;
                    freepf_head = busypf_head;   /* 释放忙页面队列的第一个页面 */
                    freepf_head -> next = NULL;
                    busypf_head = p;
                }
                p = freepf_head -> next;         /* 按 FIFO 方式调新页面入内存页面 */
                freepf_head -> next = NULL;
                freepf_head -> pn = page[i];
                pl[page[i]].pfn = freepf_head -> pfn;
                if(busypf_tail == NULL)
                busypf_head = busypf_tail = freepf_head;
                else
                {
                    busypf_tail -> next = freepf_head; /* free 页面减少一个 */
                    busypf_tail = freepf_head;
                }
                freepf_head = p;
            }
        }
        printf("FIFO: % 6.4f\n",1 - (float)diseffect/320);
        return 0;
}

int LRU (total_pf)                               /* 最近最久未使用算法 */
int total_pf;
{
    int min,minj,i,j,present_time;
    initialize(total_pf);
    present_time = 0;

    for(i = 0;i < total_instruction;i++)
    {
        if(pl[page[i]].pfn == INVALID)           /* 页面失效 */
        {
            diseffect++;
            if(freepf_head == NULL)              /* 无空闲页面 */
            {
                min = 32767;
                for(j = 0;j < total_vp;j++)      /* 找出 time 的最小值 */
                if(min > pl[j].time&&pl[j].pfn!= INVALID)
                {
```

```
                        min = pl[j].time;
                        minj = j;
                    }
                    freepf_head = &pfc[pl[minj].pfn];      /*腾出一个单元*/
                    pl[minj].pfn = INVALID;
                    pl[minj].time =- 1;
                    freepf_head -> next = NULL;
                }
                pl[page[i]].pfn = freepf_head -> pfn;      /*有空闲页面,改为有效*/
                pl[page[i]].time = present_time;
                freepf_head = freepf_head -> next;          /*减少一个 free 页面*/
            }
            else
            pl[page[i]].time = present_time;                /*命中则增加该单元的访问次数*/

            present_time++;
        }
    printf("LRU: % 6.4f\n",1 - (float)diseffect/320);
    return 0;
}

int NUR(total_pf)                                          /*最近未使用算法*/
int   total_pf;
{
    int i,j,dp,cont_flag,old_dp;
    pfc_type * t;
    initialize(total_pf);
    dp = 0;
    for(i = 0;i < total_instruction;i++)
    {
        if (pl[page[i]].pfn == INVALID)                    /*页面失效*/
        {
            diseffect++;
            if(freepf_head == NULL)                        /*无空闲页面*/
            {
                cont_flag = TRUE;
                old_dp = dp;
                while(cont_flag)
                if(pl[dp].counter == 0&&pl[dp].pfn!= INVALID)
                cont_flag = FALSE;
                else
                {
                    dp++;
                    if(dp == total_vp)
                    dp = 0;
                    if(dp == old_dp)
                    for(j = 0;j < total_vp;j++)
                    pl[j].counter = 0;
                }
                freepf_head = &pfc[pl[dp].pfn];
                pl[dp].pfn = INVALID;
                freepf_head -> next = NULL;
            }
            pl[page[i]].pfn = freepf_head -> pfn;
            freepf_head = freepf_head -> next;
```

```
        }
        else
        pl[page[i]].counter = 1;
        if(i % clear_period == 0)
        for(j = 0;j < total_vp;j++)
        pl[j].counter = 0;
    }
    printf("NUR: % 6.4f\n",1 - (float)diseffect/320);

    return 0;
}


int OPT(total_pf)                              /* 最佳置换算法 */
int total_pf;
{
    int i,j, max,maxpage,d,dist[total_vp];
    pfc_type * t;
    initialize(total_pf);
    for(i = 0;i < total_instruction;i++)
    {
        if(pl[page[i]].pfn == INVALID)          /* 页面失效 */
        {
            diseffect++;
            if(freepf_head == NULL)              /* 无空闲页面 */
            {
                for(j = 0;j < total_vp;j++)
                if(pl[j].pfn!= INVALID) dist[j] = 32767;  /* 最大"距离" */
                else dist[j] = 0;
                d = 1;
                for(j = i + 1;j < total_instruction;j++)
                {
                    if(pl[page[j]].pfn!= INVALID)
                    dist[page[j]] = d;
                    d++;
                }
                max =- 1;
                for(j = 0;j < total_vp;j++)
                if(max < dist[j])
                {
                    max = dist[j];
                    maxpage = j;
                }
                freepf_head = &pfc[pl[maxpage].pfn];
                freepf_head -> next = NULL;
                pl[maxpage].pfn = INVALID;
            }
            pl[page[i]].pfn = freepf_head -> pfn;
            freepf_head = freepf_head -> next;
        }
    }
    printf("OPT: % 6.4f\n",1 - (float)diseffect/320);

    return 0;
}
```

### 7.5.3 实验报告

（1）列出调试通过程序的清单，并附文档说明。

（2）总结上机调试过程中所遇到的问题和解决方法及感想。

### 7.5.4 实验相关资料

#### 1. 虚拟存储系统

UNIX 中，为了提高内存利用率，提供了内、外存进程对换机制；内存空间的分配和回收均以页为单位进行；一个进程只需将其一部分（段或页）调入内存便可运行；还支持请求调页的存储管理方式。

当进程在运行中需要访问某部分程序和数据时，发现其所在页面不在内存，就立即提出请求（向 CPU 发出缺中断），由系统将其所需页面调入内存。这种页面调入方式叫请求调页。为实现请求调页，核心配置了页表、页框号、访问位、修改位、有效位、保护位等。

#### 2. 页面置换算法

当 CPU 接收到缺页中断信号，中断处理程序先保存现场，分析中断原因，转入缺页中断处理程序。该程序通过查找页表，得到该页所在外存的物理块号。如果此时内存未满，能容纳新页，则启动磁盘 I/O 将所缺之页调入内存，然后修改页表。如果内存已满，则需按某种置换算法从内存中选出一页准备换出，是否重新写盘由页表的修改位决定，然后将缺页调入，修改页表。利用修改后的页表，去形成所要访问数据的物理地址，再去访问内存数据。整个页面的调入过程对用户是透明的。

常用的页面置换算法有最佳置换法（Optimal）、先进先出法（First In First Out）、最近最久未使用法（Least Recently Used）、最近未使用法（No Used Recently）。上述实验的执行过程如图 7-15 所示。

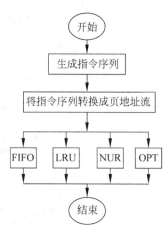

图 7-15 实验的主要执行过程

## 7.6 文件操作

### 7.6.1 实验目的

（1）熟悉 Linux 文件系统。

（2）掌握 Linux 下常用文件系统调用。

（3）了解 Linux 文件系统中 Shell 命令的实现原理。

### 7.6.2 实验内容

本实验要求在 Linux 环境下用 C 语言编写 3 个具体的 Shell 命令，基本涉及了 Linux

文件系统中较为常用的有关文件操作的系统调用。

（1）编程实现 copy 命令，执行格式：

copy file1 file2 file3

功能：将 file1、file2 两文件的内容合并复制进 file3 中，其中间应有 30B 的空洞。

```
#include <sys/types.h>
#include <sys/stat.h>
#include <fcntl.h>
#include <errno.h>
#include <stdio.h>
#include <unistd.h>
int main(int argc, char const * argv[])
{
  int file1,file2,file3;
  file1 = open(argv[1],O_RDONLY);
  file2 = open(argv[2],O_RDONLY);
  file3 = open(argv[3],O_CREAT|O_RDWR,S_IRWXU);
  int n;
  char buf[1024];
  while (( n = read(file1,buf,1024))>0)
  write(file3,buf,n);
  lseek(file3,30,SEEK_END);
  while (( n = read(file2,buf,1024))>0)
  write(file3,buf,n);
  close(file1);
  close(file2);
  close(file3);
  printf("finish\n");
  return 0;
}
```

（2）编程实现 renam（即 Linux 下的 rename）命令，功能是实现文件的重命名。
执行格式：renam filea fileb；其中 filea 为源文件，fileb 为目标文件

```
#include <unistd.h>
#include <stdio.h>
#include <errno.h>
int main(int argc,char * argv[])
{
  link(argv[1],argv[2]);
  unlink(argv[1]);
  printf("finish\n");
  return 0;
}
```

（3）编程实现：使用 symlink()创建当前目录下文件 f1 的符号链接文件 f2。
在理解 stat 结构内容的基础上分别使用 stat()和 lstat()系统调用显示文件 f2 的信

息（即 stat 结构的内容），比较两次输出的结果有何异同。

```
# include < sys/stat.h >
# include < stdio.h >
# include < stdlib.h >
# include < unistd.h >

int main( int argc, char * argv[ ])
{
    struct stat state;
    / * 链接 * /
    symlink(argv[1], argv[2]);
    stat(argv[2], &state);
    printf("% s 的 stat 大小 = % d 字节\n", argv[2], (int)state.st_size);
    lstat(argv[2], &state);
    printf("% s 的 lstat 大小 = % d 字节\n", argv[2], (int)state.st_size);
    return 0;
}
```

### 7.6.3  实验报告

（1）列出调试通过程序的清单，给出响应文档说明。

（2）总结上机调试过程中所遇到的问题和解决方法及感想。

### 7.6.4  实验相关资料

Linux 文件系统体系结构如图 7-16 所示。

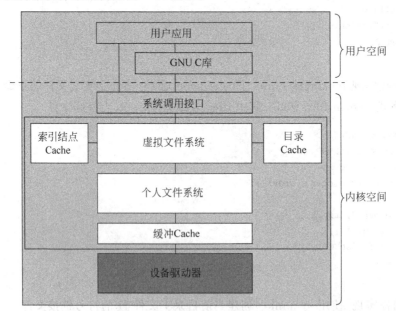

图 7-16  Linux 文件系统组件的体系结构

用户空间包含一些应用程序(如文件系统的使用者)和 GNU C 库(glibc),它们为文件系统调用(打开、读取、写和关闭)提供用户接口。系统调用接口的作用就像是交换器,它将系统调用从用户空间发送到内核空间中的适当端点。

虚拟文件系统(Virtual File System,VFS)是 Linux 内核中的一个软件层,用于给用户空间的程序提供统一的文件系统接口;同时,它也是底层文件系统的主要接口。这个组件导出一组接口,然后将它们抽象到各个文件系统,各个文件系统的行为可能差异很大。有两个针对文件系统对象的缓存(Inode 和 Dentry)。它们缓存最近使用过的文件系统对象。

VFS 在统一的接口和数据结构下隐藏了具体的实现细节,在 VFS 层和内核的其他部分看来,所有文件系统都是相同的。图 7-17 显示了 VFS 在内核中与实际的文件系统的协同关系。

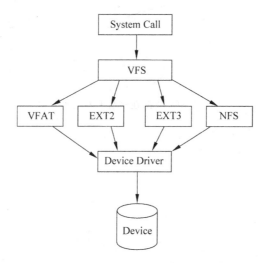

图 7-17　VFS 在内核中与其他内核模块的协同关系

基于 VFS 的 I/O 操作,以从用户空间的 read()调用到数据从磁盘读出的整个流程为例进行简单说明。当用户应用程序调用文件 I/O read()操作时,系统调用 sys_read()被激发,sys_read()找到文件所在的具体文件系统,把控制权传给该文件系统,最后由具体文件系统与物理介质交互,从介质中读出数据,过程如图 7-18 所示。

图 7-18　读(read())实现过程

在文件系统的管理下,数据在磁盘上是按照图 7-19 所示的方式组织的。碍于篇幅这里就不再详细说明了,有兴趣的读者可参照相关资料继续学习。

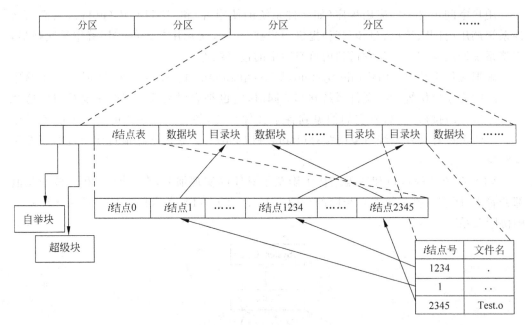

图 7-19　数据在磁盘上的组织

# Linux操作系统常用命令

| 主　　题 | 相关命令 | 作　　用 | 常用参数 |
|---|---|---|---|
| 开关机 | shutdown | 关机或重启 | -r 重启<br>-h 关机<br>-k 警告<br>-c 取消 |
| | reboot | 重启 | |
| | halt | 挂起(关机) | |
| | sync | 将内存中数据回填到硬盘 | |
| 启动 X-Windows | startx | 进入 X-Window | |
| 日历 | cal | 日历 | |
| 公告 | wall | 广播 | |
| 清屏 | clear | 清屏 | |
| 帮助 | whatis | 命令介绍 | |
| | apropos | 帮助一览 | |
| | help | 帮助 | |
| | man | 参考手册 | |
| | info | 相关信息 | |
| 系统设定 | setup | 系统设定工具 | |
| 网络命令 | ifconfig | 查看 IP<br>设置 IP<br>启用网卡<br>禁用网卡 | |
| | ifup | 启用网卡 | |
| | ifdown | 禁用网卡 | |
| | route | 路由 | |
| | netstat | 显示 TCP/IP 网络状态 | |
| | netconfig | 配置网络 | |

续表

| 主　　题 | 相关命令 | 作　　用 | 常 用 参 数 |
|---|---|---|---|
| 系统信息查询 | whoami | 查看自己是谁 | |
| | who | 查看当前系统在线用户 | |
| | last | 显示近期用户或终端的登录情况 | |
| | hostname | 查看自己的主机名 | |
| | dmesg | 显示 Linux 内核的环形缓冲区信息 | |
| | uptime | 获取主机运行时间和查询 Linux 系统负载等 | |
| | id | 查看自己及所属的组 | |
| | finger | 查看用户信息 | -s 完整列出 |
| | groups | 查看自己属于哪些组 | |
| 查看历史命令 | history | 历史命令 | |
| 账号管理 | newgrp | 登录另一个组 | |
| | groupadd | 添加组 | |
| | groupdel | 删除组 | |
| | gpasswd | 修改组的密码 | |
| | useradd | 添加用户 | -g |
| | userdel | 删除用户 | |
| | usermod | 编辑用户 | -g<br>-d |
| | passwd | 修改用户的密码 | |
| | chsh | 查看 Shell | -l |
| | chfn | 更改注释字段 | |
| | userconf | | |
| 目录与路径 | cd | 进入某个目录下 | |
| | pwd | 显示当前目录的全路径 | |
| | ls | 列出当前目录下的文件和目录 | -l<br>-m<br>-a<br>-r<br>-t<br>-R<br>-x |
| | ll | 列出当前目录下的文件和目录 | |
| | vdir | 列出当前目录下的文件和目录 | |
| | mkdir | 新建目录 | -p |
| | rmdir | 删除空目录 | -p |
| 文件的查看 | cat | 显示文件内容 | -n |
| | tac | 逆向输出文件内容 | |
| | nl | 显示文件内容 | |
| | od | 以二进制显示文件内容 | |
| | more | 分页显示内容 | |

续表

| 主　　题 | 相 关 命 令 | 作　　　　用 | 常 用 参 数 |
|---|---|---|---|
| 文件的查看 | less | 分页显示内容 | |
| | head | 显示文件前面几行的内容 | -n |
| | tail | 显示文件后面几行的内容 | -n |
| | touch | 新建文件<br>更新文件时间 | |
| 文件的编辑 | vi | 编辑文件内容 | 编辑模式：a/i<br>命令模式：冒号或者斜杠<br>一般模式：上下左右<br>hjkl |
| 文件的复制、<br>移动和删除 | cp | 复制 | -R |
| | mv | 移动 | -f |
| | | 重命名 | -i |
| | rm | 删除 | -r<br>-f<br>-i |
| 链接文件 | ln | 连接 | -s |
| 挂载设备 | mount | 挂载 | -t |
| | umount | 卸载 | |
| 修改文件权限 | chgrp | 切换组改变文件的所属组 | |
| | chown | 改变文件的所有者 | |
| | chmod | 修改权限 | -R 递归批量修改 |
| | chattr | 改变文件的特殊属性 | ＋i 属性不可更改<br>－i 属性可以更改 |
| 搜索文件或目录 | which | 查看可执行文件的位置 | |
| | whereis | 查看文件位置 | |
| | locate | 配合数据库查看文件位置 | |
| | find | 搜索硬盘上的文件 | -name<br>-type<br>-size |
| 显示 | echo | 显示、打印 | |
| 用户切换 | su | 切换用户 | |
| 进程管理 | ps | 查看进程（静态） | -e 显示所有进程<br>-f 全格式 |
| | pgrep | 查找正在运行进程的 PID 信息 | |
| | top | 查看进程（动态） | |
| | kill | 杀掉进程 | -9 |
| | free | 查看内存使用情况 | |
| | uname | 显示当前操作系统名称 | |
| | nice | 设置优先权 | |
| | renice | 重新设置优先权 | |

续表

| 主　　题 | 相关命令 | 作　　用 | 常用参数 |
|---|---|---|---|
| 硬盘管理 | df | 查看磁盘使用情况<br>查看目录在哪个分区下 | -h |
|  | du | 查看文件已有容量 |  |
|  | fdisk | 划分分区 | -l |
|  | mke2fs | 建立 ext2 文件系统 |  |
| 打包 | tar | 打包<br>解包 | -c<br>-v<br>-f<br>-x<br>-z |
| 压缩 | gzip | 解压缩 | -d |
|  | gunzip | 解压 |  |
|  | zipzcat | 显示压缩文件的内容 |  |
| 安装 | configure | 生成 makefile 文件 |  |
|  | make | 编译 |  |
|  | rpm | 软件包管理器 | -ivh 安装<br>-Uvh 升级<br>-e 卸载<br>-q 查询<br>-V 验证 |
| 系统服务 | chkconfig | 开机自动启停服务 |  |
|  | service | 立即启停服务 |  |
| 任务计划 | & | 后台运行 |  |
|  | jobs | 列出作业 |  |
|  | fg | 前台 |  |
|  | bg | 后台 |  |
| Bash | 命令集 | 一行中执行多个命令 | &&<br>\|\| |
|  | wc | 统计字数 | -l 统计行数<br>-w 统计字 |

# 参 考 文 献

[1] 冯耀霖,杜舜国.操作系统[M].西安:西安电子科技大学出版社,1992.
[2] 徐宗元.操作系统[M].北京:高等教育出版社,2000.
[3] 屠立德,屠祁.操作系统基础[M].3版.北京:清华大学出版社,2000.
[4] 张尧学,史美林.计算机操作系统教程[M].2版.北京:清华大学出版社,2000.
[5] 陈向群.操作系统教程[M].北京:北京大学出版社,2001.
[6] 刘腾红.计算机操作系统[M].武汉:武汉大学出版社,2006.
[7] 汤子瀛.计算机操作系统[M].西安:西安电子科技大学出版社,2007.
[8] 卢加元.计算机组网技术与配置[M].北京:清华大学出版社,2008.
[9] 王达.Cisco/H3C 交换机配置与管理完全手册[M].北京:中国水利水电出版社,2009.
[10] 王淑江.精通 Windows Server 2008 活动目录与用户[M].北京:中国铁道出版社,2009.
[11] 赵立群.计算机网络管理与安全[M].北京:清华大学出版社,2010.
[12] 黄治坤.操作系统[M].长春:吉林大学出版社,2011.
[13] 褚建立.交换机/路由器配置与管理项目教程[M].北京:清华大学出版社 2011.
[14] 邹恒明.计算机的心智操作系统之哲学原理[M].北京:机械工业出版社,2012.
[15] 叶琪.操作系统[M].上海:华东理工大学出版社,2012.
[16] 谢旭升.操作系统教程[M].北京:机械工业出版社,2012.
[17] 苏开根.操作系统原理[M].北京:清华大学出版社,2013.
[18] 张宜.网络工程组网技术实用教程[M].北京:中国水利水电出版社,2013.
[19] 马丽梅.计算机网络安全与实验教程[M].北京:清华大学出版社,2014.
[20] 徐务棠.服务器管理与维护[M].广州:暨南大学出版社,2014.
[21] 许克静.计算机网络实验基础与进阶[M].北京:清华大学出版社,2014.
[22] 范生万,王敏.电子商务网站建设与管理[M].上海:华东师范大学出版社,2015.

**参考网站:**
[1] 设计网站大全:http://www.vipsheji.cn/.
[2] 21 互联远程教育网:http://dx.21hulian.com.
[3] 信息化在线:http://it.mie168.com.
[4] 网易学院:http://design.yesky.com.
[5] 中国教程网:http://bbs.jcwcn.com.
[6] 百度、百度文库、搜狐、谷歌等网站.
[7] Kooboo CMS 官方网站(含下载地址等):http:// kooboo.com.
[8] Kooboo CMS 模板下载网站:http://sites.kooboo.com/.
[9] 中国领先的 IT 技术网站:http://www.51cto.com/.
[10] 赛迪网中国信息产业风向标信息化网络领航者:http://www.ccidnet.com/.